U0209574

本书受中国历史研究院学术出版经费资助

中国历史研究院
Chinese Academy of History
学 术 出 版 资 助

《厩牧令》与唐代驿传
厩牧制度论稿

侯振兵　著

社会科学文献出版社
SOCIAL SCIENCES ACADEMIC PRESS (CHINA)

中国历史研究院学术出版资助项目
出版说明

为了贯彻落实习近平总书记致中国社会科学院中国历史研究院成立贺信精神，切实履行好统筹指导全国史学研究的职责，中国历史研究院设立"学术出版资助项目"，面向全国史学界，每年遴选资助出版坚持历史唯物主义立场、观点、方法，系统研究中国历史和文化，深刻把握人类发展历史规律的高质量史学类学术成果。入选成果经过了同行专家严格评审，能够展现当前我国史学相关领域最新研究进展，体现我国史学研究的学术水平。

中国历史研究院愿与全国史学工作者共同努力，把"中国历史研究院学术出版资助项目"打造成为中国史学学术成果出版的高端平台；在传承、弘扬中国优秀史学传统的基础上，加快构建具有中国特色的历史学学科体系、学术体系、话语体系，推动新时代中国史学繁荣发展，为实现"两个一百年"奋斗目标、实现中华民族伟大复兴的中国梦贡献史学智慧。

中国历史研究院

2020 年 3 月

諸傳送馬諸州令式外不得輒差若領蕃客及獻
物入朝如客及物得給傳馬者所領送品官
亦給傳馬_{諸州除年常支料外別勑令此其從}送入京及領送品官亦准此其從
京出使應須給者皆尚書省量事差給其馬
令主自飼若應替還無馬騰遍百里以外者
人糧粟草官給其五品以上欲乘私者聽之
竝不得過合乘之數粟草亦官給其桂廣交
三府於管内應遣使推勘者亦給傳

諸傳送馬諸州令式外不得輒差若領蕃客及獻
草雜繫飼馬驢給

不足比州取配仍分為四番上下 下此条 其粟

《天圣令·厩牧令》明钞本书影

序

　　自从 1998 年北宋《天圣令》残卷发现，特别是 2006 年《天一阁藏明钞本天圣令校证（附唐令复原研究）》出版以后，学界就掀起了研究《天圣令》以及唐令的小高潮。《唐研究》在 2006 年和 2008 年推出两个"《天圣令》研究"专号就是证明。但是，随着时间的推移，虽然《天圣令》仍有许多问题没有被研究，但学术界关心《天圣令》、研究《天圣令》的日趋减少，《天圣令》研究和唐令研究又归于寂寥。

　　不过也有例外。像本书作者侯君振兵，就从 2009 年初次接触《天圣令》开始，一直以《天圣令》特别是其中的《厩牧令》为研究对象，持续十余年，终于将多年的研究结集出版，呈现给学术界。这是《天圣令》和唐令研究的一个重要成果。

　　《天圣令》研究有个十分显著的难点，即一部《天圣令》包含两种不同的令也就是宋令和唐令，由此又演化出一种复原的唐令。"宋令""唐令""复原唐令"，其间关系错综复杂，言人人殊。这是研究《天圣令》首先要面对的问题，也就是令文的文本问题。在本书中，之所以有大量篇幅研究令文的字词、标点、条文顺序、复原文字取舍，都与《天圣令》研究的这一首要问题相关。而这一问题不解决，就无法得到正确文本，由此引发的议论可能就会南辕北辙。《天圣令》研究的文本方面的难点，在本书中有充分体现。

《天圣令》所附唐令的年代，也是一个意见分歧的问题。大部分学者认为是开元二十五年令，但也有学者认为是经过修改的唐后期令。本书在经过对一些实际例子的分析后，赞同《天圣令》所附唐令是唐后期令，为这一讨论提供了自己的意见。

《厩牧令》是唐令中的重要一篇。我们知道，一篇令文的独立，是由于它所规范的内容在社会上越来越普遍、越来越重要。例如唐令里面没有《河防令》《河渠令》，但金《泰和令》中有《河防令》，南宋《庆元令》中有《河渠令》，说明关于河防、河渠的事务在金朝和南宋变得越来越多、越来越重要，而必须有专门的令来规范和约束了。同理，《厩牧令》单独成篇，始见于唐朝，可知牲畜饲养和驿传马驴在唐朝这个大一统的国家内变得规模更大，也更加重要。因此，对《厩牧令》进行研究，是研究唐朝畜牧制度和驿传制度的重要基础。本书在研究这两种制度方面下了很大功夫：一方面讨论辨析前贤的研究成果（例如驿、传关系），另一方面关注以往研究的薄弱环节（例如水驿、私马、专使）。特别值得肯定的是，本书的所有研究都立足于令文基础上，审视问题首先从令文角度出发。这是常年浸润于唐代律令中的结果。比起不具有唐代律令基础的一些研究来，这样一种立足于律令的视角，使问题的解决更加科学、更加严谨，也就更能反映唐代社会的真实。

天圣《厩牧令》所附唐令中，出现了很多有关唐代"传"的令文。这是《厩牧令》给我们的最大惊喜。过去有关唐代"传"的资料极少，甚至很难展开讨论。现在有这么多关于"传"的令文，使我们能够稍微详细地了解唐代"传"的情况。天圣《厩牧令》公布后，学者们虽然立即就此进行了研究，但还都只是初步的、零碎的。本书在这方面下了比较大的功夫，力图从整体上来研究"传"的制度和"传送马驴"，并与"驿""长行坊"等相比较。这对于唐代驿传制度的研究是一个重要推动。

本书作者擅长细节研究，但在关注细节的同时，也涉及了唐史的一些基础性问题，比如劳动者身份。唐代被称为"身份制"社会，贱民身份复杂，有奴婢、官户、杂户等各种等级。这是唐代社会的一个显著特点。关于贱民身份、待遇，以往有不少研究，而《天圣令》的发现，给我们提供了许多新的知识，但学者们关注的还不够。本书在这方面有所努力（例如有关"牧子"的研究），对解决唐代社会的一些基础性问题显然会有所帮助。

唐令研究首先是文本研究，在本书中有充分体现，但这还不够。特别是在与《唐律疏议》《唐六典》《唐会要》《新唐书》等唐宋史籍比较时，就不能只注意唐令的年代，还要区分《唐律疏议》《唐六典》等书的年代，这样也许结论会更加可靠一些。近年来学术界关于今本《唐会要》中清人整理随意性的研究，就给我们以相当大的警示。

侯振兵是我的学生，研究的特点是细腻、扎实，敢于对成说发起挑战，而不论名气大小、地位高低。这在本书中有鲜明体现。在这样的研究基础上，再将笔触不断地向历史的广度和深度延伸，就一定会收获更加丰硕的学术果实。这是我所深切期望的，并以此与振兵共勉。

黄正建
2020 年 4 月

目 录

绪 论

汪篯先生曾说，唐太宗"每采掩袭敌后之战术以致胜"，"其所恃者，乃速度甚大与威力极猛之骑兵，然此种战术之能利用与否，端视其军中骑兵之质量而定，固甚明也"。[1] 可见，唐朝能够达到武功强盛，与善于使用作为其对手的马背上民族的作战方式是分不开的。[2] 实际上，除了军事以外，马对于古代国家的政治、经济、交通运输等方面，都具有重大意义。于是，马政就成为一件国家大事。笼统地讲，马政主要分为饲养和使用两大部分。有关马匹饲养的工作，自古以来都受到重视。[3] 而马匹的使用，则分多途。举其要者，一个是军用马匹，它们与军事活动密切相关；[4] 马匹发挥重要作用

---

① 汪篯：《唐初之骑兵——唐室之扫荡北方群雄与精骑之运用》，载《汪篯隋唐史论稿》，中国社会科学出版社 1981 年版，第 226 页。

② 郭绍林《隋唐军事》"隋唐马政"说："中原政权以农耕立国，受到周边马背上民族的威胁和侵扰，自战国迄明代，一方面以修筑长城、城堡等消极手段隔绝敌方，一方面师夷长技以制夷，采取积极手段，养马购马。"（中国文史出版社 2005 年版，第 89 页）

③ 张仲葛《畜牧史话》说："西周时代（约公元前 1134—前 771 年）开始设有马政的机关（由政府设官职掌马匹的牧御，选择、调教、管理及交易等事，叫做马政），是我国古代马政制度的肇始……由此可以看出，早在三千多年前的周朝，我国已经有了比较完备的畜牧行政机构了。"（载张仲葛、朱先煌主编《中国畜牧史料集》，科学出版社 1986 年版，第 19 页）而有关唐代马政的研究，参看马俊民、王世平《唐代马政》，西北大学出版社 1995 年版；乜小红《唐五代畜牧经济研究》，中华书局 2006 年版。

④ 《后汉书》卷二四《马援列传》云："马者甲兵之本，国之大用。安宁则以别尊卑之序，有变则以济远近之难。"（中华书局 1965 年版，第 840 页）

的另一个领域，就是交通运输。唐朝作为国土广袤的帝制国家，设置了覆盖面广、规整精密的交通网络——驿传系统，因而交通用马遍布于全国各地。深入研究当时的交通情况及交通用马的相关制度，对于了解唐朝管理国家的模式和手段，有着非常重要的参考价值。

回顾唐代交通的相关研究，不能不说群星璀璨，成果众多。这一领域，首推严耕望先生的研究，他的《唐代交通图考》，对唐王朝庞大的交通路线网进行了研究，史料充足，论证绵密，堪称典范。但是对于唐代交通的相关管理制度，未遑详论，成为学术界的一大憾事。① 近四十年来，有关唐代交通制度的研究成果层出不穷，水平甚高。② 但通观这一时期所有的研究，论者大都利用敦煌吐鲁番的出土文书，将研究视域限制在当时的瓜州、西州等特定的西北地区，故有关其地的长行马、长行坊的研究最夥。③ 在这样的情况下，如何把研究的视域扩展到全国，即对帝国腹地区域的交通管理制度亦进行深入的研究，成为一个值得探索的方向。

要进行这样的探索，必须在前人研究的基础上，借助于新的资料，或许才能有所突破。

20 世纪末，戴建国先生在宁波天一阁博物馆发现了一部失传近千年的法典——北宋《天圣令》的钞本（残卷），④ 使整个唐宋

---

① 1985 年 5 月，严耕望先生将《唐代交通图考》第一至五卷（共五十余篇，一百四五十万言）交付"中央研究院"历史语言研究所出版，称"尚有河南淮南、江南岭南、河运海运及馆驿交通制度诸卷待续撰述"。参见严耕望《唐代交通图考》，"中央研究院"历史语言研究所专刊之八十三，1985 年，"序言"，第 2 页。盖严先生原定计划是撰写十卷，但第六卷尚未定稿，先生即于 1996 年 10 月溘然长逝。2002 年，《唐代交通图考》第六卷由李启文先生整理出版。参看严耕望撰，李启文整理《唐代交通图考》第六卷《整理弁言》，上海古籍出版社 2007 年版，第 i—iv 页。

② 参看胡戟、张弓、李斌城、葛承雍主编《二十世纪唐研究》，中国社会科学出版社 2002 年版，第 508—509 页；李锦绣《唐代制度史略论稿》，中国政法大学出版社1998 年版，第 339—340 页；李锦绣《敦煌吐鲁番文书与唐史研究》，福建人民出版社2006 年版，第 239—246 页。

③ 参看本书下篇第五章、第六章相关部分。

④ 戴建国：《天一阁藏明抄本〈官品令〉考》，《历史研究》1999 年第 3 期。

史学界轰动。《天圣令》是北宋仁宗天圣七年（1029）修成的一部令典，是唐令法典系统当中的最后一部令。① 这部书的修撰方式是"因旧文以新制参定"，② 所谓"旧文"，是修撰《天圣令》时所依据的唐令原文，在其基础之上，参以宋代"新制"而修订成宋令。同时在宋令的后边，每一卷皆附录了当时"以新制参定"之后废弃不用的唐令。③ 这部分唐令，恰恰是久已失传的唐令原文，其内容很多都不见于传世文献，是完全的新资料。因而，《天圣令》对于唐令辑佚工作乃至整个唐代法制史研究，意义重大。

2006 年，中华书局出版了天一阁博物馆、中国社会科学院历史研究所天圣令整理课题组校证的《天一阁藏明钞本天圣令校证（附唐令复原研究）》（以下简称《天圣令校证》）上下两册。④ 其中上册是《天圣令》残卷的影印本，下册则分三个部分：一是课题组所整理的《天圣令》残卷的校录本，二是依据校录本排印的令文清本，三是依据《天圣令》残卷进行的唐令复原研究。不论是对《天圣令》残卷本身的校证，还是在此基础上进行的唐令复原研究，都拓展和深化了唐宋时期律令制度的研究。从此，有关唐令的研究可以说进入了一个新阶段。⑤ 国内外依据《天圣令》进行

---

① 赵晶：《〈天圣令〉与唐宋法制考论》，上海古籍出版社 2014 年版，"绪论"，第 8 页。

② 《天圣令》各卷的宋令部分之后都写有这句话。

③ （清）徐松辑《宋会要辑稿》刑法一之四云："［天圣七年］五月十八日，详定编敕所上删修《令》三十卷，诏与将来新编敕一处颁行。先是，诏参知政事吕夷简等参定令文，乃命大理寺丞庞籍、大理评事宋郊为修令，判大理寺赵廓、权少卿、董希颜充详定官。凡取唐令为本，先举见行者，因其旧文，参以新制定之。其令不行者，亦随存焉。"（中华书局 1957 年版，第 6463 页）

④ 天一阁博物馆、中国社会科学院历史研究所天圣令整理课题组校证：《天一阁藏明钞本天圣令校证（附唐令复原研究）》（以下简称《天圣令校证》），中华书局 2006 年版。

⑤ 有关这方面的评介，可以参看戴建国《试论宋〈天圣令〉的学术价值》，载戴建国《宋代法制研究丛稿》，中西书局 2019 年版，第 81—89 页；黄正建《天一阁藏

研究的学术成果有如雨后春笋一般涌现了出来。①

本书即是在此背景下,以《天圣令》中的《厩牧令》为主要材料支撑,对其令文本身及相关制度问题进行的研究,以期对唐代马匹的使用和饲养制度(即驿传、厩牧)有所新见。

一 《天圣令·厩牧令》概况及其相关研究

《天圣令》残卷共十卷,分别是:《田令第二十一》《赋役令第二十二》《仓库令第二十三》《厩牧令第二十四》《关市令第二十五(附捕亡令)》《医疾令第二十六(附假宁令)》《狱官令第二十七》《营缮令第二十八》《丧葬令第二十九(丧服年月附)》《杂令第三十》。这些令文篇目的排列方式,是可以与《唐六典》的记载对应起来的。区别在于,《唐六典》失载了分别附在《关市令》《医疾令》后面的《捕亡令》和《假宁令》。②《天圣令》的这些令

〈天圣令〉的发现与整理研究》,载荣新江主编《唐研究》第十二卷,北京大学出版社2006年版,第1—8页;刘后滨、荣新江《卷首语》,载荣新江主编《唐研究》第十四卷,北京大学出版社2008年版,第1—7页;大津透「北宋天聖令の公刊とその意義及其意義—日唐律令比較研究の新段階」大津透編『律令制研究入門』名著刊行会、2011年、279 – 307頁;等等。

① 参看牛来颖、〔日〕服部一隆《中日学者〈天圣令〉研究论著目录(1999—2017)》,载中国社会科学院历史所魏晋南北朝隋唐史研究室、宋辽金元史研究室编《隋唐辽宋金元史论丛》第八辑,上海古籍出版社2018年版,第390—434页。该目录汇集了自《天圣令》发现以来截至2017年12月所有发表的有关《天圣令》的研究论著。

② (唐)李林甫等撰《唐六典》卷六"刑部郎中员外郎"条云:"凡《令》二十有七(分为三十卷):一曰《官品》(分为上、下),二曰《三师三公台省职员》,三曰《寺监职员》,四曰《卫府职员》,五曰《东宫王府职员》,六曰《州县镇戍岳渎关津职员》,七曰《内外命妇职员》,八曰《祠》,九曰《户》,十曰《选举》,十一曰《考课》,十二曰《宫卫》,十三曰《军防》,十四曰《衣服》,十五曰《仪制》,十六曰《卤簿》(分为上、下),十七曰《公式》(分为上、下),十八曰《田》,十九曰《赋役》,二十曰《仓库》,二十一曰《厩牧》,二十二曰《关市》,二十三曰《医疾》,二十四曰《狱官》,二十五曰《营缮》,二十六曰《丧葬》,二十七曰《杂令》,而大凡一千五百四十有六条焉。"(陈仲夫点校,中华书局1992年版,第183—184页)

文，涉及唐宋时期的土地制度、赋役制度、仓库制度、厩牧制度、驿传制度、关津制度、捕亡制度、狱官制度、医疾制度、营缮制度、丧葬制度等方面，均属于非刑罚性质的管理措施。这些令文对于研究唐宋之间的法律史、制度史及其变迁有着重要的学术价值。① 而其中的一卷《厩牧令》则对于重新审视和研究唐宋的官养畜牧业以及交通制度有着不可替代的作用，所以引起了学术界的广泛重视。

《厩牧令》是《天圣令》残卷中的第二十四卷，共 50 条令文，其中宋令 15 条，唐令 35 条。② 前者是"因旧文以新制参定"的，后者在宋代已经"不行"。③ 不论宋令还是唐令，都是先规定厩、牧中牲畜的饲养，然后规定驿传（递）的相关制度，这就是整个唐宋《厩牧令》大致的编纂逻辑。④《天圣令·厩牧令》的令文条目及其内容，见表 0－1。

---

① 《曾巩集》卷一一《唐令目录序》云："《唐令》三十篇，以常员定职官之任，以府卫设师徒之备，以口分永业为授田之法，以租庸调为敛财役民之制，虽未及三代之政，然亦庶几乎先王之意矣。后世从事者多率其私见，故圣贤之道废而苟简之术用……读其书，嘉其制度有庶几于古者，而惜不复行也。"（陈杏珍、晁继周点校，中华书局 1984 年版，第 189 页）可见唐宋之间令法（制度）之差异，已深为宋人所明知。

② 本书所引《天圣令·厩牧令》的令文均出自《天圣令校证》下册清本部分，第 398—403 页。为省文起见，下面凡引用《厩牧令》令文处，均不标出页码。但如涉及《厩牧令》中的文字差异或者《天圣令》中其他篇目的令文，注明页码。

③ 《天圣令》每卷在所附唐令之后均写有"右令不行"。

④ 所谓的编纂逻辑，主要是由《天圣令·厩牧令》钞本的编排顺序总结而来，但这样的编排顺序，是否就是唐令的编排顺序，抑或今人在复原唐令时，是否需要严格遵守一定的编纂逻辑或者采用一种新的编纂逻辑来排列令文，还要进行具体的探讨。赵晶说："所谓的'法理逻辑'究竟是现代人的思维产物，还是唐宋（乃至于日本古代）修令者的逻辑意识？……是否应深入考察唐宋史籍以体贴古人修令的编纂逻辑，然后给予合理的解释？目前那种简单地套用现代分类思维而变更《天圣令》（以及《养老令》）固有的条文排序的做法，似乎应更加斟酌。"赵晶：《三尺春秋——法史述绎集》，中国政法大学出版社 2019 年版，第 86 页。

表 0 - 1 《天圣令·厩牧令》的条目内容

宋 1—3 条:系饲中诸畜的饲养	唐 1—5 条:监牧管理与牧放
宋 4—5 条:诸畜请料、药的程序	唐 6—10 条:诸畜责课与赏罚
宋 6—8 条:监牧中牲畜的管理	唐 11—15 条:诸畜印记
宋 9、12、13 条:关于给马、用马的规定	唐 16—19 条:牧地管理
宋 10、14 条:关于牲畜丢失、死亡的规定	唐 20 条:府内官马饲养
宋 11 条:水路给船	唐 21—27、32—35 条:驿传类条文
宋 15 条:诸驿受粮	唐 28 条:赃马驴及杂畜
	唐 29 条:马账
	唐 30 条:私马造印
	唐 31 条:畜死收缴

《天圣令·厩牧令》的令文，给了我们很多启示。

首先，以上 50 条令文中，有很多都不见于传世史料，它们分别涉及官养畜牧业（包括闲厩与监牧）以及马匹的使用管理（含驿传马和军府马），这些条文更新了我们对传统问题的认识，非常重要。而《厩牧令》主要的立法目的，就是养马和用马，唐代把与养马、用马有关的制度立为一篇单独的令文，体现了对马的高度重视。

其次，《厩牧令》中规定了大量的唐代驿传制度，但在令文的篇名当中，并没有体现"驿传"二字。这表明，驿传制度对于唐人来说，并不是孤立的一种"交通制度"，它只是唐代在使用和管理马匹时的一种制度，这也说明，唐代没有专门为交通事务立法。另外，《天圣令·厩牧令》中有关传送制度的规定远远多于驿制的相关规定，这是值得注意的。它引导我们思考驿与传哪一种更加重要以及有关驿制的详细规定被放在了哪里等问题。

再次，《天圣令·厩牧令》体现出唐宋制度之间的差异。① 唐

---

① 有关现存《天圣令》（也就是明钞本所抄录的内容）在宋代的法律效力问题，值得进一步思考。孟宪实《论现存〈天圣令〉非颁行文本》认为，《天圣令》只是馆阁库中的上奏本，并非颁行本，即没有成为海行法［《陕西师范大学学报》（哲学社会科学版）2017 年第 5 期，第 128—138 页］。对此，戴建国提出了不同意见，认为现存《天圣令》正是被"两制与法官再看详"之后，经天圣七年颁布以征求意见，于天圣十年正式颁行的雕版印刷本。参看戴建国《现存〈天圣令〉文本来源考》，载包伟民、刘后滨主编《唐宋历史评论》第六辑，社会科学文献出版社 2019 年版，第 79 页。

宋在驿传厩牧制度上有很大差别，有很多唐令至宋代已不再施行，故宋令少而唐令多。比如，宋代继承了很多关于系饲（闲厩）的制度，但在监牧的管理方面仅保留了一条，即宋6条："诸牧，马、驼、骡、牛、驴、羊，牝牡常同群。其牝马、驴，每年三月游牝。应收饲者，至冬收饲之。"对于更为重要的国家养畜、用畜的方法与规定（唐1、2、5、6、7、8、9条）则一概废弃不用。这就给人造成宋代只养牲畜而不管理、不责课、不赏罚的印象。① 又如，在诸畜印字类中，宋令仅保留了一条，即宋7条："诸牧，羊有纯色堪供祭祀者，依所司礼料简拟，勿印，并不得损伤。其羊豫遣养饲，随须供用。若外处有阙少，并给官钱市充。"而有关马、驼、骡、牛、驴印字方式的规定一概舍弃。再如，宋代有递铺，又有驿（见宋15条），唐代有驿，又有传，关于置陆驿的规定，宋令中一条没有，只有关于水路"量给人船"的一条规定（宋11条），类似于唐代的水驿。这些变化引导着我们思考诸多关于唐宋制度变迁的问题。

自从《天圣令》残卷出，其所包含的十二篇令文均成为学术

---

① 那么，宋代使用哪部法令来指导养马、用马等马政事务呢？《宋史》卷一九八《兵志十二·马政》云："神宗尝患马政不善，谓枢密使文彦博曰：'群牧官非人，无以责成效。其令中书择使，卿举判官，冀国马蕃息，以给战骑。'于是以比部员外郎崔台符权群牧判官，又命群牧判官刘航及台符删定《群牧敕令》，以唐制参本朝故事而奏决焉。"（中华书局1977年版，第4939页）"删定"一词告诉我们，神宗朝以前即存在《群牧敕令》，但它不同于《厩牧令》。或许直接指导宋代群牧事业的是这部敕令而非《天圣令》中的《厩牧令》吧。又，《宋会要辑稿》刑法一之四云："［天圣七年］五月十八日，详定编敕所上删修《令》三十卷，诏与将来新编敕一处颁行……凡取唐令为本，先举见行者，因其旧文，参以新制定之。其令不行者，亦随存焉。又取敕文内罪名轻简者五百余条，著于逐卷末，曰《附令敕》，至是上之。诏两制与法官同再看详。"（第6463页）可见《天圣令》每卷末尾还附有敕文，或许附在《厩牧令》后的敕文就是后来神宗时期的《群牧敕令》。因为《天圣令》每卷末的《附令敕》后来被分离出去，成为独立的《附令敕》，参看戴建国《现存〈天圣令〉文本来源考》，载包伟民、刘后滨主编《唐宋历史评论》第六辑，第79页。

界的研究对象，很多学者从"外史"和"内史"① 两个视角对这
些令文进行了研究。已有学者对 2012 年以前的相关研究成果，从
令文的校录与句读、唐令复原以及令文与制度等方面做了详细的综
述，② 毋庸笔者赘言。而牛来颖、服部一隆二位先生所撰的《中日
学者〈天圣令〉研究论著目录（1999—2017）》，将《天圣令》发
现以来的所有相关成果囊括于一文，③ 足资参阅。④ 通观这些成果
中有关《天圣令·厩牧令》的研究，具有以下几个特点。

（一）成果数量少

仅以《中日学者〈天圣令〉研究论著目录（1999—2017）》为
例，在有关《天圣令》研究的 1300 多部、篇中日论著中，关于
《厩牧令》的论文不足 80 篇。这与《厩牧令》在《天圣令》当中
的地位是不相匹配的。而且近几年来，国内《天圣令·厩牧令》
相关制度的研究趋于沉寂，相反，东邻日本史学界的相关研究却方
兴未艾，二者之间形成了鲜明的对比。

（二）涉及多种相关制度的研究

由于《天圣令·厩牧令》自身的特点，即包括养马、用马等
多方面的规定，故由令文而引发的研究所针对的领域也各有不同。
这样一来，就可以促进很多种制度的研究深入，比如，有的学者在

---

① 仁井田陞《〈唐令拾遗〉序论》说："为研究方便起见，我们可以把法律史分
成为对法规本身进行整理的外史部分和对法律内容如债权法和亲族法进行分析的内史
部分。"（栗劲、霍存福、王占通、郭延德编译，长春出版社 1989 年版，第 801 页）

② 赵晶：《〈天圣令〉与唐宋法典研究》，载中国政法大学法律古籍整理研究所编
《中国古代法律文献研究》第五辑，社会科学文献出版社 2012 年版，第 251—293 页，
后收入赵晶《三尺春秋——法史述绎集》，第 35—87 页。赵晶：《〈天圣令〉与唐宋史
研究》，载张仁善主编《南京大学法律评论》2012 年春季卷，法律出版社 2012 年版，
第 43—45 页，后收入赵晶《三尺春秋——法史述绎集》，第 88—115 页。

③ 牛来颖、〔日〕服部一隆：《中日学者〈天圣令〉研究论著目录（1999—
2017）》，载《隋唐辽宋金元史论丛》第八辑，第 390—434 页。

④ 当然，有关《天圣令》的研究没有止步，自 2018 年至今，又陆续涌现出一批
相关研究成果。详看本书"参考文献"中"现当代论著"部分。

《厩牧令》的基础上，对唐代的转运体系①以及交通体系②进行了系统的研究，有的学者对唐代的闲厩马匹③和军府马④的饲养问题进行了研究，从而加深了对相关问题的认识。不过，在研究过程中，只从某一种具体的名物或者只言片语入手进行微观研究的现象并不少见，亦应引起足够的重视。

（三）文本研究弱于制度研究

换言之，有关令文的"外史"研究弱于"内史"研究。这种现象可以说不仅仅存在于《天圣令·厩牧令》研究中，对于整部《天圣令》而言，令文文本的研究都远远少于相关制度的研究。⑤然而，如果不对《天圣令·厩牧令》的文本问题（包括字词释读、句读、唐令复原等方面）本身进行认真和严密的考证，它就难以支撑相关的唐宋制度史的研究。

总之，笔者认为，有关《天圣令·厩牧令》的研究至今仍然方兴未艾，值得进一步探究。

二 本书的结构与主要内容

在《天圣令》残卷除《厩牧令》之外的其他令文篇目里，有很多是与《厩牧令》以及驿传厩牧制度有直接关联的，因而在研讨相关制度时，不能只囿于《厩牧令》一卷，而应前后联系，做

---

① 如孟彦弘《唐代的驿、传送与转运——以交通与运输之关系为中心》，载荣新江主编《唐研究》第十二卷，第 27—52 页，后收入黄正建主编《〈天圣令〉与唐宋制度研究》，中国社会科学出版社 2011 年版，第 146—173 页，又收入孟彦弘《出土文献与汉唐典制研究》，北京大学出版社 2015 年版，第 100—124 页。

② 如河野保博「唐代厩牧令の復原からみる唐代の交通体系」『東洋文化研究』第 19 号、2017 年。

③ 如林美希「唐前半期の厩馬と馬印——馬の中央上納システム——」『東方学』第 127 輯、2014 年。

④ 如速水大「天聖厩牧令より見た折衝府の馬の管理」『法史學研究會會報』(15)、2011 年。

⑤ 在黄正建主编《〈天圣令〉与唐宋制度研究》的七编内容中，有关《大圣令》文本的研究只占了一编。

出横向的比较。试举一例，比如《天圣令·厩牧令》唐 23 条中有"无便使，差专使送，仍给传驴"这样的规定，而《天圣令·医疾令》唐 11 条云："诸药品族，太常年别支料，依《本草》所出，申尚书省散下，令随时收采。若所出虽非《本草》旧时收采地，而习用为良者，亦令采之。每一百斤给传驴一头，不满一百斤附朝集使送太常，仍申帐尚书省。须买者豫买。"① 也提到了"传驴"，这就为我们研究唐代传驴的使用方式乃至整个传制的运转提供了原始资料，值得重视。

正因为如此，本书虽然立足于《天圣令·厩牧令》来研究唐代驿传、厩牧制度，但所用材料超出了《厩牧令》本身，可以说是观照了《天圣令》的整体。

问题是，如何开展这一研究？笔者认为，可以从文本和制度两个层面入手。首先对《厩牧令》本身进行文本方面的深入解读，也就是敲定其文字，弄清其含义，② 厘清令文与唐代典章制度的关系。然后，利用《厩牧令》令文，研究唐代的驿传、厩牧制度。因而本书分为上下两篇，分别就这两个层面展开研究。

在上篇当中，笔者首先从法律史的角度梳理了唐代《厩牧令》的渊源，厘清了不同时期马政制度的立法状况以及当时政府对其重视的程度。然后对唐令辑佚的集大成之作——《唐令拾遗》《唐令拾遗补》在唐《厩牧令》复原工作中的得失予以评价（参看上篇第一、二章）。接着利用《天圣令·厩牧令》进行唐《厩牧令》复

---

① 《天圣令校证》下册《清本·医疾令》，第 410 页。

② 仁井田陞曾将法律史的研究对象分为"外史"和"内史"两个部分。赵晶《〈天圣令〉与唐宋法典研究》对此解释说："目前围绕《天圣令》所展开的研究大致也可循此分类。其中，有关'外史'的研究，亦即本文所谓的'法典'研究，又可析为法律形式的研究（律令格式等法律形式之前的关系、唐宋令的流变、编修原则、立法技术等）和'唐令复原'的研究（有关校录、句读、复原文具、条文顺序等）；而关于'内史'的研究，也可细分为'以史释令'和'以史证史'两种路径。"（载赵晶《三尺春秋——法史述绎集》，第 38 页）本书从文本与制度两途入手，可以说也是在"外史"与"内史"相结合的框架下。

原研究的再探讨。

众所周知，《天圣令》残卷是一个钞本，文字讹误、错简之处甚多。有关每一篇令文的文字考订，已经体现在《天圣令校证》一书当中。虽然在个别的文字、句读上仍存在问题，但已不需再进行全方位的整理。然而，《天圣令》中唐、宋令并存的编纂方法所引发的唐令复原工作，却仍有值得探讨的空间。就《天圣令·厩牧令》而言，将其复原为唐《厩牧令》，不仅仅关乎唐令辑佚的文献意义，更重要的是，这会直接影响到唐代相关制度的研究。但是，目前的唐《厩牧令》复原研究仍存在很多问题，因此本书把对这一研究的再探讨放在了重要位置。本书在前人研究成果的基础上，纠正了令文文字和令文顺序方面存在的问题，重新推敲了唐《厩牧令》的原文，复原出 51 条令文（参看上篇第三章）。这对于将来依据《厩牧令》进行法律史、制度史等方面的研究，或许稍有裨益。

本书还将唐《厩牧令》与唐代的法典、政书联系起来，探究二者之间的关系。这样做的目的，是弄清楚《厩牧令》在指导唐代相关机构运作方面的作用及其自身在法律当中的地位。本书以传世的《唐六典》和《唐律疏议》为研究对象，探究其中令文的地位与其选取令文的标准。这样做，最终还会推出一个新的课题，就是《天圣令·厩牧令》所附唐令的时代问题。本书在这一方面也做出了探索，提出了一孔之见（参看上篇第四章）。

以上就是本书上篇的主要内容。本书的下篇，是针对唐代驿传厩牧制度的研究。

实际上，有关唐代马政的研究已有很多，不管是畜牧业、军事制度还是交通制度的研究，都或多或少地涉及了养马、用马的问题。有些传世文献当中的表述更是被广泛地引用和梳理。本书无意就整个唐代的养马、用马史着笔，而是要在新发现的《天圣令·厩牧令》基础上，纠正一些流行的说法，并提出某些新的观点。以此，本书从三个大的方面选取了若干个研究点来展开讨论。

第一方面是驿传的制度设置。关于唐代驿制的研究，起步较早，理路较清，而关于传制的研究，则众说纷纭。《天圣令·厩牧令》的新材料中，有关传送马驴及传送制度的内容很多，这就给我们提供了一个非常厚重的研究基础。因此，传制研究是不可回避的重要课题。本书在前人研究的基础上，① 对唐代的传制进行了新的解读，力图廓清传送马驴、传送方式、驿传马与长行马的关系等问题。在驿制研究方面，虽然剩义无多，但《天圣令·厩牧令》还是提供了超越传世文献的点滴信息。本书以驿制中的驿丁为视角，对驿制当中的人员设置及驿田耕种问题进行了研究。另外，在唐代整个驿制中，水驿是一种比较特殊的驿，以往的相关研究并不多。本书以唐宋之间水驿制度的差异为视角，对唐代的水驿设置问题进行了论述（参看下篇第五章）。

第二方面是驿传的使用问题。驿传是唐代传达信息、出行的重要工具，唐人是如何利用和管理它们的，需要认真研究。本书以"私马"和"专使"为视角，对驿传当中承担驮载任务的马和利用驿传出行的人进行了研究。虽然二者的身份是比较特殊的，但同样能够折射出驿传运作过程中人与马的整体工作状态。除此以外，本书对驿传使用过程中的违规现象和检查措施亦多有涉及，以期揭示唐人在使用驿传的过程中的相关细节（参看下篇第六章）。

第三方面是唐代厩牧制度。除了与驿传制度有关的令文以外，《天圣令·厩牧令》中还有很多关于牲畜饲养的令文。从它的标题叫作"厩牧令"也可以看出唐代对于官养畜牧业的重视程度。一些不见于传世文献的令文，引发我们对唐代厩牧制度的一系列思

---

① 参看李锦绣《唐代制度史略论稿》，第339—356页；黄正建《唐代的"传"与"递"》，《中国史研究》1994年第4期，第77—81页，后收入黄正建《走进日常——唐代社会生活考论》，中西书局2016年版，第171—178页；孟彦弘《唐代的驿、传送与转运——以交通与运输之关系为中心》，载黄正建主编《〈天圣令〉与唐宋制度研究》，第146—173页；宋家钰《唐〈厩牧令〉驿传条文的复原及与日本〈令〉、〈式〉的比较》，载荣新江主编《唐研究》第十四卷，第155—203页，后收入黄正建主编《〈天圣令〉与唐宋制度研究》，第93—145页。

考。本书则从"厩"和"牧"两个角度，对闲厩中的厩马还有监牧中的牧子等问题进行研究，以期对他们的身份问题予以澄清。这是因为，《天圣令·厩牧令》提供了一个非常重要的信息，就是进入闲厩的马匹的选拔途径以及在监牧中服务的牧子的身份问题，这些相关规定，可以说是唐代整个养马、用马制度中最核心的部分（参看下篇第七章第一、二节）。

另外，针对《天圣令·厩牧令》所涉及的一些新的史料，本书也进行了详细的解读，以期以小见大，反映唐代养马、用马制度的相关问题（参看下篇第八章）。

以上种种，均是在《天圣令·厩牧令》的基础上，对唐代驿传厩牧制度的相关考察。除此以外，本书还考察了唐代后期江南地区监牧的情况，以作为唐代监牧制度研究的补充（参看下篇第七章第三节）。本书的附录是笔者对日本静嘉堂文库所藏松下见林《唐令（集文）》的考述，其中小多涉及唐《厩牧令》的令义，或许在研究《厩牧令》的演变及其与《唐律疏议》之间的联系方面，能够贡献一点绵薄之力。

需要说明的是，本书在书写的过程中，力图做到格式规范，详细注明史料来源。但为了省文起见，在注释部分，凡标注正史和《资治通鉴》《唐六典》《唐律疏议》《通典》《唐会要》等史料以及中外学者的现代著作，只在其第一次出现的时候详细标明出版信息，其后再出现时，只注卷数、页码，不再标明详细信息。

除少量篇章外，本书中的大部分内容，都已见诸刊物，为了方便读者翻检，特列于下。

1. 《唐〈厩牧令〉复原研究的再探讨》，载杜文玉主编《唐史论丛》第二十辑，三秦出版社 2015 年版。

2. 《以〈厩牧令〉为例论〈唐六典〉对唐令的征引——兼论〈天圣令〉所附唐令的时代问题》，载黄贤全、邹芙都主编《西部史学》第二辑，西南师范大学出版社 2019 年版。

3. 《从〈天圣令〉看唐代的传制——对其运行模式和法令形

态的考察》，载杜文玉主编《唐史论丛》第二十八辑，三秦出版社2019年版。

4.《唐代驿丁制再探——以〈天圣令〉为中心》，《历史教学（下半月刊）》2016年第12期。

5.《唐代水驿述略》，《唐都学刊》2016年第2期。

6.《从天圣〈厩牧令〉看唐代私马的使用和管理》，《史学月刊》2012年第9期。

7.《试论〈天圣令〉中"专使"的制度规范》，载杜文玉主编《唐史论丛》第二十九辑，三秦出版社2019年版。

8.《唐代牧监基层劳动者身份刍议——兼论唐代的贱民问题》，《中国农史》2015年第4期。

9.《唐后期的江南牧监研究》，《南都学坛》2014年第4期。

10.《试论唐代杂畜的含义——以〈厩牧令〉为中心》，〔韩〕《亚洲研究》第14卷，2011年。

11.「唐代前期の閑厩と閑厩馬に関する諸問題」金子修一先生古稀記念文集編集委員会編『東アジアにおける皇帝権力と国際秩序』、兼平雅子訳、汲古書院、2020年版。

12.《日本静嘉堂文库藏松下见林〈唐令（集文）〉考述》，载中国政法大学法律古籍整理研究所编《中国古代法律文献研究》第十四辑，社会科学文献出版社2020年版。①

总之，笔者才识谫薄，绠短汲深，书中错误疏漏之处所在多有，如蒙通识方家不吝赐教，幸甚之至。

---

① 以上论文在收入本书时，均做了不同程度的修订；部分篇目修改幅度较大。

上篇　唐《厩牧令》的文本研究

第 一 章

唐《厩牧令》溯源

唐《厩牧令》是唐代法律体系中"令"的一部分，是关于官养畜牧业和驿传制度的政令法规。它虽不是唐朝人的首创，但也不是自古有之，而是在历史的发展中逐步形成的。了解历史时期《厩牧令》产生和确立的过程，有助于加深对其内容的理解，因此，本章对唐《厩牧令》的篇目和内容的渊源做一考察。

第一节 从《法经》到魏律

要探讨令的渊源，离不开对律的历史的探究。① 按照一般的说

---

① 关于古代律令的关系问题，中日研究者多有论述，主要的观点是，律与令分别称为"法典"的时间并不一致，在律已经成为法典之时，令尚未法典化；令作为与律性质迥异、地位平等的法典，肇始于晋《泰始令》，由此确定了以后律令法的格局。参看赵晶《〈天圣令〉与唐宋法制考论》，"绪论"，第3—4页。而孟彦弘则认为，"直到曹魏制定《魏律》时，律、令才具有了较为严格的法律意义上的区分"，并说"从文本上看，律、令都有一个由原始的诏书到改写成精密的法律条文的过程，这种改写实际就是律、令的来源之一。于是，我们发现了由诏书变成令文，又由令文变成律条的过程，甚至诏书直接变成律条"。孟彦弘：《秦汉法典体系的演变》，《历史研究》2005年第3期，后收入孟彦弘《出土文献与汉唐典制研究》，第25—26页。这一观点就是说魏晋时期的律、令在某种程度上是同源的。

法，魏文侯师李悝的《法经》是我国第一部成文法典，分《盗》
《贼》《囚》《捕》《杂》《具》六篇，皆"罪名之制"，①并不是政
令法规。秦用商鞅以变法令，商鞅将《法经》引进秦国，遂为秦律。
1975年，湖北省云梦县睡虎地秦墓出土了《秦律十八种》的竹简，包
括《田律》《厩苑律》《仓律》《金布律》《关市》《工律》等十八种律
文。这是我国古代正式将"厩"作为律文篇目的开始。根据秦简《厩
苑律》残存的律文可知，其是关于牲畜饲养赏罚、农具管理、官养马
牛失损补赔等的律文，②唐《厩牧令》中的某些规定，已初露端倪。
但此时的《厩苑律》是以律文的形式出现的。

　　汉高祖初入咸阳，约法三章，但后来三章法已不能满足实际需
要，遂令萧何更定律令。萧何在秦律六篇的基础上更增《兴》
《厩》《户》三篇，称为九章律。③日本学者堀毅先生指出，汉代
在秦律六篇基础上增加的《厩律》《户律》《兴律》等，均属于事
律。④同时，令在汉代也逐渐确立。⑤代表战国秦汉间思想的《管
子》说："夫法者，所以兴功惧暴也。律者，所以定分止争也。令
者，所以令人知事也。法律政令者，吏民规矩绳墨也。"⑥但汉代
的令都是为某一特定事件或措施而临时制定的，可以说是专门的
令、单篇的令，还没有出现以"令"为篇名、涵盖国家制度和社
会生活各个方面的系统法令。汉令的情况，根据程树德《九朝律

---

　　① 《资治通鉴》卷一一一，"安帝隆安三年"条胡三省注，中华书局1956年版，
第3492页。

　　② 睡虎地秦墓竹简整理小组编：《睡虎地秦墓竹简》，文物出版社1990年版，第
22—25页。

　　③ 《晋书》卷三〇《刑法志》针对秦汉法律说："旧律所难知者，由于六篇篇少
故也。篇少则文荒，文荒则事寡，事寡则罪漏。是以后人稍增，更与本体相离。今制
新律，宜都总事类，多其篇条。"（中华书局1974年版，第924页）这说明，随着时代
的变迁，秦国所袭用的《法经》已不是原来李悝的《法经》，汉代的律，也是在修改
之后的《秦律》上增加了三章事律。

　　④ 〔日〕堀毅：《秦汉法制史论考》，法律出版社1988年版，第7页。

　　⑤ 〔日〕仁井田陞：《〈唐令拾遗〉序论》，载仁井田陞《唐令拾遗》，第802页。

　　⑥ 《管子校注》卷一七《七臣七主》，黎凤翔校注，中华书局2004年版，第998页。

考》，有《令甲》《令乙》《令丙》《功令》《金布令》《宫卫令》
《秩禄令》《品令》《祠令》《祀令》《斋令》《公令》《狱令》《棰
令》《水令》《田令》《马复令》《胎养令》《养老令》《任子令》
《缗钱令》，以及《廷尉挈令》《光禄挈令》《乐浪挈令》《租挈令》
等。① 其中，《马复令》是关于百姓因养马而免除徭役的令。② 1984
年，湖北张家山汉墓出土了大批竹简，其中法律部分世称《二年
律令》，里面也没有类似《厩牧令》的令文。③

然而汉律中却有与驿传相关的律文。《汉书·高祖纪下》如淳注
云："律，四马高足为置传，四马中足为驰传，四马下足为乘传，一
马二马为轺传。急者乘一乘传。"颜师古曰："传者，若今之驿，古
者以车，谓之传车，其后又单置马，谓之驿骑。"④ 同时，《史记·
孝文本纪》集解注云："《广雅》云'置，驿也'。《续汉书》云
'驿马三十里一置'。故乐产亦云传置一也。言乘传者以传次受名，
乘置者以马取匹……如淳云'律，四马高足为传置，四马中足为
驰置，下足为乘置，一马二马为轺置，如置急者乘一马曰乘
也'。"⑤ 这类规定当是《厩律》中的内容。⑥ 如淳的注说明汉律规

---

① 程树德：《九朝律考》卷一《汉律考》，中华书局 2006 年版，第 21—28 页。
② 《汉书》卷九六下《西域传》颜师古注："马复，因养马以免徭赋也。"（中华
书局 1962 年版，第 3914—3916 页）
③ 张家山二四七号汉墓竹简整理小组编：《张家山汉墓竹简（二四七号墓）》，文
物出版社 2001 年版。
④ 《汉书》卷一下《高祖纪下》，第 57—58 页。
⑤ 《史记》卷一〇《孝文本纪》，中华书局 1959 年版，第 423 页。
⑥ 前辈学者很早就注意到了这几条史料，如沈家本《汉律撼遗》云："《厩律》：
逮捕、告反、逮受、登闻道辞（科）、乏军之兴、奉诏不谨、不承用诏书、上言变事、
以惊事告急。按：《厩律》之目，可考者九，内'奉诏不谨'、'不承用诏书'二目，
《晋志》言系旧典，与《厩律》文意相连，故入于此。'逮捕'应在《捕律》，其在此
者，逮捕之官司，或当乘传，故在《厩律》。汉世'告反'之人亦得乘传，故在此
律。"[（清）沈家本：《历代刑法考·汉律撼遗》卷一《目录》，中华书局 1985 年版，
第 1376 页] 又，章太炎《汉律考》云："昂汉律有驿传法式也……由是言之，《汉律》
非专刑书，盖与《周官》《礼经》相邻……驿传法式，宜在《厩律》矣。其后应劭删
定律令，以为《汉仪》（原注：见《晋书·刑法志》），表称'国之大事，莫尚载籍；

定了汉代的传分为不同的等级，以供不同的需要。而颜师古的注则说明唐代的驿来自汉代的传。

《晋书·刑法志》引《魏律序》云："秦世旧有厩置、乘传、副车、食厨，汉初承秦不改，后以费广稍省，故后汉但设骑置而无车马，而律犹著其文，则为虚设，故除《厩律》，取其可用合科者，以为《邮驿令》。"① 由此言之，汉代《厩律》中包含"厩置、乘传、副车、食厨"等内容，范围极广。值得一提的是，《厩律》中将与养马有关的"厩置"和与交通有关的"乘传"放在一起，与唐代《厩牧令》的做法类似，或许唐《厩牧令》即滥觞于此。

魏律是对汉律的继承和发展，其中不乏创新之举，在律令史上相当重要。魏律改汉《厩律》为《邮驿令》尤为引人瞩目，这一改动说明当时律令之间是可以转化的。② 一方面取消了《厩律》；③ 另一方面设一新令，但其内容与原来的《厩律》并不完全对等，十分奇怪。不过可以肯定的是，魏《邮驿令》其实是汉《厩律》的分支和余绪，此为《厩牧令》演变历程之第一步。

逆臣董卓，荡覆王室；典宪焚燎，靡有孑遗'。亦以见汉律之所包络，国典官令无所不具，非独刑法而已。周世书籍既广，六典举其凡目，礼与刑书次之，而通号以《周礼》。汉世乃一切著之于律。"［《章太炎全集（三）·检论》第三卷《原法附汉律考》，上海人民出版社 1984 年版，第 438 页］

　① 《晋书》卷三〇《刑法志》，第 924—925 页。有的著作认为《刑法志》所引文献为《魏律序略》，实误，原文中"其序略曰"应标点为"其《序》略曰"而非"其《序略》曰"。

　② 孟彦弘《秦汉法典体系的演变》说："律令文本形式的变化，即由诏令变为令、令变为律，或诏令直接变为律条，表现在司法实践上，反映的就是律、令之间的关系，即'令'是对'律'的补充、修订或说明。"（载孟彦弘《出土文献与汉唐典制研究》，第 21 页）那么，从某种程度上来说，汉代以来的律、令都有着共同的来源，故相同的诏令可能放入律中，也可能放入令中。

　③ 但实际上，汉《厩律》中未入《邮驿令》的其他内容被归到了别的律文之中。前引《魏律序》继续说："其告反逮验，别入《告劾律》。"而其他与时相宜即符合"后汉但设骑置而无车马"情况的则改为《邮驿令》。可见汉《厩律》未完全失去，而是变成了新的面貌。

第二节 从魏《邮驿令》到晋令

《晋书·刑法志》清楚地解释了汉魏以来《厩律》被废以及被《邮驿令》取而代之的原因，为我们探讨唐《厩牧令》的形成过程提供了线索，使问题逐渐明朗化。但《邮驿令》史无记载，《唐六典》卷六"刑部郎中员外郎"条对魏令简单记载道："魏命陈群等撰《州郡令》四十五篇，《尚书官令》《军中令》合百八十余篇。"① 没有提到《邮驿令》。之所以这样，或许是因为《邮驿令》不是主流令文，没有受到重视。自此至南北朝时期，《邮驿令》一直湮没无闻。②

晋命贾充修订律令，"就汉九章增十一篇……合二十篇……其余未宜除者，若军事、田农、酤酒，未得皆从人心，权设其法，太平当除，故不入律，悉以为令。施行制度，以此设教，违令有罪则入律……凡律令合二千九百二十六条，十二万六千三百言，六十卷，故事三十卷"。③《唐六典》卷六"刑部郎中员外郎"条云：

晋命贾充等撰《令》四十篇：一、《户》，二、《学》，三、

---

① （唐）李林甫等：《唐六典》卷六《尚书刑部》，"刑部郎中员外郎"条，第184页。《旧唐书·职官志》，"刑部郎中员外郎"条同（中华书局1975年版）。《资治通鉴》卷一一一胡三省注云："魏陈群等采汉律，制新律十八篇。集罪例为刑名，冠于律首……《厩律》有乏军、乏兴及旧典有奉法不谨、不承用诏书，汉氏施行，不宜复以为法，别为之留律。秦世旧有厩置、乘传、副车、食厨，后汉但设骑置，无车马，而律犹著其文，则为虚设，故除《厩律》，取其可用合科者为《邮驿令》。"（第3492—3493页）

② 六朝时期的《邮驿令》会不会像唐代的《捕亡令》和《假宁令》一样，分别附在《关市令》和《医疾令》之后呢？这种可能性是很小的，比如，晋代的《关市令》和《捕亡令》都是单独成篇的，宋齐梁亦然，不会独将《邮驿令》作为别令的附篇。唯一的解释是，后代对令文不断创新、增补，才整合了业已存在的其他令文，使之由二而一。

③ 《晋书》卷三〇《刑法志》，第927页。

《贡士》，四、《官品》，五、《吏员》，六、《俸廪》，七、《服制》，八、《祠》，九、《户调》，十、《佃》，十一、《复除》，十二、《关市》，十三、《捕亡》，十四、《狱官》，十五、《鞭杖》，十六、《医药疾病》，十七、《丧葬》，十八、《杂》上，十九、《杂》中，二十、《杂》下，二十一、《门下散骑中书》，二十二、《尚书》，二十三、《三台秘书》，二十四、《王公侯》，二十五、《军吏员》，二十六、《选吏》，二十七、《选将》，二十八、《选杂士》，二十九、《宫卫》，三十、《赎》，三十一、《军战》，三十二、《军水战》，三十三至三十八皆《军法》，三十九、四十皆《杂法》。①

可见晋令中无与厩牧相关的令文，亦没有沿袭魏《邮驿令》。

所可论者，《宋书·礼志》引《晋令》曰："乘传出使，遭丧以上，即自表闻，听得白服乘骒车，到副使摄事。"②程树德先生将此令归入晋《丧葬令》之中，③张鹏一先生亦是如此处理。④笔者认为，此条虽被《宋书·礼志》采用，但所说内容为乘传用车制度，实为邮、驿制度的分支，在晋令中无《邮驿令》的情况下，此条归入《杂法令》中或为更妥。⑤但从另一方面来说，前代关于

---

①　（唐）李林甫等：《唐六典》卷六《尚书刑部》，"刑部郎中员外郎"条，第184页。张鹏一在此基础上编著了《晋令辑存》六卷（三秦出版社1989年版），搜集晋代令文二百余条，其中并无与《厩牧令》相关的令文。

②　《宋书》卷一八《礼志》，中华书局1974年版，第501页。《太平御览》卷七七五《骒车》引作："《晋令》曰：乘传曰出使，朝暮裘以上，即自表闻，听□白眼骒车，副使摄事。"（上海古籍出版社2008年版，第7册，第812页）错字太多，几不能辨。

③　程树德：《九朝律考》卷三《晋律考下》，第304页。

④　张鹏一：《晋令辑存》卷三《丧葬令第十七》，第179页。

⑤　黄正建认为："像隋、唐令中已独立成篇的仪制令（这在《晋令》中尚无，到《梁令》中已与'公田公用'合为一篇）、卤簿令、公式令、仓库令、厩牧令、营缮令、假宁令等，可能在晋、梁时都还只能属于《杂令》的范畴。这是造成晋、梁《杂令》篇数庞大的重要原因。"（《〈天圣令·杂令〉的比较研究》，载黄正建《唐代法典、司法与〈天圣令〉诸问题研究》，中国社会科学出版社2018年版，第277页）笔者赞成这一推论，隋唐时代单独成篇的令文并非无本之木，其源头活水是前代的一些不规整、不集中的零散令文，即是说，相关的令文在前代不是不存在，而是没有集中体现罢了。

驿传制度的令文并未在晋令中完全消失，而是发生了新的蜕变，此为《厩牧令》形成历程中的第二次演变。

第三节　从晋令到北朝之《驾部令》

降至南北朝，律令制度因南北政权的对立而发生变化。故程树德先生说："自晋氏失驭，海内分裂，江左以清谈相尚，不崇名法。故其时中原律学，衰于南而盛于北。北朝自魏而齐而隋而唐，寻流溯源，自成一系，而南朝……诸律，实远逊北朝，其泯焉渐灭，盖有非偶然者。"① 但陈寅恪先生则认为：

> 南朝前期之宋齐二代既承用晋律，其后期之梁律复基于王植之之集注张斐、杜预晋律，而陈律又几全同于梁律，则南朝前后期刑律之变迁甚少。北魏正始制定律令，南士刘芳为主议之人，芳之入北在刘宋之世，则其所采自南朝者虽应在梁以前，但实与梁以后者无大差异可知。北魏、北齐之律辗转传授经隋至唐，是南支之律并不与陈亡而俱斩也。又裴政本以江陵梁俘入仕北朝，史言其定隋律时下采及梁代，然则南朝后期之变迁发展当亦可浸入其中，恐止为极少之限度，不足轻重耳。②

即北朝与南朝诸律实无太大区别。按，南北朝时"律令相须，不可偏用"，③ 律与令同为国家重要制度。但各朝令文今已不存，仅从一些粗略记载可知：南朝方面，"宋、齐略同晋氏……《梁令》三十篇：一、《户》，二、《学》，三、《贡士赠官》，四、《官品》，五、《吏员》，六、《服制》，七、《祠》，八、《户调》，九、《公田公用仪迎》，十、

---

① 程树德：《九朝律考》卷四《南朝诸律考序》，第311页。
② 陈寅恪：《隋唐制度渊源略论稿》四《刑律》，三联书店2001年版，第114页。
③ 《魏书》卷七八《孙绍传》，中华书局1974年版，第1725页。

《医药疾病》，十一、《复除》，十二、《关市》，十三、《劫贼水火》，十四、《捕亡》，十五、《狱官》，十六、《鞭杖》，十七、《丧葬》，十八、《杂》上，十九、《杂》中，二十、《杂》下，二十一、《宫卫》，二十二、《门下散骑中书》，二十三、《尚书》，二十四、《三台秘书》，二十五、《王公侯》，二十六、《选吏》，二十七、《选将》，二十八、《选杂士》，二十九、《军吏》，三十、《军赏》"，①"《陈令》三十卷，范泉撰"。② 北朝方面，"后魏初命崔浩定令，后命游雅等成之，史失篇目"。"北齐令赵郡王睿等撰《令》五十卷，取尚书二十八曹为其篇名，又撰《权令》二卷，两《令》并行。后周命赵肃、拓跋迪定令，史失篇目。"③ 按，《隋书》卷二五《刑法志》云："［北齐武成帝］河清三年（564），尚书令、赵郡王睿等……又上《新令》四十卷，大抵采魏、晋故事。"④ 与《唐六典》所说的五十二卷不同。程树德先生说："按《隋书·百官志》，北齐六尚书分统列曹，吏部统吏部、考功、主爵三曹；殿中统殿中、仪曹、三公、驾部四曹；祠部统祠部、主客、虞曹、屯田、起部五曹；五兵统左中兵、右中兵、左外兵、右外兵、都兵五曹；都官统都官、二千石、比部、水部、膳部五曹，度支统度支、仓部、左户、右户、金部、库部六曹，凡二十八曹。齐令即以此为篇目。"⑤ 如此，则北齐令中就应有《驾部令》。又《隋书·百官志中》云，北齐"驾部，掌车舆、牛马厩牧等事"，⑥ 则《驾部令》中必有驿传、车马之类的制度。至于北周律令，刻意模仿《周

---

① （唐）李林甫等：《唐六典》卷六《尚书刑部》，"刑部郎中员外郎"条，第184页。

② 《隋书》卷三三《经籍志二》，中华书局1973年版，第973页。（唐）杜佑《通典》卷三八《品秩三》中有《陈官品》目录一篇，云："官品禄秩班次，多因梁制。"（中华书局1988年版，第1032—1036页）可知陈令大体不脱梁令范围。

③ （唐）李林甫等：《唐六典》卷六《尚书刑部》，"刑部郎中员外郎"条，第184页。

④ 《隋书》卷二五《刑法志》，第705页。

⑤ 程树德：《九朝律考》卷六《北齐律考·齐令》，第406—407页。

⑥ 《隋书》卷二七《百官志中》，第752页。

礼》，流于形式而无致用之实，唐初史家对此不满。①

统而言之，南北朝之间在令这一方面还是存在很大差异的。陈寅恪先生仅从传授议定律令的人物的角度进行分析，恐怕还是有些笼统。对比前引《晋令》《梁令》可知，南朝偏安一隅，仅沿袭两晋制度而鲜有改动，侧重事类；而北朝则杂采汉魏制度，以政府机构为纲目，制定了更加方便实际操作的令文。那么，南北朝时的律令并不像陈寅恪先生所说的那样，南人入北自然地将南朝律令带入北朝，遂使南北无大差异；相反，其人虽入北朝，却要依据北朝的实际情况重新制定律令，不复以教条为准则了。具体到与驿传厩牧相关的篇目，存于北而失于南，一方面说明南朝的地理环境确实不适合大规模的放牧和饲养，另一方面也说明由于政局分裂，交通阻塞，阻碍了各地的道路交通与信息传递，因而就没有必要制定一专门的令文了。至此，有关厩牧制度的内容散入多篇令文之下，此为《厩牧令》形成历程中的第三变。

第四节　唐《厩牧令》的成立

杨隋统一全国之后，重新制定制度，而且多次修订新令。隋文帝颁行《开皇令》，隋炀帝颁行《大业令》，两令虽无大差异，但都体现了统一之后对整齐国家管理的强烈愿望，并为唐代律令奠定了基础。《唐六典》卷六"刑部郎中员外郎"条云：

> 隋开皇命高颎等撰令三十卷：一、《官品》上，二、《官品》下，三、《诸省台职员》，四、《诸寺职员》，五、《诸卫职员》，六、《东宫职员》，七、《行台诸监职员》，八、《诸州郡县镇戍职员》，九、《命妇品员》，十、《祠》，十一、《户》，十二、《学》，十三、《选举》，十四、《封爵俸廪》，十五、

① 参看程树德《九朝律考》卷七《后周律考序》，第411页。

《考课》，十六、《宫卫军防》，十七、《衣服》，十八、《卤簿》上，十九、《卤簿》下，二十、《仪制》，二十一、《公式》上，二十二、《公式》下，二十三、《田》，二十四、《赋役》，二十五、《仓库厩牧》，二十六、《关市》，二十七、《假宁》，二十八、《狱官》，二十九、《丧葬》、三十、《杂》。①

从这些令文的篇目可以看出，隋代的令没有像北朝那样以政府机构为纲，而是和南朝一样，整合了前代的事类令文而重新分篇，把国家之事分为若干大类以便于管理，并舍弃了诸如《劫贼水火》《鞭杖》《选史》《选将》等冗杂篇目。在这里出现了《仓库厩牧令》，虽然不等同于完全意义上的唐《厩牧令》，但"厩牧"已变为令文中的一部分，足见对其相当重视。这实际上也说明了厩牧之事在隋以前没有完全消失，而是一直存在，到了国家统一之后，有将其统一规范和约束的必要了。隋《仓库厩牧令》令文全佚，我们无从确定它的厩牧部分是否像唐《厩牧令》一样，将畜牧、驿传之事合为一令，但从其他令文篇目与唐令基本相同来看，应该是这样的。至此，《厩牧令》经过多次变化，终于成为国家的一项重要法令，再变即为唐《厩牧令》。

唐承隋制，特别是继承了隋朝开启的三省六部制和新的律令制度，并多次修订令文。② 唐令的篇目，史籍言之凿凿：

凡《令》二十有七（分为三十卷）：一曰《官品》（分为上、下），二曰《三师三公台省职员》，三曰《寺监职员》，四曰《卫府职员》，五曰《东宫王府职员》，六曰《州县镇戍岳渎关津职员》，七曰《内外命妇职员》，八曰《祠》，九曰

---

① （唐）李林甫等：《唐六典》卷六《尚书刑部》，"刑部郎中员外郎"条，第184—185页。

② 即《唐六典》卷六"刑部郎中员外郎"条所云："皇朝之令，武德中裴寂等与律同时撰。至贞观初，又令房玄龄等刊定。麟德中源直心，仪凤中刘仁轨，垂拱初裴居道，神龙初苏瑰，太极初岑羲，开元初姚元崇，四年宋璟并刊定。"（第185页）

《户》，十曰《选举》，十一曰《考课》，十二曰《宫卫》，十三曰《军防》，十四曰《衣服》，十五曰《仪制》，十六曰《卤簿》（分为上、下），十七曰《公式》（分为上、下），十八曰《田》，十九曰《赋役》，二十曰《仓库》，二十一曰《厩牧》，二十二曰《关市》，二十三曰《医疾》，二十四曰《狱官》，二十五曰《营缮》，二十六曰《丧葬》，二十七曰《杂令》，而大凡一千五百四十有六条焉。①

隋朝是将仓库、厩牧两令合为一令，唐《厩牧令》则为独立的一篇，所以，完整意义上的《厩牧令》就是在唐代形成的。至于为何《仓库厩牧令》一变而成《仓库令》和《厩牧令》，应该是因为这两方面本为联系不大的单独系统，随着唐代经济、军事、交通事业的不断发展，其自身事项的不断繁杂，逐渐有了拆开分别执行的必要。

唐《厩牧令》包括畜牧和驿传两大方面的内容，根据以上的论述可知，它的形成是一个承旧立新的过程。承旧，即承续前代关于邮驿的令文和前代《厩律》中关于官养畜牧业的法规；立新，即根据唐代畜牧业和驿传的新情况来制定新的令文。这样做的结果，是原来关于邮驿的令完全附着于"厩牧"，摒弃了《邮驿令》；② 另外，凸显了畜牧业的法律地位。从而形成了与唐《厩库律》并行的法典。根据《唐六典》卷六"刑部郎中员外郎"条的记载，③ 唐令共有二十七

① （唐）李林甫等：《唐六典》卷六《尚书刑部》，"刑部郎中员外郎"条，第183—184 页。《旧唐书》卷四三《职官志二》略云："令，二十有七篇，分为三十卷。第一至第七曰《官品职员》，八《祠》，九《户》，十《选举》，十一《考课》，十二《宫卫》，十三《军防》，十四《衣服》，十五《仪制》，十六《卤簿》，十七《公式》，十八《田》，十九《赋役》，二十《仓库》，二十一《厩牧》，二十二《关市》，二十三《医疾》，二十四《狱官》，二十五《营缮》，二十六《丧葬》，二十七《杂令》，而大凡一千五百四十六条。"（第 1837 页）

② 当然，《邮驿令》在六朝时期开始退出历史舞台。

③ （唐）李林甫等：《唐六典》卷六《尚书刑部》，"刑部郎中员外郎"条，第183—184 页。

篇，分为三十卷，《厩牧令》是第二十一篇，第二十四卷。在传世的典籍中没有保存下来《厩牧令》的原文，仁井田陞先生的《唐令拾遗》共复原《唐令》三十三卷，较《唐六典》所列篇目多出《学令》《封爵令》《禄令》《乐令》《捕亡令》《假宁令》六篇令文，而《厩牧令》则被排在了第二十五卷。① 这样的复原与《唐六典》的叙述有出入，但所幸的是，明钞本北宋《天圣令》为我们明确展示了唐及宋初令文的面貌和篇目。在钞本中，《天圣令·厩牧令》排在第二十四卷，证明《唐六典》的记载不误。在《天圣令·厩牧令》后，还附有"因旧文以新制参定"之后"不行"的唐《厩牧令》，宋家钰先生已将其复原为完整的唐开元《厩牧令》，极大地推动了唐令复原研究的发展。②

下面用流程图表示一下唐《厩牧令》的形成历程（见图 1 – 1）。

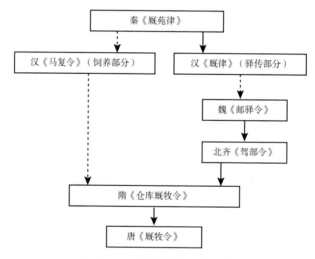

图 1 – 1　《厩牧令》形成历程

说明：实箭头表示直接承用，虚箭头表示间接承用。图中所示令文，皆是能直接称呼其名的，而其他虽被承用但或散于多篇，或失载篇名的令文，不便在图中表示，故从略。

---

① 〔日〕仁井田陞『唐令拾遗』"厩牧令第二十五"、697—712 頁。
② 参见宋家钰《唐开元厩牧令的复原研究》《唐〈厩牧令〉驿传条文的复原及与日本〈令〉、〈式〉的比较》两文。

第 二 章
《唐令拾遗》《唐令拾遗补》
中的《厩牧令》

　　《唐令拾遗》（以下简称《拾遗》）、《唐令拾遗补》（以下简称《拾遗补》）是唐令研究的集大成之作。毋庸置疑，二书作者在唐令搜集方面的范围之广、用功之深，堪称典范，难以超越，然而在某些细节之处，并非十全十美。在本章中，笔者以《厩牧令》为视角，来评价一下二书的唐令复原工作。

　　唐《厩牧令》是唐代关于官养畜牧业、驿传制度的令文，这些制度的主管部门是尚书兵部之驾部，其中畜牧业的具体执行者则是太仆寺的诸牧监。① 《唐六典》卷五"驾部郎中员外郎"条云："驾部郎中、员外郎掌邦国之舆辇、车乘，及天下之传、驿、厩、牧官私马、牛、杂畜之簿籍，辨其出入阑逸之政令，司其名数……若畜养之宜，孳生之数，皆载于太仆之职。"② 又同书卷一七《太

---

　　① 楼劲《唐代的尚书省—寺监体制及其行政机制》指出："按制度规定，尚书省六部对寺监行政的统辖有两大方式：其一是六部颁程度、定规章，寺监则奉行之。其二是六部向寺监发出具体的指令，寺监承受并实施之……但尚书省诸部司与诸寺监在实际行政过程中的关系还要复杂得多……如太仆寺虽大体受驾部管辖，但虞部也部分地指导着太仆寺所属诸署和诸牧监的行政。"［《兰州大学学报》（社会科学版）1988年第2期，第66页］

　　② （唐）李林甫等：《唐六典》卷五《尚书兵部》，"驾部郎中员外郎"条，第162—163页。

仆寺》"典厩署"条云："典厩令掌系饲马牛，给养杂畜之事。"①
"诸牧监"条云："诸牧监掌群牧孳课之事。"② 这些规定应都是仁
井田陞先生在复原《厩牧令》时的重要依据，因而他以《唐六典》
的记载为主体，参照《唐律疏议》《宋刑统》等书以及日本《养老
令》的相关规定来复原唐《厩牧令》。

《拾遗·厩牧令》第一至三条是关于牲畜饲养方法的规定；第
四至九条是关丁在牧牲畜别群、责课、死耗、亡失及马印的规定；
第十至十四条，除第十二条外，是关于置驿、置驿长及驿等、水驿
的规定；第十五、十六条是关于用马的规定；第十七、十八条是关
于官马死失、老病的规定；第十九、二十条为寻找阑遗牲畜的规
定；第二十一、二十二条是官畜产非理死亡赔偿的规定；最后的第
二十三条是治疗官畜疾病的规定。③ 这样的排列方式，主要依据是
养老《厩牧令》，体现了仁井田陞先生对唐《厩牧令》的理解程
度。他认为《厩牧令》内容分为官养畜牧业和驿传制度两大类，
其中前者包括牲畜的饲养、责课与死耗管理，后者包括置驿、置
马、用马及驿传马的死耗管理等，因而他所复原的二十三条令文都
是按一环扣一环的严密逻辑来排列的。

《拾遗补·厩牧令》共修正了《拾遗·厩牧令》中的十一条令
文，分别是第一、二、四、五（甲乙）、六、七、九、十、十六、
十八、二十二条。④ 但《拾遗补》的拾遗补阙亦有未尽之义，导致
《拾遗》仍遗留一些问题，这些问题分为三种类型，下面试做
探讨。

---

① （唐）李林甫等：《唐六典》卷一七《太仆寺》，"典厩署"条，第484页。
② （唐）李林甫等：《唐六典》卷一七《太仆寺》，"诸牧监"条，第486页。
③ 仁井田陞『唐令拾遺』"厩牧令第二十五"、東京大学出版会、1964年覆刻版、697-712頁。在《拾遗》所依据的史料中，有的直接出现了"依《厩牧令》""准唐令""本令"等字样，因而比较容易搜集整理，但有的没有这些标记，故需要慎重对待。
④ 仁井田陞著·池田温編集代表『唐令拾遺補—附唐日両令對照一覽』"厩牧令第二十五"、東京大学出版会、1997年、788-791頁。

第一，引用史籍时出现的文字及断句错误。

《拾遗》第二条，系根据《唐六典》卷一七"典厩署"条中"凡象日给藁六围，马、驼、牛各一围，羊十一共一围（每围以三尺为限也），蜀马与骡各八分其围，驴四分其围，乳驹、乳犊五共一围；青刍倍之"① 的记载复原的。复原令文基本与《唐六典》的原文一致，作：

> 诸象日给稿六围，马、驼、牛各一围，羊十一各一围（每围以三尺为限），蜀马与骡各八分其围，骡四分其围，乳驹、乳犊五共一围；青刍倍之。②

其中，"蜀马与骡各八分其围，骡四分其围"中出现了两个"骡"字，其中必有一字有误。盖其所据《唐六典》为近卫本，该本在"蜀马与骡"之下出校说："［骡］疑当作'驴'。"③ 如果是这样的话，蜀马与驴日给十分之八围稿，骡日给十分之四围稿，骡的食量反而比蜀马和驴要少，与常理相悖。④ 故引文第一个"骡"字无误，第二个才应作"驴"。陈仲夫先生在点校《唐六典》时，也注意到近卫本的注文，他指出："骡之食量固较驴为大，'四分其围'者，应为驴之日给，今正之。"⑤ 此言甚当。

又，《唐六典》卷一七"典厩署"条云：

---

① （唐）李林甫等：《唐六典》卷一七《太仆寺》，"典厩署"条，第484页。

② 仁井田陞『唐令拾遗』"厩牧令第二十五"、626页。其中，"羊十一各一围"是错的，应作"羊十一共一围"，即十一头羊共食一围稿，否则就与《唐六典》原意不符。这一点，已被《拾遗补》指出。

③ （唐）李林甫等『大唐六典』卷一七「太仆寺」"典厩署"条、廣池千九郎训点、広池学园出版部、1989年5月、348页下。

④ 另据《天圣令·厩牧令》宋3条中"骡一头，日给豆四升、麸一升，月给盐六两、药一㕩……驴一头，日给豆三升、麸五合，月给盐二两、药一㕩"云云可知，骡的需求量的确比驴要大。

⑤ （唐）李林甫等：《唐六典》卷一七《太仆寺》校勘记（70），第496页。

　　凡象日给稻、菽各三斗，盐一升；马，粟一斗、盐六勺，
乳者倍之；驼及牛之乳者、运者各以斗菽，田牛半之；驼盐三
合，牛盐二合；羊，粟、菽各升有四合，盐六勺（象、马、
骡、牛、驼饲青草日，粟、豆各减半，盐则恒给；饲禾及青豆
者，粟、豆全断。若无青可饲，粟、豆依旧给。其象至冬给羊
皮及故毡作衣也）。①

　　《拾遗》照录此条原文，复原为唐《厩牧令》第三条，只是将
"象、马、骡、牛、驼饲青草日，粟、豆各减半"断句为"象、
马、骡、牛、驼饲青草，日粟、豆各减半"，②改变了原文的意思。
《拾遗补》并未予以更正。

　　第二，引用史籍增删令文的错误。

　　《拾遗》第五条分为甲乙两部分，甲部分即日本《厩牧令》
"牧每牧"条所引《古记》云："按本令，至四岁为别群也。"③这
与《唐六典》中开元令所言"牡马牡牛每三岁别群"不同，故仁
井田陞先生推测"本令"应是开元以前的唐令。而《拾遗补》则
径将本条修订为永徽令。④ 其实，这两条令文所针对的牲畜对象根
本不一致。按，养老《厩牧令》集解此条注云："《释》云，凡为
群者，为游牝也。"也就是说，别群的目的是游牝，别群之年即为
游牝之年。又《唐六典》云："驹、犊在牧，三岁别群。马牧牝
马，四游五课。"⑤ 这里的"四游五课"，是规定牝马要四岁游牝，
在五岁即第二年责课驹犊。那么，对于牝马而言，它们的别群年龄
就是四岁（游牝的年龄），易言之，"至四岁为别群也"正是针对

---

① （唐）李林甫等：《唐六典》卷一七《太仆寺》，"典厩署"条，第484页。
② 仁井田陞『唐令拾遗』"厩牧令第二十五"、626页。
③ 新订增补国史大系（普及版）『令集解』卷三八「厩牧令」、吉川弘文馆、
1981年、918页。
④ 仁井田陞『唐令拾遗补』"厩牧令第二十五"、788页。
⑤ （唐）李林甫等：《唐六典》卷一七《太仆寺》，"诸牧监"条，第486页。

牝马而言的。① 这种规定与所谓"牡马牡牛每三岁别群"及"驹、
犊在牧，三岁别群"云云其实并不矛盾，相反，它们正好反映了
雌雄马匹在生理周期上的差别。② 所以，所谓"至四岁为别群也"
实指牝马，应为乙部分中的内容，而非开元以前的令文。况且，牲
畜的生理周期是一定的，对于一种性别的牲畜比如牝马来说，绝对
不会在开元以前是四岁游牝，到了开元以后就变成三岁游牝。

《唐律疏议》卷一五《厩库律》"牧畜产死失及课不充"条
"疏议"云：

> 《厩牧令》："诸牧杂畜死耗者，每年率一百头论，驼除七
> 头，骡除六头，马、牛、驴、羖羊除十，白羊除十五。从外蕃
> 新来者，马、牛、驴、羖羊皆听除二十，第二年除十五；驼除
> 十四，第二年除十；骡除十二，第二年除九；白羊除二十五，
> 第二年除二十；第三年皆与旧同。"③

《拾遗》根据上述记载，并结合《唐六典》的相关条文，复原
为唐《厩牧令》第七条，其中有云："若岁疫，准牧侧近私畜疫死
数，同则听以疫除。"④ 但《拾遗补》认为，《唐六典》卷一七
"诸牧监"条中有"若岁疫，以私畜准同者以疫除。（准牧侧近私
畜疫死数，同则听以疫除）"，故应将《拾遗》中的"若岁疫"改
为"若岁疫，以私畜准同者以疫除"，然后接着说"准牧侧近私畜

------

① 又《唐六典》卷一七《太仆寺》"诸牧监"条云："马牧牝马四游五课……三
岁游牝而生驹者，仍别簿申。"（第 486 页）可见，能三岁游牝的牝马是特殊情况，故
需要特别对待。
② 《天圣令·厩牧令》唐 5 条云："其二岁以下牡驹犊并三岁牝驹犊，并共本群
同牧放，不须别给牧人。"可见二岁牡驹犊和三岁牝驹犊都还不到别群的年龄，只有分
别等到它们三岁、四岁的时候，才能使之别群、游牝。
③ 《唐律疏议》卷一五《厩库律》，"牧畜产死失及课不充"条"疏议"，刘俊文点
校，中华书局 1983 年版，第 275 页。
④ 仁井田陞『唐令拾遗』"厩牧令第二十五"、631 页。

疫死数，同则听以疫除"。① 按，《唐六典》的写法是先写正文，再加注释，其注文是对正文的具体阐释，故二者有重叠的部分。仁井田陞先生早已注意到这点，故在引用《唐六典》文句时多将原文和注文的说法加以综合而复原唐令，这在《拾遗》里屡见不鲜，唯其如此，才可能更接近唐令的本来面貌。而《拾遗补》的做法，则是完全照搬《唐六典》的原样，对于本条而言，徒使字句冗繁，诚所谓画蛇添足。

《唐六典》卷一七"诸牧监"条云："凡官畜在牧而亡失者，给程以访，过日不获，估而征之。"此句相当简略，故其下又有注文："谓给访限百日，不获，准失处当时估价征纳，牧子及长，各知其半。若户奴无财者，准铜依加杖例。如有阙及身死，唯征见在人分。其在厩失者，主帅准牧长，饲丁准牧子。其非理死损，准本畜征纳也。"② 所以《拾遗》在复原此条时，综合了《唐六典》的正文和注释，即第八条所云："诸官畜在牧而亡失者，给访限百日，不获，准失处当时估价征纳，牧子及长，各知其半。若户奴无财者，准铜依加杖例。如有阙及身死，唯征见在人分。其在厩失者，主帅准牧长，饲丁准牧子。其非理死损，准本畜征纳。"仁井田陞先生作注说："'不获'上，《日本令》有'限满'二字。"③ 但在复原条文中未在"不获"前加字。按，《唐六典》正文明言的是"过日不获"，这与日本令所谓"限满不获"的意思是相同的，故复原时，应在"不获"前加上"过日"二字。这样做有两个好处：一是将《唐六典》的原文及注文综合起来进行了考察，而不是仅仅以注文为标准令文，从而符合仁井田陞先生复原唐令的惯例；二是能够与日本令对应起来。

第三，令文排列顺序方面的错误。

---

① 仁井田陞『唐令拾遗补』"厩牧令第二十五"、790 页。
② （唐）李林甫等：《唐六典》卷一七《太仆寺》，"诸牧监"条，第 487 页。
③ 仁井田陞『唐令拾遗』"厩牧令第二十五"、632 页。

《拾遗》第十一条是置驿长条，第十二条是驿马驴死由驿长陪填条。① 按照《厩牧令》整体的排列顺序，应先规定驿的设置、数量，后及驿传马的使用方法及陪填事宜，② 不应将马驴死失与设置驿长相连。又《唐六典》卷五"驾部郎中员外郎"条在"每驿皆置驿长一人"之后紧接着说"量驿之闲要以定其马数"而不是驿马驴死事，可为佐证。

以上是笔者认为《拾遗》《拾遗补》在复原唐《厩牧令》时存在问题的地方，但瑕不掩瑜，两书基本呈现了唐《厩牧令》的原貌，在《天圣令》发现以前，这样的复原工作是值得充分肯定的。

值得一提的是，在《拾遗》《拾遗补》出版以后、《天圣令》发现之前，还有一些学者试图辑佚散落的唐《厩牧令》，如刘俊文在《唐律疏议笺解》卷一五《厩库律》"养饲大祀牺牲不如法"条的笺释中针对"疏议"中的"其养牲，'大祀在涤九旬，中祀三旬，小祀一旬，养饲令肥，不得捶扑'，违者，是'不如法'"说："按'养牲'以下疑为唐《厩牧令》令文。"③ 虽然由《天圣令·厩牧令》可知，这样的推测是不确切的，但这正可以说明学术界对于复原唐令的工作始终没有松懈。

---

① 仁井田陞『唐令拾遗』"厩牧令第二十五"、635 頁。

② 宋家钰《唐〈厩牧令〉驿传条文的复原及与日本〈令〉、〈式〉的比较》说："从法令编纂的逻辑来说，应是先规定'驿'和'传'的设置，次规定'驿'和'传'马、驴的饲养，然后才是'驿马'和'传马'的使用规定，等等。"（载荣新江主编《唐研究》第十四卷，第 161 页，后收入黄正建主编《〈天圣令〉与唐宋制度研究》，第 100 页）

③ （唐）长孙无忌等：《唐律疏议笺解》卷一五《厩库律》，"养饲人祀牺牲不如法"条，刘俊文笺解，中华书局 1996 年版，第 1101 页。

第 三 章

唐《厩牧令》复原研究的再探讨

在《天圣令校证》一书出版后，学术界（尤其是原作者集体）对已复原的唐令又做了新的深入探讨，纠正了复原中的一些错误之处。① 比如《天圣令》中的《厩牧令》，整理者宋家钰先生最初写成《唐开元厩牧令的复原研究》②（以下简称《复原研究》）一文，将其复原成唐《厩牧令》，后又将修改意见写入《唐〈厩牧令〉驿传条文的复原及与日本〈令〉、〈式〉的比较》③ 一文中，进一步深化了唐《厩牧令》的复原工作。但仍遗留不少问题。赵晶先生《〈天圣令〉与唐宋法典研究》一文胪列了关于《厩牧令》录文和

---

① 比如，高明士等《评〈天一阁藏明钞本天圣令校证附唐令复原研究〉》，载刘后滨、荣新江主编《唐研究》第十四卷，第 509—571 页；吴丽娱《〈天圣令·丧葬令〉整理和唐令复原中的一些校正与补充》、黄正建《〈天圣令·杂令〉校录与复原为〈唐令〉的几个问题》，载黄正建主编《〈天圣令〉与唐宋制度研究》，第 53—89 页；等等。

② 宋家钰：《唐开元厩牧令的复原研究》，载《天圣令校证》下册，第 498—520 页。《唐开元厩牧令的复原研究》文后附录了唐《厩牧令》的复原清本（以下简称复原本），一共 53 条令文。这个复原本比仁井田陞先生《唐令拾遗》卷二五所复原的唐《厩牧令》多出 30 条。下文在引《复原研究》及复原本时，不再注出页码。

③ 宋家钰：《唐〈厩牧令〉驿传条文的复原及与日本〈令〉、〈式〉的比较》，载黄正建主编《〈天圣令〉与唐宋制度研究》，第 93—145 页。

复原的一些研究成果，① 除有关宋家钰先生的以外，这些成果还包括孟彦弘②、黄正建③、张文昌④、市大树⑤诸先生对于《厩牧令》校录、句读、复原文句的一些相关意见。其中有的是对《天圣令校证》中《厩牧令》校录本的更正，有的是针对《复原研究》的商榷，值得借鉴。⑥

　　在本章中，笔者依据前贤的成果，对尚未涉及的问题进行新的探讨，以期还原唐《厩牧令》的真实面貌。

第一节　复原令文的文字问题

一　复原 1 条⑦：

　　诸系饲，象一头给丁二人，细马一匹、中马二匹、驽马三匹、驼牛骡各四头、驴及纯犊各六头、羊二十口各给丁一人（纯，谓色不杂者。若饲黄禾及青草，各准运处远近，临时加

① 赵晶：《〈天圣令〉与唐宋法典研究》，载氏著《三尺春秋——法史述绎集》，第 35—84 页。

② 孟彦弘：《唐代的驿、传送与转运——以交通与运输之关系为中心》，载孟彦弘《出土文献与汉唐典制研究》，第 100—124 页。

③ 黄正建：《〈天圣令·杂令〉校录与复原为〈唐令〉的几个问题》，载黄正建主编《〈天圣令〉与唐宋制度研究》，第 53—89 页。

④ 参见张文昌《评〈天一阁藏明钞本天圣令校证附唐令复原研究〉》"四、厩牧令"，载刘后滨、荣新江主编《唐研究》第十四卷，第 527—530 页。

⑤ 市大樹「日本古代伝馬制度の法の特徴と運用実態—日唐比較を手がかりに」『日本史研究』544 号、2007 年、12 頁。

⑥ 从赵文可以看出，在对《天圣令》诸卷文本进行商榷的论文中，《厩牧令》的分量相对较少，这一方面体现出《厩牧令》文本存在的问题较少，另一方面也体现出学术界对《厩牧令》的深入研究相对薄弱。

⑦ 本章所说"复原某条"，系承用《复原研究》所附复原清本的序号。

给）。乳驹十四、乳犊十头，给丁一人牧饲。

本条是以宋 1 条为基础，参照《唐六典》的记载复原而成的。《唐六典》卷一七《太仆寺》"典厩署"条云："凡象一给二丁，细马一、中马二、驽马三、驼牛骡各四、驴及纯犊各六、羊二十各给一丁，（纯谓色不杂者。若饲黄禾及青草，各准运处远近，临时加给也。）乳驹、乳犊十给一丁。"① 宋先生在《复原研究》中说，"纯，谓色不杂者。若饲黄禾及青草，各准运处远近，临时加给"，在《唐六典》中处于注文位置，但它是不是《厩牧令》令文中的一部分，"不能确定，今暂从《唐六典》，在复原的令文中保留此注待考"。② 笔者赞同宋先生的意见。按，"若饲黄禾及青草，各准运处远近，临时加给"是说闲厩中使用"黄禾及青草"时，由于运处远近不同而饲丁的人数有别。这与日本令对"获丁"的规定很相似，《令集解》卷卅八《厩牧令》第一条云："获丁每马一人。"明法家解释说："谓以马户丁充，其饲干之日，不充获丁。但于采木叶者，不可每马充一人，此须兼口而量充，即依下条。番役之外，亦输调草也。"③ 意思是说，当左右马寮给马喂青草时，需要马户充当获丁，以收割草料。"获丁每马一人"与《唐六典》的注文相似，只不过唐令没有规定具体人数，只说"临时加给"罢了，日令沿袭了唐令并做了改动。所以，"纯，谓色不杂者。若饲黄禾及青草，各准运处远近，临时加给"是唐《厩牧令》的原文，在复原时确实应予保留。

宋先生在《复原研究》一文中指出，《唐六典》中"乳驹、乳犊十给一丁"，与《唐令拾遗》的"乳牛犊十头给一人"不同，同

---

① （唐）李林甫等：《唐六典》卷一七《太仆寺》，"典厩署"条，第 484 页。
② 《天圣令校证》下册，第 503 页。
③ 『令集解』第四册、915 页。

时无法确定"乳驹""乳犊"的确切含义，所以复原时暂从《唐六典》的说法。但宋先生将"乳驹、乳犊十给一丁"复原成"乳驹十匹、乳犊十头，给丁一人牧饲"，仍然值得推敲。因为《唐六典》在叙述此条令文时，频繁地使用"各"字："驼牛骡各四、驴及纯犊各六、羊二十各给一丁。"即如果几类不同牲畜所需饲丁人数相同的话，就将其连举，以"各"字统之。但《唐六典》在"乳驹、乳犊十给一丁"中并没有"各"字，说明对于乳驹、乳犊而言，不是要求它们分别达到十匹、十头时才给一个饲丁饲养，而是说只要它们合起来够十匹（头），就可以派一个饲丁饲养。那么，在复原时，应将《唐六典》的"乳驹、乳犊十给一丁"复原为"乳驹、乳犊十给丁一人牧饲"，而不是"乳驹十匹、乳犊十头，给丁一人牧饲"。

那么，本条令文应复原为："诸系饲，象一头给丁二人，细马一匹、中马二匹、驽马三匹、驼牛骡各四头、驴及纯犊各六头、羊二十口各给丁一人（纯，谓色不杂者。若饲黄禾及青草，各准运处远近，临时加给）。乳驹、乳犊十给丁一人牧饲。"

二 复原2条：

诸系饲，给干者，象一头，日给稿六围；马一匹、驼一头、牛一头，各日给稿一围；蜀马一匹，骡一头，日给稿八分；羊十一口，日给稿一围（每围以三尺为限）；驴一头，日给稿四分；乳驹五匹、乳犊五头，各日给稿一围，青草倍之。

宋先生在复原此条时，仿照了《天圣令·厩牧令》宋2条的叙述方式，即："象一头，日给稿五围；马一匹，供御及带甲、递铺者，各日给稿八分……"于是将《唐六典》卷一七"典厩署"

条中的"马、驼、牛各一围,羊十一共一围"① 改成"马一匹、驼一头、牛一头,各日给稿一围……羊十一口,日给稿一围"。如果承认宋先生的这种复原方法正确,那么应在"骡一头"之后加上"各"字,修改为"蜀马一匹,骡一头,各日给稿八分",以说明蜀马、骡是以类相从,且与其他牲畜的叙述方式保持一致。②

现在比较一下《唐六典》《天圣令·厩牧令》《拾遗》及宋先生复原本中列举牲畜的顺序:

《唐六典》:象、马、驼、牛、羊、蜀马、骡、驴、乳驹、乳犊

《天圣令·厩牧令》:象、马、蜀马、羊、骡、驴、驼、牛

《拾遗》:象、马、驼、牛、羊、蜀马、骡、驴、乳驹、乳犊

《复原研究》:象、马、驼、牛、蜀马、骡、羊、驴、乳驹、乳犊

宋先生在没有交代理由的情况下,在复原令文里将蜀马、骡的顺序提至羊之前,既不符合《唐六典》,也不符合《天圣令·厩牧令》。其实,从《唐六典》的叙述来看,象、马、驼、牛、羊给稿的单位是围,从蜀马开始,给稿的单位已降为"分"。故注文"每围以三尺为限"只能是从象至羊的给稿单位的结束语,其间绝不应夹杂蜀马和骡的给稿数。

因而笔者认为,应按照《唐六典》的顺序来复原本条令文:"诸系饲,给干者,象一头,日给稿六围;马一匹、驼一头、牛一头,各日给稿一围;羊十一口,日给稿一围(每围以三尺为限);

① (唐)李林甫等:《唐六典》卷一七《太仆寺》,"典厩署"条,第484页。

② (唐)李林甫等:《唐六典》卷一七《太仆寺》"典厩署"条即作"蜀马与骡各八分其围"(第484页)。

蜀马一匹，骡一头，各日给稿八分；驴一头，日给稿四分；乳驹五匹、乳犊五头，各日给稿一围。青草倍之。"

三　复原 3 条：

诸系饲，给稻、粟、豆、盐者，象一头，日给稻豆各三斗、盐一升。马一匹，日给粟一斗、盐六勺；乳马一匹，日给粟二斗。驼一头，日给豆［？升］①、盐三合（运物在道者，日给豆一斗）；乳驼一头，日给豆一斗、盐三合。牛一头，日给豆［？升］、盐二合（运物在道者，日给豆一斗）；乳牛一头，日给豆一斗、盐二合；田牛一头，日给豆五升、盐二合。羊一口，日给粟豆各一升四合、盐六勺。象、马、骡、牛、驼饲青草日，粟、豆各减半，盐则恒给。饲黄禾及青草者，粟、豆全断。若无青可饲，粟、豆依旧给。其象至冬，给羊皮及故毡作衣。

宋先生在复原时，主要以《唐六典》所述给牲畜的饲料数量为准，不擅自将《天圣令·厩牧令》中的项目引入复原令文中。②这样做是非常谨慎的，但仍存在问题。宋先生将给象和马稻、粟、菽（即豆）、盐的令文复原为："象一头，日给稻豆各三斗、盐一升。马一匹，日给粟一斗、盐六勺；乳马一匹，日给粟二斗。"而《唐六典》则明言："凡象日给稻、菽各三斗，盐一升；马，粟一斗、盐六勺，乳者倍之。"③ 这里的"乳者"是指前面的象和马二者而言的，指哺乳期的象、马，复原时不能仅说马而不言象。并且"倍之"亦指盐的数量，不仅指粟。

---

① 《厩牧令》中无给豆的升数，故宋家钰先生用"［？升］"表示。

② 在《天圣令·厩牧令》宋 3 条的规定中，有些牲畜是《唐六典》相关条文里所没有的：供御马、蜀马、骡、运骡、驴、运驴、外群羊、三栈羊。

③ （唐）李林甫等：《唐六典》卷一七《太仆寺》，"典厩署"条，第 484 页。

故笔者认为，本条令文应复原为："诸系饲，给稻、粟、豆、盐者，象一头，日给稻、豆各三斗，盐一升；乳象一头，日给稻、豆各六斗，盐二升。马一匹，日给粟一斗、盐六勺；乳马一匹，日给粟二斗，盐一合二勺。（以下同宋先生复原令文。）"

四　复原 5 条：

> 诸官畜应请脂药疗病者，所司豫料须数，每季一给。

本条的复原依据是宋 5 条："诸官畜应请脂药、糖蜜等物疗病者，每年所司豫料一年须数，申三司勘校，度支处分，监官封掌，以时给散。"按，《令集解》本条注云："官畜者，马寮之畜也；所司者，左右马寮也。言应请脂及药疗治厩马病者。"① 可知"脂"与"药"属于不同种类，中间应断开。

五　复原 12 条：

> 诸牧，马、驼、骡、牛、驴、羊，牝牡常同群。其牝马、驴，每年三月游牝。应收饲者，至冬收饲之。

本条的复原依据是宋 6 条。与其相关的史料有《唐六典》卷一七《太仆寺》"诸牧监"条（宋家钰先生《复原研究》引作"典厩署"条，误）："凡马以季春游牝。（《月令》：'季春乃合，累牛腾马，游牝于牧。'）"②《唐律疏议》卷一五《厩库律》"牧畜产死失及课不充"条"疏议"："准令：'牧马、驼、牛、驴、羊，

---

① 『令集解』卷卅八「厩牧令」、917 頁。
② （唐）李林甫等：《唐六典》卷一七《太仆寺》，"诸牧监"条，第 486 页。

牝牡常同群。其牝马、驴每年三月游牝，应收饲者，至冬收饲。'"① 按，《宋刑统》卷一五《厩库律》与《唐律疏议》的记载相同。②

根据以上的引文可知，宋 6 条完全本自唐令。宋家钰先生说："据［《唐律疏议》］同卷《厩库律》'疏议'所引《厩牧令》其他条文和明本开元《厩牧令》各条文，凡提及诸畜时，均为'马、驼、骡、牛、驴、羊'，因此可以肯定，今本《唐律疏议》和《宋刑统》均脱漏一'骡'字。"③ 这一推论似可商榷。不错，"马、驼、骡、牛、驴、羊"连用的情况确实出现过多次，如《唐律疏议》卷一五《厩库律》"乘官畜车私驮载"条云："诸应乘官马、牛、驼、骡、驴，私驮物不得过十斤。"④ "乘驾官畜脊破领穿"条"疏议"云："'乘驾官畜产'，谓牛、马、驼、骡、驴。"⑤ 又如《天圣令·厩牧令》宋 10 条云："诸官私阑马、驼、骡、牛、驴、羊等，直有官印、更无私记者，送官牧。"唐 3 条云："诸系饲，马、驼、骡、牛、驴一百以上，各给兽医一人。"等等。但这些律文和令文所针对的是马、驼、骡、牛、驴等牲畜的乘驾、印记、医疗等问题，均不指"同群""游牝"这些生理活动，所以不能拿它们和《唐律疏议》与《宋刑统》的本条记载做比较。按，游牝指的是牲畜雌雄交配。马、驼、牛、驴、羊，均分雌雄，而骡是由马和驴杂交而来的动物，其本身并不具备生殖能力，根本谈不到"牝牡同群"，更谈不到游牝之事了。从这个意义上说，《唐律疏议》和《宋刑统》的相关条文中无"骡"字，是无误的，也是严

---

① 《唐律疏议》卷一五《厩库律》，"牧畜产死失及课不充"条，第 276 页。
② （宋）窦仪等：《宋刑统》卷一五《厩库律》，"牧畜死失及课不充"条，薛梅卿点校，法律出版社 1999 年版，第 262 页。
③ 宋家钰：《唐开元厩牧令的复原研究》，载《天圣令校证》下册，第 507 页。
④ 《唐律疏议》卷一五《厩库律》，"乘官畜车私驮载"条，第 279 页。
⑤ 《唐律疏议》卷一五《厩库律》，"乘驾官畜脊破领穿"条，第 281 页。

谨的，不应视为有文字脱漏。① 在复原此条令文时，应以《唐律疏议》和《宋刑统》的记载为准，去掉宋令中的"騳"字，不能一仍其旧。②

六 复原 14 条：

> 诸牧，马剩驹一匹，赏绢一匹。驼、騳剩驹二头，赏绢一匹。牛、驴剩驹、犊三头，赏绢一匹。白羊剩羔七口，赏绢一匹。羖羊剩羔十口，赏绢一匹。每有所剩，各依上法累加。其赏物，二分入长，一分入牧子（牧子，谓长上专当者）。其监官及牧尉，各统计所管长、尉赏之（统计，谓管十五长者，剩驹十五匹，赏绢一匹；监官管尉五者，剩驹七十五匹，赏绢一匹之类。计加亦准此。若一长一尉不充，余长、尉有剩，亦听准折赏之）。其监官、尉、长等阙及行用无功不合赏者，其物悉入兼检校合赏之人。物出随近州；若无，出京库。应赏者，皆准印后定数，先填死耗足外，然后计酬。

本条的依据是唐 8 条，其中云："……其监官及牧尉，各充计所管长尉赏之（统计，谓管十五长者……）。"宋家钰先生在点校时认为，正文中的"充"字系"统"字之误，故改"充"为"统"，并指出《唐六典》作"通计"。将"充"改为"统"以使本令的正文与注文前后保持一致是没有问题的，但问题是本令为明钞宋令，其用词必避宋讳，而"通"恰恰是宋代为了避刘皇后父

---

① 那么《天圣令·厩牧令》此条中为什么出现了"騳"字呢？或许是宋代制定令文时无意地以类相从，或者是明代书手因疏忽而多抄了一个字。

② 中国社会科学院历史研究所"《天圣令》读书班"成员王苗等先生认为，騳亦分雌雄，只是没有生殖能力，所以依然可以说"牝牡常同群"。这样一来，宋 6 条中的"騳"字就不应去掉。笔者认为，同群的目的就是游牝，騳没有生殖能力，就与这类事项无干，这就是《唐律疏议》《宋刑统》中无"騳"字的原因。

刘通之讳才改为"统"的。故在《唐开元厩牧令复原清本》中应按《唐六典》将"统"改为"通",这才是唐令原文。

七 复原 19 条：

诸驿马以"驿"字印印左膊，以州名印印项左；传送马、驴以州名印印右膊，以"传"字印印左髀。官马付百姓及募人养者，以"官"字印印右髀，以州名印印左颊。屯、监牛以"官"字印印左颊，以"农"字印印左膊。诸州镇戍营田牛以"官"字印印右膊，以州名印印右髀。其互市马，官市者，以互市印印右膊；私市者，印左膊。

本条即唐 13 条。其中"以'传'字印印左髀"原文作"以'传'字右印印左髀"，宋家钰先生认为"右"字系衍字，故将其删去。但孟彦弘先生认为，"驿马的印记均在左边，为相区别，故规定传马的印记均钤于右边。故疑'左髀'应作'右髀'，衍文系因误抄所致"。[①] 孟说当是，本句应作："传送马、驴以州名印印右膊，以'传'字印印右髀。"

八 复原 32 条：

诸驿各置长一人，并量闲要置马。其都亭驿置马七十五匹，自外第一等马六十匹，第二等马四十五匹，第三等马三十匹，第四等马十八匹，第五等马十二匹，第六等马八匹，并官给。使稀之处，所司仍量置马，不必须足（其乘具，各准所置马数备半）。定数下知。其有山坡峻险之处，不堪乘大马

---

① 孟彦弘：《唐代的驿、传送与转运——以交通与运输之关系为中心》，载孟彦弘《出土文献与汉唐典制研究》，第 101 页。

者，听兼置蜀马（其江东、江西并江南有暑湿不宜大马及岭南无大马处，亦准此）。若有死阙，当驿立替，二季备讫。丁庸及粟草，依所司置大马数常给。其马死阙，限外不备者，计死日以后，除粟草及丁庸。

本条即唐33条，其中"第一等""第二等"等中的"等"原作"道"。对于令文中的"道"字，宋家钰先生在点校时说："当为'等'，以下'道'字同。据《唐六典》卷五《兵部》'驾部郎中员外郎'条注改。"[①] 按，宋先生所依据的《唐六典》该条云：

> 每驿皆置驿长一人，量驿之闲要以定其马数：都亭七十五匹，诸道之第一等减都亭之十五，第二、第三皆以十五为差，第四减十二，第五减六，第六减四，其马官给。有山阪险峻之处及江南、岭南暑湿不宜大马处，兼置蜀马。[②]

《唐六典》在引用令文时，采取的是概括性、省略性的方式。就本条内容而言，其描述可换言为"除都亭驿外，第一等道、第二等道、第三等道"云云。可见，《唐六典》明确指出诸道是分等级的，故宋先生认为《天圣令·厩牧令》此条中的"道"应为"等"字之误。但《唐六典》在说各种道之前是冠以"诸道"的，所以可以接着说"第几等［道］"，《天圣令·厩牧令》却非如此，它的表述是"其都亭驿置马七十五匹，自外……"可见与《唐六典》不同。但只有交代清楚是什么等级和单位，才能知道其能拥有驿马的数量，如果直接将令文中的所有"道"字都改为"等"

---

① 《天圣令校证》下册，第303页。
② （唐）李林甫等：《唐六典》卷五《尚书兵部》，"驾部郎中员外郎"条，第163页。

字，我们就无从知道是"什么"的第一、二、三等了，所以，这种修改是欠妥的。宋先生后来也认识到这一问题，决定改正自己原来的校录，维持令文原貌。他给出的理由是："我在点校置驿条时，将'第一道……第六道'的'道'，据《六典》'诸道之第一等'，校改为'等'，可能是错的，吐鲁番文书中有'第五道'。道均以地为名，如子午道、金牛道等。"①虽然第五道是个地名，与令文中的"第五"道含义应该不同，但笔者认为，令文中的六个"道"字，不可能全是误抄。在没有其他材料佐证的情况下，应该保持令文的原貌。②

九　复原41、42条：

> 诸乘传日四驿，乘驿日六驿。凡给马者，官爵一品八匹，嗣王、郡王及二品六匹，三品五匹，四品、五品四匹，六品三匹，七品以下二匹。给传乘者，一品十马，二品九马，三品八马，四品、五品四马，六品、七品二马，八品、九品一马。三品已上敕召者，给四马，五品三马，六品已下有差（尚书侍郎、卿、监、诸卫将军及内臣奉使宣召，不限匹数多少，临时听旨）。
>
> 诸公使须乘驿及传送马，若不足者，即以私马充。其私马因公致死者，官为酬替。

这两条令文是依据宋9条复原的，即把一条宋令复原成两条唐令。市大树先生对此进行了质疑，认为宋9条只能复原成一条唐令。具体来说，复原42条中的"诸公使须乘驿及传送马者（按，

---

① 孟彦弘：《唐代的驿、传送与转运——以交通与运输之关系为中心》，"附记"，载孟彦弘《出土文献与汉唐典制研究》，第121页。

② 黄正建《〈天圣令·杂令〉校录与复原为〈唐令〉的几个问题》亦认为"道"字比"等"字准确（载黄正建主编《〈天圣令〉与唐宋制度研究》，第58页）。

复原本无者字）"一句应作为整条令文的开始，复原 41 条中的
"凡给马者"应修改为"给传送者"，"给传乘者……九品一马"
一句应删掉。又，复原 42 条中的"若不足者……"一句应接在复
原 41 条夹注之后作为整条令文的结尾。① 笔者认为，市大树先生
的观点有一定的道理，宋 9 条应该来源于一条唐令。因为其中的
"其马逐铺交替，无递马处，即于所过州县，差私马充，转相给
替"本身就是对前面规定的补充，在唐令中也不会是一条独立的
令文。

宋先生之所以把这部分复原成一条独立的唐令，是因为
《令集解》卷卅八《厩牧令》中有"乘驿"一条，云："凡乘驿
及传马，应至前所替换者，并不得腾过。其无马之处，不用此
令。"② 但是在《令集解》卷四《职员令》"兵部省"条中，保
存了养老七年（723）十二月七日关于"每人骑马令备各有
等差"的格文。③ 又在卷卅四《公式令》中规定了"给驿传
马"条：

> 凡给驿传马，皆依铃传符克数。事速者，一日十驿以上，
> 事缓者，八驿。亲王及一位，驿铃十克，传符卅克。三位以
> 上，驿铃八克，传符廿克。四位，驿铃六克，传符十二克。五
> 位，驿铃五克，传符十克。八位以上，驿铃三克，传符四克。
> 初位以下，驿铃二克，传符三克。皆数外别给驿子一人。其六
> 位以下，随事增减，不必限数。其驿铃传符，还到二日之内
> 送纳。④

---

① 　市大樹「日本古代伝馬制度の法的特徴と運用実態—日唐比較を手がかりに」
『日本史研究』544 号、2007 年、12 頁。
② 　『令集解』卷卅八「厩牧令」"乘驿"条、931 - 932 頁。
③ 　『令集解』卷四「職員令」"兵部省"条、100 頁。
④ 　『令集解』卷卅四「公式令」"给驿传马"条、853 - 856 頁。

宋家钰先生认为这条日本令文"是将唐《公式令》给驿马条、《厩牧令》给传马条合并"而成的。如是这样，那么上引养老《厩牧令》"乘驿"条也许就只是将某条唐令删改后保留下来的一部分，换言之，不能认为唐《厩牧令》中有与之对应的令文。目前暂从市大树先生说。

又，宋家钰先生在《唐〈厩牧令〉驿传条文的复原及与日本〈令〉、〈式〉的比较》一文中，对复原 41 条进行了修订，认为"乘传日四驿，乘驿日六驿"应属唐《公式令》（依据养老《公式令》）；"给传乘者，一品十马，二品九马，三品八马，四品、五品四马，六品、七品二马，八品、九品一马"应是唐《杂式》中的条文（依据日本《延喜式·杂式》）；"三品已上敕召者，给四马，五品三马，六品已下有差"则是唐《公式令》"给驿马"条（依据养老《公式令》"给驿马"条）。故只保留了"凡给马者，官爵一品八匹，嗣王、郡王及二品六匹，三品五匹，四品、五品四匹，六品三匹，七品以下二匹"部分，并认定这里的"给马"是指给传送马。① 由于这一新令文中只规定了传送马数，并无给驿马数，故不取市大树先生"'诸公使须乘驿及传送马'一句应作为整条令文的开始"说。

那么综合来看，宋 9 条应重新复原为：

> 诸给传送马者，官爵一品八匹，嗣王、郡王及二品六匹，三品五匹，四品、五品四匹，六品三匹，七品以下二匹（尚书侍郎、卿、监、诸卫将军及内臣奉使宣召，不限匹数多少，临时听旨）。若不足者，即以私马充。其私马因公致死者，官为酬替。

---

① 宋家钰：《唐〈厩牧令〉驿传条文的复原及与日本〈令〉、〈式〉的比较》，载黄正建主编《〈天圣令〉与唐宋制度研究》，第 102—107 页。另外，卢向前《唐代政治经济史综论——甘露之变研究及其他》亦认为此处的"给马"是指"给传送之马"（商务印书馆 2012 年版，第 194 页）。

十　复原 47 条:

　　诸官私阑遗马、驼、骡、牛、驴、羊等，直有官印、更无私记者，送官牧。若无官印及虽有官印、复有私记者，经一年无主识认，即印入官，勿破本印，并送随近牧，别群牧放。若有失杂畜者，令赴牧识认，检实印作"还"字付主。其诸州镇等所得阑遗畜，亦仰当界内访主。若经二季无主识认者，并当处出卖。先卖充传驿，得价入官。后有主识认，勘当知实，还其本价。

本条复原基本上与《拾遗》的复原相同，即以《宋刑统》卷二七《杂律》所引《厩牧令》"官私阑马、驼"条为蓝本，参以宋 10 条而成。这一复原是值得肯定的，但还可以做进一步的分析。《宋刑统》比宋 10 条多出"先卖充传驿"一句，[①] 故据之复原。但正如宋先生所指出的，唐代的称谓"传马""传驴""传送马"等在《宋刑统》中都变为"传驿"，[②] 那么这里的"先卖充传驿"在唐令中是否应是别的说法？

　　其实这句话在《令集解》中作"先卖充传马"。按，如果唐《厩牧令》亦是如此的话，就会出现一个问题：本条令文规定的是阑遗的官畜，包括马、驼、骡、牛、驴、羊等，并不单指马而言，那么假设这些阑畜是驼、骡、驴，如何将其卖充"传马"？但这个矛盾是可以解释的，《令集解》作注云："问：得牛亦卖充马哉？"答："此文为马，其于牛得价入官耳。"[③] 据此可知，令文原本确系如此，只提及马而未提及其他牲畜，如果是牛，就要另行处理。这

---

　　① 宋 9 条原文作："其诸州镇等所得阑畜，亦仰当界内访主。若经二季无主识认者，并当处出卖，得价入官。"
　　② 宋家钰：《唐开元厩牧令的复原研究》，载《天圣令校证》下册，第 509 页。
　　③ 『令集解』卷卅八「厩牧令」"国郡条"、936 页。

也从反面证明，唐令原文就是"先卖充传马"，在复原时《宋刑统》中的"先卖充传驿"应修正为"先卖充传马"。①

又，复原令文中的"诸官私阑遗马、驼、骡、牛、驴、羊等"与"其诸州镇等所得阑遗畜"句，《天圣令·厩牧令》原作"诸官私阑马、驼、骡、牛、驴、羊等"与"其诸州镇等所得阑畜"，《令集解》同。但宋先生认为，《宋刑统》作"阑遗畜"云云，在复原时，由于史料阙如，暂从《宋刑统》的说法。这一观点已受到有关学者的质疑。前揭张文昌先生文认为："在唐代的法典中，使用'阑遗'二字时，应该是通指遗失包括畜产在内的财物；至于仅用'阑'字时，则是单纯指遗失了'牲畜'……要复原唐令的文字，较谨慎的复原做法，应当保持原貌，不该妄加改动才是。"② 但张说并不完全正确，《唐律疏议》卷一六《擅兴律》"私有禁兵器"条"疏议"引《军防令》云："阑得甲仗，皆即输官。"③ 可见，在唐代"阑"字亦可指物而言。中国社会科学院历史研究所"《天圣令》读书班"成员赵晶先生认为，"阑"不单指有生命的牲畜而言，亦可指物。从有生命物和无生命物的角度来辨析"阑"和"遗"是不恰当的。他认为在复原本条唐令时应不应该保留"遗"字，还需再斟酌。笔者赞同这样的认识，目前暂从宋先生的复原。

另外，《天圣令·厩牧令》中"右令不行"的唐令部分，可以视为唐《厩牧令》的原文，在复原过程中，这部分令文可以被直接纳入复原本中。但是其中有三条令文，由于校证和复原者理解的失误，在句读标点上仍存在问题，从而影响了唐《厩牧令》的正

---

① 这里牵涉到《宋刑统》和《养老令》哪个更接近唐令的问题。笔者认为，《令集解》明言"此文为马"，可知其所据的唐《厩牧令》确实作"马"字而非"驿"。在没有其他史料的情况下，暂从《令集解》的说法。

② 高明士等：《评〈天一阁藏明钞本天圣令校证附唐令复原研究〉》，载刘后滨、荣新江主编《唐研究》第十四卷，第528—530页。

③ 《唐律疏议》卷一六《擅兴律》，"私有禁兵器"条"疏议"，第316页。

确性。笔者在这里试做探讨。

甲、复原 17 条（唐 11 条）：

> 诸牧，马驹以小"官"字印印右膊，以年辰印印右髀，以监名依左、右厢印印尾侧（若行容端正，拟送尚乘者，则不须印监名）。至二岁起脊，量强、弱、渐，以"飞"字印印右髀、膊；细马、次马俱以龙形印印项左（送尚乘者，于尾侧依左右闲印，印以"三花"。其余杂马送尚乘者，以"凤"字印印左膊；以"飞"字印印右髀）。骡、牛、驴皆以"官"字印印右膊，以监名依左、右厢印印右髀；其驼、羊皆以"官"字印印右颊（羊仍割耳）。经印之后，简入别所者，各以新入处监名印印左颊。官马赐人者，以"赐"字印；配诸军及充传送驿者，以"出"字印，并印右颊。

笔者认为，本条中"至二岁起脊，量强、弱、渐，以'飞'字印印右髀、膊"一句的标点有误。首先看"至二岁起脊"。"起脊"二字，一般认为是指马的脊背生长，但此说不通。因为这样的话，"起脊"就是一种生理规律，根本不需将其作为规定写在令文里；另外马的个体有差异，不会全部都在二岁"起脊"。所以这样的断句必然有问题。笔者认为，"至二岁起脊"应从"起"字后断开，"脊"属下句。因为在《天圣令》中，除本条外，"起"字一共有"始于"[1]、"征召"[2]、"建造"[3] 以及"起居注"之"起"[4] 四种含义。在唐令部分出现的，均取"始于"之义。那么，我们也有理由相信，本条中的"起"字，也是"从……开始"

---

① 参见《田令》唐 25 条，《赋役令》唐 2 条、唐 3 条、唐 26 条，《厩牧令》唐 4 条、唐 18 条，《营缮令》宋 24 条，《杂令》宋 22 条、宋 34 条、唐 16 条。

② 参见《假宁令》宋 18 条。

③ 参见《营缮令》宋 6 条。

④ 参见《杂令》宋 9 条。

之义。故"至二岁起"就是"从二岁开始"。

至于后面的"脊，量强、弱、渐，以'飞'字印印右髀、膊"句，笔者认为，这里规定的是根据马匹生长的情况，分出强壮与弱小的等级，按照先强后弱的顺序渐次在马的身上印出"飞"字。[①]马匹的强弱，以脊背的生长情况为表征，考虑的是强与弱，原标点将"渐"与"强弱"并列，不妥。

总而言之，本句整体应标点作："至二岁起，脊量强、弱，渐以'飞'字印印右髀、膊。"

乙、复原27条（唐18条）：

> 诸牧，细马、次马监称左监，粗马监称右监。仍各起第，一以次为名。马满五千匹以上为上（数外孳生，计草父三岁以上，满五千匹，即申所司，别置监）。三千匹以上为中，不满三千匹为下。其杂畜牧，皆同下监（其监仍以土地为名）。即应别置监，官牧监与私牧相妨者，并移私牧于诸处给替。其有屋宇，勿令毁剔，即给在牧人坐，仍令州县，量酬功力及价直。

宋家钰先生将本令第二句标点为"仍各起第，一以次为名"，含义不甚明了。《唐六典》卷一七《太仆寺》"诸牧监"条云："凡马有左、右监以别粗良，以数纪为名，而著其簿籍；细马之监称左，粗马之监称右。（其杂畜牧皆同下监，仍以土地为其监名。）"[②] 与本条令文的说法不尽相同，但其内涵是一致的。从中可知，马监的命名是以"数纪"为方法的，即从"第一"开始，以此类推。故原令文的含义就是说应该从第一监开始计数。那么本句

_____

① 罗丰《规矩或率意而为？——唐帝国的马印》认为，印"飞"字印的马是"二岁起脊的细马"（载荣新江主编《唐研究》第十六卷，北京大学出版社2010年版，第126页）。

② （唐）李林甫等：《唐六典》卷一七《太仆寺》，"诸牧监"条，第486页。

应标点为"仍各起第一,以次为名"。①

另外,"仍令州县,量酬功力及价直"中的逗号宜删掉。

丙、复原 30 条(唐 20 条):

> 诸府内,皆量付官马令养。其马主,委折冲、果毅等,于当府卫士及弩手内,简家富堪养者充,免其番上镇、防及杂役;若从征军还,不得留防。

在唐代,番上、镇防与杂役分别是不同的制度。番上指府兵轮番到京师宿卫,每府根据其距离京师的远近,分番的次数也不一样。②《新唐书》卷五〇《兵志》云:"凡当宿卫者番上,兵部以远近给番,五百里为五番,千里七番,一千五百里八番,二千里十番,外为十二番,皆一月上。若简留直卫者,五百里为七番,千里八番,二千里十番,外为十二番,亦月上。"③ 又,《天圣令·仓库令》唐 9 条云:"诸州镇防人所须盐,若当界有出盐处,役防人营造自供。无盐之处,度支量须多少,随防人于便近州有官盐处运供。如当州有船车送租及转运空还,若防人向防之日,路经有盐处界过者,亦令量力运向镇所。"④ 故"免其番上镇、防及杂役"一句应标点为"免其番上、镇防及杂役"。

---

① 李锦绣《"以数纪为名"与"以土地为名"——唐代前期诸牧监名号考》认为:"唐代牧监究竟是'以数纪为名'还是'以土地为名',主要不是看牧监是马牧还是牧杂畜,而是看牧监分布在何处。"(载中国社会科学院历史所隋唐宋辽金元史研究室编《隋唐辽宋金元史论丛》第一辑,紫禁城出版社 2011 年版,第 133 页)

② 孟宪实《唐代府兵"番上"新解》认为:"番上在府兵制度中,既有京师宿卫的涵义,也有地方值勤的涵义,凡属列入兵部常规计划的府兵守卫类的轮番值勤,皆可称为番上。"(《历史研究》2007 年第 2 期,第 77 页)

③ 《新唐书》卷五〇《兵志》,第 1326 页。《唐六典》卷五《尚书兵部》云:"百里外五番,五百里外七番,一千里外八番,各一月上;二千里外九番,倍其月上。若征行之镇守者,免番而遣之。"(第 156 页)

④ 《天圣令校证》下册,第 284 页。

第二节　复原令文的顺序问题

笔者认为，复原本中一些令文的排列顺序存在问题，这些问题主要集中在由宋令复原而来的唐令和不见于传世文献的唐令的位置安放上。如果我们承认《天圣令·厩牧令》所附的唐令是唐《厩牧令》原文的话，那么我们在安插复原后的宋令时，就要以唐令的顺序为主线，将其放置在合适的位置上，以使其符合唐令的逻辑顺序。这就要求我们明晰唐《厩牧令》的内容分类和编排顺序。笔者赞同宋先生在《复原研究》中对唐《厩牧令》所做的分类，即："诸畜给丁饲养类""诸畜管理责课类""诸畜印字类""诸牧置监与牧地管理类""驿传类""阑畜、赃畜、死病畜处理与官私畜帐类"。下面的探讨，就是以这六种分类为基础的。

第一，在复原本中，第一类令文共五条，完全是由宋1—5条复原成的唐令组成的，是关于给系饲官畜饲丁、草料、粟豆、脂药的规定。而被宋先生归入第二类的《天圣令·厩牧令》唐3、4条亦是与此相关的规定：

> 诸系饲，马、驼、骡、牛、驴一百以上，各给兽医一人；每五百加一人。州军镇有官畜处亦准此。太仆等兽医应须之人，量事分配（于百姓、军人内，各取解医杂畜者为之。其殿中省、太仆寺兽医，皆从本司，准此取人。补讫，各申所司，并分番上下。军内取者，仍各隶军府）。其牧户、奴中男，亦令于牧所分番教习，并使能解。
>
> 诸系饲，杂畜皆起十月一日，羊起十一月一日，饲干；四月一日给青。

这些规定是与系饲中官畜的治疗、草料的饲喂密切相关的，故也应被归入第一类之中，放在原宋 5 条之后。

第二，复原 11 条（唐 6 条）云：

> 诸牧，牝马四岁游牝，五岁责课；牝驼四岁游牝，六岁责课；牝牛、驴三岁游牝，四岁责课；牝羊三岁游牝，当年责课。

复原 12 条（原宋 6 条）云：

> 诸牧，马、驼、骡、牛、驴、羊，牝牡常同群。其牝马、驴，每年三月游牝。应收饲者，至冬收饲之。

这两条分别是针对牧监中牲畜责课与同群游牝的规定。其中复原 12 条是新出材料。按，《厩牧令》第二类条文是关于诸牧牲畜管理的，按照宋先生的排列顺序，复原 7 条（唐 2 条）规定置牧长，复原 10 条（唐 5 条）规定别群，复原 13 条（唐 7 条）规定牲畜课驹、犊数。在牧监中，应该是先规定设牧长，然后分别是别群、游牝、责课时间、责课数量的规定。这样看来，复原 11 条与 13 条关系最近，而复原 12 条则与复原 10 条最为密切。所以复原 11 条与 12 条的位置应该对换，于是以上几条令文的顺序应调整为：唐 5、宋 6、唐 6、唐 7 条。

第三，复原 23 条云：

> 诸殿中省尚乘每配习驭调马，东宫配翼驭调马，其检行牧马之官，听乘官马，即令调习。

它原本是仁井田陞先生根据《唐律疏议》卷一五《厩库律》"官马乘用不调习"条"疏议"① 复原的。在《拾遗》中，本条位于

---

① 《唐律疏议》卷一五《厩库律》，"官马乘用不调习"条"疏议"，第 282 页。

"应给传送"条和"官马死失"条之间。① 这说明仁井田陞先生认为，本条是官员乘马规定的一部分，其法意目的在于用马制度。而复原本将其放置在了第三类"诸畜印字"与第四类"诸牧置监与牧地管理"之间，实际上它与这两类毫无联系。笔者认为，应按照《拾遗》的编排顺序，将其置于"驿传类"条文之中。具体而言，笔者认为应将其置于复原 41 条（唐 24 条）"诸官府马检校"之前。

第四，复原 24 条云：

> 陇右诸牧监使每年简细马五十匹进。其祥麟、凤苑厩所须杂给马，年别简粗壮敦马一百匹，与细马同进。仍令牧监使预简敦马一十匹别牧放，殿中须马，任取充。若诸监之细马生驹，以其数申所由司次入寺。其四岁以下粗马，每年简充诸卫官马。

这是宋先生根据《唐六典》卷一一"尚乘局"条和卷一七"诸牧监"条的相关记载复原的，《天圣令·厩牧令》与《拾遗》中均无此条令文。

盖宋先生认为，《唐六典》中"凡每岁进马粗良有差。使司每岁简细马五十匹、敦马一百匹进之。若诸监之细马生驹，以其数申所由司次入寺。其四岁以下粗马，每年简充诸卫官马"② 的前、后部分分别对应于《天圣令·厩牧令》的唐 11 和 31 条，因而认定这段引文本身亦是《厩牧令》的令文，并将其复原成上引的一条令文。笔者认为，其实未必如此，先看一条旁证。

《唐六典》同卷同条云：

> 凡马有左、右监以别其粗良，以数纪为名，而著其簿籍；细马之监称左，粗马之监称右（其杂畜牧皆同下监，仍以土

---

① 仁井田陞『唐令拾遺』"厩牧令第二十五"、708 頁。

② （唐）李林甫等：《唐六典》卷一七《太仆寺》，"诸牧监"条，第 487 页。

地为其监名）。凡马各以年、名籍之，每岁季夏造。至孟秋，群牧使以诸监之籍合为一（诸群牧别立南使、北使、西使、东使，以分统之）。常以仲秋上于寺。凡马以季春游牝。①

其中，"凡马各以年、名籍之……常以仲秋上于寺"云云的前后，分别对应《天圣令·厩牧令》的唐 18 条和宋 6 条，但这句话本身并不是《厩牧令》的令文，而是另有所本。② 关于群牧使的规定，亦见于《唐六典》卷五《尚书兵部》"驾部郎中员外郎"条：

> 而监、牧六十有五焉，皆分使而统之（南使十五监，西使十六监，北使七监，东使九监，盐州使八监，岚州使三监，则厩牧及诸司马、牛、杂畜各隶于籍帐，以时受而藏之）。③

对比可知，这些规定均不是《厩牧令》中的内容，我们不能因为其前后是《厩牧令》令文就断定其本身也是《厩牧令》令文。

其次，细审本令，包含以下几种含义：陇右诸牧监每年进细马五十匹；陇右诸牧监每年给祥麟、凤苑厩进粗壮敦马一百匹，以充杂给马；陇右诸牧监预简十匹敦马别牧放，供殿中省随时取用；诸监细马生驹，上报太仆寺，其中四岁以下粗马充诸卫官马。这段话总体上是关于陇右诸牧监为闲厩、殿中省、诸卫进呈马匹的规定，④ 所以与"诸畜印字类"及"诸牧置监与牧地管理类"初不相干。

又，日本《延喜式》卷四八《左马寮》"御牧"条云：

---

① （唐）李林甫等：《唐六典》卷一七《太仆寺》，"诸牧监"条，第 486 页。

② 笔者推测其来自《太仆式》，参看本书上篇第四章第一节第二目。

③ （唐）李林甫等：《唐六典》卷五《尚书兵部》，"驾部郎中员外郎"条，第 163 页。

④ 参看〔日〕林美希《唐前半期的厩马与马印——马匹的中央上纳系统》，齐会君译，载杜文玉主编《唐史论丛》第二十四辑，三秦出版社 2017 年版，第 156—159 页。

　　右诸牧驹者，每年九月十日国司与牧监若别当人等（甲斐、信浓、上野三国任牧监，武藏国任别当）。临牧检印，共署其帐。简系齿四岁已上可堪用者，调良，明年八月附牧监等贡上。若不中贡者，便充驿传马（信浓国不在此限）。

“年贡”条云：

　　凡年贡御马者，甲斐国六十四（真衣野、柏前两牧卅匹，穗坂牧卅匹），武藏国五十匹（诸牧卅匹，立野牧廿匹），信浓国八十匹（诸牧六十匹，望月牧廿匹），上野国五十匹。①

这是日本根据自己国内的具体情况制定的新《式》，但其诸牧进贡马匹名目之细，与《唐六典》列举陇右诸牧监及诸监相似，因此笔者怀疑《唐六典》此条采用的是唐《式》，并非取自《厩牧令》。综上三个原因，复原24条应从复原本中删除。

　　第五，对于《厩牧令》驿传部分的条文顺序，宋家钰先生说：“从法令编纂的逻辑来说，应是先规定‘驿’和‘传’的设置，次规定‘驿’和‘传’马、驴的饲养，然后才是‘驿马’和‘传马’的使用规定，等等。”② 所以，他对复原本中驿传条文的顺序做了调整，指出原来的复原34条（唐35条）和复原36条（唐21条）的位置不正确，经过调整后，唐21条变为复原34条，唐35条变为复原39条。

　　这样一来，驿传部分的令文顺序就变成：

　　［复三一］唐32“置驿”条

---

　　① 新订增补国史大系（普及版）『延喜式』卷四八「左马寮」吉川弘文馆、1979年，973页。

　　② 宋家钰：《唐〈厩牧令〉驿传条文的复原及与日本〈令〉、〈式〉的比较》，载黄正建主编《〈天圣令〉与唐宋制度研究》，第100页。

　　［复三二］唐33"置驿长、驿马"条（疑缺置传马数）

　　［复三三］唐34"驿马给丁"条

　　［复三四］唐21"驿马、传送马驴取官马和传送马驴主养马"条

　　［复三五］宋11"置水驿"条

　　［复三六］宋15"诸驿受粮稿"条（此条疑为唐令，未能复原）

　　［复三七］宋12"乘驿及传送马驴不得腾过"条

　　（下略）①

　　可是，唐32、33条规定的是陆驿设置，宋11条规定的是水驿的设置，它们均属于"驿和传的设置"类，唐34、21条则属于"驿、传马驴的饲养"类，故不应把宋11条放在唐21条之后，而应将其置于唐33条之后。这样才能符合宋先生所提出的令文编纂逻辑。所以，宋先生所谓复原31—36条的顺序应该重新调整为唐32条、唐33条、宋11条、唐34条、唐21条、宋15条。

　　综上所述，笔者在前人研究成果的基础上，重新推敲了唐《厩牧令》原文，共51条令文，附录于本章之后。

余　论

　　在前文中，笔者在宋家钰先生做的唐《厩牧令》复原研究的基础上，重新探讨了复原研究中的一些问题。另外，还有一个问题值得继续思考。

　　宋家钰先生在《复原研究》中指出，《天圣令·厩牧令》唐

---

　　① 宋家钰：《唐〈厩牧令〉驿传条文的复原及与日本〈令〉、〈式〉的比较》，载黄正建主编《〈天圣令〉与唐宋制度研究》，第101页。

32—35 条实应排在唐 20 条之后，"它们显然是因漏抄，补抄在篇末的"。① 笔者认为，这一结论值得商榷。

宋先生这个观点的依据就是日本养老《厩牧令》的令文顺序。下面先来按顺序排比一下《天圣令·厩牧令》中的宋令与唐令及其与养老《厩牧令》的关系（见表 3 - 1）。

表 3 - 1 《天圣令·厩牧令》与养老《厩牧令》对照

	《天圣令·厩牧令》		养老《厩牧令》
诸畜给丁饲养类	宋 1 条系饲象、马给兵、牧子 宋 2 条系饲象、马给干稿 宋 3 条系饲给豆、盐、药 宋 4 条系饲官畜请草、豆 宋 5 条官畜请脂、药		1. 厩细马、饲干青、给丁 2. 马户分番 3. 官畜请脂、药
诸畜管理责课类	宋 6 条牝牡同群、游牝	唐 1 条马、牛成群 唐 2 条诸牧置长 唐 3 条给兽医 唐 4 条杂畜饲干青 唐 5 条驹、犊三岁别群 唐 6 条游牝责课之岁 唐 7 条年课驹、犊 唐 8 条每剩驹、犊 唐 9 条杂畜死耗 唐 10 条失杂畜	4. 牧马帐条 5. 每牧置长、马牛成群 6. 游牝责课、年课驹、犊 7. 每剩驹、犊 8. 马牛死耗 9. 失马牛
诸畜印字类	宋 7 条羊供祭勿印	唐 11 条马牛印字 唐 12 条诸府官马印字 唐 13 条驿监镇戍马牛印字 唐 14 条印在省府 唐 15 条在牧驹、犊对印	10. 在牧驹犊对印、印字

---

① 宋家钰：《唐开元厩牧令的复原研究》，载《天圣令校证》下册，第 498 页。

续表

《天圣令·厩牧令》			养老《厩牧令》
诸牧置监与牧地管理类	宋8条牧地烧草	唐16条官户、奴充牧子 唐17条牧侧人入牧地 唐18条诸牧置监 唐19条须猎师	11. 牧地烧草 12. 校印牧马
阑畜、赃畜、死病畜处理与官私畜帐类		唐20条卫士家养官马 唐21条驿马取官马、马主养马 唐22条官马、传送马死阙备替 唐23条驿马老病货卖 唐24条诸府官马检校 唐25条官马、传送马从军行	13. 兵士家养马 16. 置驿马、用官马、中户养 19. 官马死失备替 20. 驿传马老病货卖
	宋9条出使给马等第、无马私马充		21. 公使乘驿不足私马充
		唐26条官人乘传马供给 唐27条州县传马承直给地	22. 公使乘传马供官物
	宋10条官私阑马、驼等 宋11条水路给船 宋12条乘递不得腾过		23. 国郡得阑畜 17. 水驿 18. 乘递不得腾过
		唐28条赃马、杂畜分决 唐29条官畜私马帐 唐30条私马申牒造印 唐31条官马、骡、驼、牛死	24. 阑遗物、赃畜 25. 官私马牛帐条 26. 官私马牛死收皮脑
	宋13条因公使乘官私马致死 宋14条官畜在道羸病		27. 因公事乘官私马致死 28. 官畜在道羸病
驿传类		唐32条置驿 唐33条置驿长、驿马 唐34条驿马给丁 唐35条传马差给	14. 置驿 15. 置长
	宋15条诸驿受粮稿		

注：为了理解清楚《天圣令·厩牧令》的本来面貌，将养老《厩牧令》的顺序做了调整，以与《天圣令·厩牧令》相匹配（这与宋家钰先生在《复原研究》中的做法是相反的）。

通过表3-1可以直观地看到，《天圣令·厩牧令》应是从唐《厩牧令》中逐条选取并加以修订的令文，但在编纂时，唐令被选用的少，被废弃的多。比如，宋代完全承用了唐代的"诸畜给丁饲养类"令文而加以修订，而在"诸畜管理责课类"中仅保留了"牝牡同群、游牝"条，其他同类令文均被废弃不用。宋先生认为，唐32—35条必在唐21条之前，①原因是唐34条云驿家役丁"分为四番上下（下条准此）"中的"下条准此"，只有唐21条才能与之匹配。这是一条强有力的证据，它使我们能够肯定这部分唐令的位置确系发生了错乱。但是仅仅据此并不能得出这四条令文是被遗漏而补抄在篇末的结论，因为假如修《天圣令》时这些条文就已经被排在了篇末，那么明代书手也就自然会照样抄写了。

再观察表中的《天圣令·厩牧令》部分，其中的宋令与唐令能否对应起来呢？宋1—8条与唐令之间的对应关系是显而易见的，不待烦言。而宋9—14条，均是关于马匹使用和管理的规定，与唐20—31条属于一个类型，它们之间亦存在一定的对应关系。换言之，宋9—14条完全脱胎于唐20—31条这部分令文。②而那些明确属于"驿传"类的条文，宋15条在宋令的篇末，唐32—35条亦在唐令的篇末，位置完全一致。也就是说，宋令在编修时，虽然是"以新制参定"，但基本上没有打破唐令的格局，是严格按照唐令的顺序来编排的，只不过是剔除了一些又保留了一些罢了。

总之，这样的结果不是明代书手造成的，《厩牧令》发生错简的年代实应在唐宋之间。这是笔者的一个推测，理由就是宋先生业已说过的："明本开元《厩牧令》'唐32'条至'唐35'条和

---

① 这是宋先生《唐开元厩牧令的复原研究》中的观点，其后他修改了自己的看法，将唐35条移至唐22条之后、唐23条之前。参见宋家钰《唐〈厩牧令〉驿传条文的复原及与日本〈令〉、〈式〉的比较》，载黄正建主编《〈天圣令〉与唐宋制度研究》，第101—102页。当然，调整唐35条是在复原唐《厩牧令》时涉及的问题，与本节要讨论的唐32—35条是否被整体补抄在篇末无关。

② 其中，宋11条中的"水路给船"貌似与马无关，属于"置驿"类，但云："诸水路州县，应合递送而递马不行者，并随事闲繁，量给人船。"可见，它依然是关于马匹的使用规定，只有马匹不能行走时才给船，这是被动的，并非主动地设置水驿、给船。复原之后的唐令依然如此。

《天圣令·厩牧令》'宋15'条，都属驿传类。"① 试想，同一类型的条文均被放置在篇末说明了什么？因此，宋先生所说唐令第32—35条是明人在抄《天圣令》时"补抄在篇末"的是不够确切的。这种现象的出现，不应是明代书手的失误，而是当《天圣令》修撰时，其所本的唐《厩牧令》的顺序已然如此。

附：唐《厩牧令》复原本（修订本）

说明：

（1）在这篇《厩牧令》中，笔者随文注释了每条令文在《天圣令·厩牧令》中的序号，这样做是为了查找和核对方便，也便于读者对笔者的复原进行批评。

（2）在这篇《厩牧令》中，大部分条文与宋家钰先生的复原保持一致，这是因为笔者对该部分复原没有新的意见，故维持宋先生《复原研究》的原貌。

（3）笔者对宋先生复原成果的修正均体现在这篇令文中，前文未涉及而须特别说明的，则随文加注。

（4）凡是经笔者改动过的令文（含文字改动及顺序调整），均用加粗标示；目前仍存疑的文字则以楷体字标示。

1.（原宋1条）诸系饲，象一头给丁二人，细马一匹、中马二匹、驽马三匹、驼牛骡各四头、驴及纯犊各六头、羊二十口各给丁一人（纯，谓色不杂者。若饲黄禾及青草，各准运处远近，临时加给）。乳驹、乳犊十给丁一人牧饲。

2.（原宋2条）诸系饲，给干者，象一头，日给稿六围；马

---

① 宋家钰：《唐开元厩牧令的复原研究》，载《天圣令校证》下册，第501页。

一匹、驼一头、牛一头，各日给稿一围；羊十一口，日给稿一围（每围以三尺为限）；蜀马一匹，骡一头，各日给稿八分；驴一头，日给稿四分；乳驹五匹、乳犊五头，各日给稿一围。青草倍之。

3.（原宋 3 条）诸系饲，给稻、粟、豆、盐者，象一头，日给稻、豆各三斗，盐一升；乳象一头，日给稻、豆各六斗，盐二升。马一匹，日给粟一斗、盐六勺；乳马一匹，日给粟二斗，盐一合二勺。驼一头，日给豆［? 升］、盐三合（运物在道者，日给豆一斗）；乳驼一头，日给豆一斗、盐三合。牛一头，日给豆［? 升］、盐二合（运物在道者，日给豆一斗）；乳牛一头，日给豆一斗、盐二合；田牛一头，日给豆五升、盐二合。羊一口，日给粟豆各一升四合、盐六勺。象、马、骡、牛、驼饲青草日，粟、豆各减半，盐则恒给。饲黄禾及青草者，粟、豆全断。若无青可饲，粟、豆依旧给。其象至冬，给羊皮及故毡作衣。

4.（宋 4 条，未复原）诸系饲，官畜应请草、豆者，每年所司豫料一年须数，申三司勘校，度支处分，并于厩所贮积，用供周年以上。其州镇有官畜，草豆应出当处者①，依例贮饲。

5.（原宋 5 条）诸官畜应请脂、药疗病者，所司豫料须数，每季一给。

6.（唐 3 条）诸系饲，马、驼、骡、牛、驴一百以上，各给兽医一人；每五百加一人。州军镇有官畜处亦准此。太仆等兽医应须之人，量事分配（于百姓、军人内，各取解医杂畜者为之。其殿中省、太仆寺兽医，皆从本司，准此取人。补讫，各申所司，并分番上下。军内取者，仍各隶军府）。其牧户、奴中男，亦令于牧所分番教习，并使能解。

7.（唐 4 条）诸系饲，杂畜皆起十月一日，羊起十一月一日，饲干；四月一日给青。

---

① 原标点作"其州镇有官畜草、豆，应出当处者，依例贮饲"，误。见《天圣令校证》下册，第 291 页。

8.（唐1条）诸牧，马、牛皆以百二十为群，驼、骡、驴各以七十头为群，羊六百二十口为群，别配牧子四人（二以丁充，二以户、奴充）。其有数少不成群者，均入诸长。

9.（唐2条）诸牧畜，群别置长一人，率十五长置尉一人、史一人。尉，取八品以下散官充，考第年劳并同职事，仍给仗身一人。长，取六品以下及勋官三品以下子、白丁、杂色人等，简堪牧养者为之。品子经八考，白丁等经十考，各随文武依出身法叙。品子得五上考、白丁等得六上考者，量书判授职事。其白丁等年满无二上考者，各送还本色。其以理解者，并听续劳。

10.（唐5条）诸牧，牡驹、犊每三岁别群，准例置尉、长，给牧人。其二岁以下并三岁牝驹、犊，并共本群同牧，不须别给牧人。

11.（原宋6条）**诸牧，马、驼、牛、驴、羊，牝牡常同群。其牝马、驴，每年三月游牝。应收饲者，至冬收饲之。**

12.（唐6条）**诸牧，牝马四岁游牝，五岁责课；牝驼四岁游牝，六岁责课；牝牛、驴三岁游牝，四岁责课；牝羊三岁游牝，当年责课。**

13.（唐7条）**诸牧，牝马一百匹，牝牛、驴各一百头，每年课驹、犊各六十（其二十岁以上，不在课限。三岁游牝而生驹者，仍别簿申省），骡驹减半。马从外蕃新来者，课驹四十，第二年五十，第三年同旧课。牝驼一百头，三年内课驹七十。白羊一百口，每年课羔七十口。羖羊一百口，课羔八十口。**

14.（唐8条）**诸牧，马剩驹一匹，赏绢一匹。驼、骡剩驹二头，赏绢一匹。牛、驴剩驹、犊三头，赏绢一匹。白羊剩羔七口，赏绢一匹。羖羊剩羔十口，赏绢一匹。每有所剩，各依上法累加。其赏物，二分入长，一分入牧子（牧子，谓长上专当者）。其监官及牧尉，各通计所管长、尉赏之（通计，谓管十五长者，剩驹十五匹，赏绢一匹；监官管尉五者，剩驹七十五匹，赏绢一匹之类。计加亦准此。若一长一尉不充，余长、尉有剩，亦听准折赏之）。**

其监官、尉、长等阙及行用无功不合赏者，其物悉入兼检校合赏之人。物出随近州；若无，出京库。应赏者，皆准印后定数，先填死耗足外，然后计酬。

15.（唐 9 条）诸牧，杂畜死耗者，每年率一百头论，驼除七头，骡除六头，马、牛、驴、羖羊除十，白羊除十五。从外蕃新来者，马、牛、驴、羖羊皆听除二十，第二年除十五；驼除十四，第二年除十；骡除十二，第二年除九；白羊除二十五，第二年除二十；第三年皆与旧同。其疫死者，与牧侧私畜相准，死数同者，听以疫除（马不在疫除之限。即马、牛二十一岁以上，不入耗限。若非时霜雪，缘此死多者，录奏）。

16.（唐 10 条）诸在牧失官杂畜者，并给一百日访觅，限满不获，各准失处当时估价征纳，牧子及长，各知其半（若户、奴充牧子无财者，准铜依加杖例）。如有阙及身死，唯征见在人分。其在厩失者，主帅准牧长，饲丁准牧子。失而复得，追直还之。其非理死损，准本畜理征填。住居各别，不可共备，求输佣直者亦听。

17.（**唐 11 条**）**诸牧，马驹以小"官"字印印右膊，以年辰印印右髀，以监名依左、右厢印印尾侧（若行容端正，拟送尚乘者，则不须印监名）。至二岁起，脊量强、弱，渐以"飞"字印印右髀、膊；细马、次马俱以龙形印印项左（送尚乘者，于尾侧依左右闲印，印以"三花"。其余杂马送尚乘者，以"风"字印印左膊；以"飞"字印印右髀）。骡、牛、驴皆以"官"字印印右膊，以监名依左、右厢印印右髀；其驼、羊皆以"官"字印印右颊（羊仍割耳）。经印之后，简入别所者，各以新入处监名印印左颊。官马赐人者，以"赐"字印；配诸军及充传送驿者，以"出"字印，并印右颊。**

18.（**唐 12 条**）**诸府官马，以本卫名印印右膊，以"官"字印印右髀，以本府名印印左颊。**

19.（**唐 13 条**）**诸驿马以"驿"字印印左膊，以州名印印项**

左；传送马、驴以州名印印右膊，以"传"字印印右髀。官马付百姓及募人养者，以"官"字印印右髀，以州名印印左颊。屯、监牛以"官"字印印左颊，以"农"字印印左膊。诸州镇戍营田牛以"官"字印印右膊，以州名印印右髀。其互市马，官市者，以互市印印右膊；私市者，印左膊。

20.（唐14条）诸杂畜印，为"官"字、"驿"字、"传"字者，在尚书省；为州名者，在州；为卫名、府名者，各在府、卫；为龙形、年辰、小"官"字印者（小，谓字形小者），在太仆寺；为监名者，在本监；为"凤"字、"飞"字及"三花"者，在殿中省；为"农"字者，在司农寺；互市印在互市监。其须分道遣使送印者，听每印同一样，准道数造之。

21.（唐15条）诸在牧驹、犊及羔，每年遣使共牧监官司对印。驹、犊八月印，羔春秋二时印及割耳，仍言牝牡入帐。其马，具录毛色、齿岁、印记，为簿两道，一道在监案记，一道长、尉自收，以拟校勘。

22.（宋7条，未复原）诸牧，羊有纯色堪供祭祀者，依所司礼料简拟，勿印，并不得损伤。其羊豫遣养饲，随须供用。若外处有阙少，并给官钱市充。

23.（唐16条）诸官户、奴充牧子，在牧十年，频得赏者，放免为良，仍充牧户。

24.（唐17条）诸牧侧人欲入牧地采斫者，本司给牒，听之。

25.（**唐18条**）**诸牧，细马、次马监称左监，粗马监称右监。仍各起第一，以次为名。马满五千匹以上为上（数外孳生，计草父三岁以上，满五千匹，即申所司，别置监）。三千匹以上为中，不满三千匹为下。其杂畜牧，皆同下监（其监仍以土地为名）。即应别置监，官牧监与私牧相妨者，并移私牧于诸处给替。其有屋宇，勿令毁剔，即给在牧人坐，仍令州县量酬功力及价直。**

26.（唐19条）诸牧，须猎师之处，简户、奴解骑射者，令其采捕，所杀虎狼，依例给赏。

27.（原宋 8 条）诸牧地，恒以正月以后，从一面以次渐烧，至草生使遍。其乡土异宜，及比境草短不须烧处，不用此令。

28.（唐 20 条）**诸府内，皆量付官马令养。其马主，委折冲、果毅等，于当府卫士及弩手内，简家富堪养者充，免其番上、镇防及杂役；若从征军还，不得留防。**

29.（唐 32 条）诸道须置驿者，每三十里置一驿。若地势阻险及无水草处，随便安置。其缘边须依镇戍者，不限里数。

30.（唐 33 条）**诸驿各置长一人，并量闲要置马。其都亭驿置马七十五匹，自外第一道马六十匹，第二道马四十五匹，第三道马三十匹，第四道马十八匹，第五道马十二匹，第六道马八匹，并官给。使稀之处，所司仍量置马，不必须足（其乘具，各准所置马数备半）。定数下知。其有山坡峻险之处，不堪乘大马者，听兼置蜀马（其江东、江西并江南有暑湿不宜大马及岭南无大马处，亦准此）。若有死阙，当驿立替，二季备讫。丁庸及粟草，依所司置大马数常给。其马死阙，限外不备者，计死日以后，除粟草及丁庸。**

31.（原宋 11 条）**诸水驿不配马处，并量事闲繁置船。事繁者每驿置船四只，闲者置船三只，更闲者置船二只。每船一只给丁三人。驿长准陆驿置。**

32.（唐 34 条）诸驿马三匹、驴五头，各给丁一人。若有余剩，不合得全丁者，计日分数准折给。马、驴虽少，每驿番别仍给一丁。其丁，仰管驿州每年七月三十日以前，豫勘来年须丁数，申驾部勘同，关度支，量远近支配。仰出丁州，丁别准式收资，仍据外配庸调处，依《格》收脚价纳州库，令驿家自往请受。若于当州便配丁者，亦仰州司准丁一年所输租调及配脚直，收付驿家，其丁课役并免。驿家愿役丁者，即于当州取。如不足，比州取配，仍分为四番上下（下条准此）。其粟草，准系饲马、驴给。

33.（唐 21 条）诸州有要路之处，应置驿及传送马、驴，皆取官马驴五岁以上、十岁以下，筋骨强壮者充。如无，以当州应入京财物市充。不充，申所司市给。其传送马、驴主，于白丁、杂色（邑士、驾士等色）丁内，取家富兼丁者，付之令养，以供递送。若无付者而中男丰有者，亦得兼取，傍折一丁课役资之，以供养饲。

34.（宋15条，未复原）诸驿受粮稿之日，州县官司预料随近孤贫下户，各定输日，县官一人，就驿监受。其稿，若有茭草可以供饲之处，不须纳稿，随其乡便。

35.（原宋12条）诸乘驿及传送马、驴，应至前所替换者，并不得腾过。其无马、驴之处，不用此令。[①]

36.（唐22条）诸府官马及传送马、驴，非别敕差行及供传送，并不得辄乘。本主欲于村坊侧近十里内调习者听。其因公使死失者，官为立替。在家死失及病患不堪乘骑者，军内马三十日内备替，传送马六十日内备替，传送驴随阙立替。若马、驴主任流内九品以上官及出军兵余事故，马、驴须转易，或家贫不堪饲养，身死之后，并于当色回付堪养者。若先阙应须私备者，各依付马、驴时价酬直。即身死家贫不堪备者，官为立替。

37.（唐35条）诸传送马，诸州《令》《式》外不得辄差。若领蕃客及献物入朝，如客及物得给传马者，所领送品官亦给传马（诸州除年常支料外，别敕令送入京及领送品官，亦准此）。其从京出使应须给者，皆尚书省量事差给，其马令主自饲。若应替还无马，腾过百里以外者，人粮、粟草官给。其五品以上欲乘私马者听之，并不得过合乘之数；粟草亦官给。其桂、广、交三府于管内应遣使推勘者，亦给传马。

38.（唐23条）诸府官马及传送马、驴，每年皆刺史、折冲、果毅等检简。其有老病不堪乘骑者，府内官马更对州官简定；两京

---

① 黄正建先生认为，宋先生"根据《养老令·厩牧令》第18条认为这条令文是在唐令基础上制定的，可以复原为唐令……但宋氏在复原时认为应加上'驿驴、传驴'则证据不足"。参见黄正建主编《〈天圣令〉与唐宋制度研究》，第31页。

管内，送尚书省简；驾不在，依诸州例。并官为差人，随便货卖，得钱若少，官马仍依《式》府内供备，传马添当处官物市替。其马卖未售间，应饲草处，令本主备草直。若无官物及无马之处，速申省处分，市讫申省。省司封印，具录同道应印马州名，差使人分道送付最近州，委州长官印；无长官，次官印。其有旧马印记不明，及在外私备替者，亦即印之。印讫，印署及具录省下州名符，以次递比州。同道州总准此，印讫，令最远州封印，附便使送省。若三十日内无便使，差专使送，仍给传驴。其入两京者，并于尚书省呈印。

39.（原宋 9 条）**诸给传送马者，官爵一品八匹，嗣王、郡王及二品六匹，三品五匹，四品、五品四匹，六品三匹，七品以下二匹（尚书侍郎、卿、监、诸卫将军及内臣奉使宣召，不限匹数多少，临时听旨）。若不足者，即以私马充。其私马因公致死者，官为酬替。**

40.（补）**诸殿中省尚乘每配习驭调马，东宫配翼驭调马，其检行牧马之官，听乘官马，即令调习。**

41.（唐 24 条）**诸府官马，府别差校尉、旅帅二人，折冲、果毅内一人，专令检校。若折冲、果毅不在，即令别将、长史、兵曹一人专知，不得令有损瘦。**

42.（唐 25 条）**诸府官马及传送马、驴，若官马、驴差从军行者，即令行军长史共骑曹同知孔目，明立肤、第，亲自检领。军还之日，令同受官司及专典等，部领送输，亦注肤、第；并赍死失、病留及随便附文钞，具造帐一道，军将以下联署，赴省句勘讫，然后听还。**

43.（唐 26 条）**诸官人乘传送马、驴及官马出使者，所至之处，皆用正仓，准品供给。无正仓者，以官物充；又无官物者，以公廨充。其在路，即于道次驿供；无驿之处，亦于道次州县供给。其于驿供给者，年终州司总勘，以正租草填之。**

44.（唐 21 条）**诸当路州县置传马处，皆量事分番，十州县承直，以应急速。仍准承直马数，每马一匹，于州县侧近给官地四亩，**

供种苜蓿。当直之马，依例供饲。其州县跨带山泽，有草可求者，不在此例。其苜蓿，常令县司检校，仰耘锄以时（手力均出养马之家），勿使荒秽，及有费损；非给传马，不得浪用。若给用不尽，亦任收荍草，拟［至］冬月，其比界传送使至，必知少乏者，亦即量给。

45.（原宋 10 条）诸官私阑遗马、驼、骡、牛、驴、羊等，**直有官印、更无私记者，送官牧。若无官印及虽有官印、复有私记者，经一年无主识认，即印入官，勿破本印，并送随近牧，别群牧放。若有失杂畜者，令赴牧识认，检实印作"还"字付主。**其诸州镇等所得阑遗畜，亦仰当界内访主。若经二季无主识认者，并当处出卖。**先卖充传马，得价入官。后有主识认，勘当知实，还其本价。**

46.（唐 28 条）诸赃马、驴及杂畜，事未分决，在京者，付太仆寺，于随近牧放。在外者，于推断之所，随近牧放。断定之日，若合没官，在京者，送牧；在外者，准前条估。

47.（唐 29 条）诸官畜及私马帐，每年附朝集使送省。其诸王府官马，亦准此。太仆寺官畜帐，十一月上旬送省。其马帐勘校，讫至来年三月。

48.（唐 30 条）诸有私马五十匹以上，欲申牒造印者听，不得与官印同，并印项。在余处有印者，没官。蕃马不在此例。如当官印处有瘢痕者，亦括没。其官羊，任为私计，不得截耳。其私牧，皆令当处州县检校。

49.（唐 31 条）诸官马、骡、驼、牛死者，各收筋五两、脑二两四铢；驴，筋三两、脑一两十二铢；羊，筋、脑各一两；驹、犊三岁以下，羊羔二岁以下者，筋、脑各减半。

50.（原宋 13 条）诸因公使乘官、私马以理致死，证见分明者，并免征纳。其皮肉，所在官司出卖，价纳本司。若非理死失者，征陪。

51.（原宋 14 条）诸官畜在道有羸病，不堪前进者，留付随近州县养饲、救疗，粟、草及药官给。差日，遣专使送还本司。其死者，并申所属官司，收纳皮角。

第 四 章

《厩牧令》与唐代的法典、政书

第一节 《唐六典》对《厩牧令》的征引

《唐六典》始撰于开元十年（722），成书于开元二十七年，历经近二十年的时间。它的编纂方式是"以令（按，原误作今）式分入六司，以今朝《六典》，象《周官》之制"。① 这就是说，在《唐六典》里，大量地引用了唐代当时的令式。我们知道，唐令曾经被多次修订，出现过武德令、贞观令、开元七年令以及开元二十五年令等多部令文。那么，在《唐六典》成书的过程中，是否适时地吸纳了不断新修的令文？陈仲夫先生指出："［《唐六典》］遇有在漫长的修书过程中其官名、员品、职掌有所改易的，又多在注中做了交待，因此基本上是与成书前后唐代现行之官制吻合的。"② 可见，《唐六典》的修撰者们能够注意到不断变化的官制。唐令中有关于官制的专门令文，其必然也受到他们的关注。但是，正如陈寅恪先生所说，《唐六典》存在"仅取令、式条文按其职掌所关，分别性质，约略归类而已"的弊端，究其原因，是因为执笔者

---

① （唐）刘肃：《大唐新语》卷九《著述第十九》，中华书局1984年版，第136页。
② （唐）李林甫等：《唐六典》，"前言"，第2页。

"但以奉诏修书，不能不敷衍塞责"。① 开元七年令在修撰《唐六典》以前就已颁行，而在修撰的过程中，又颁布了开元二十五年令，那么，《唐六典》中所载的令文到底是哪个时期的令典？② 这是必须要考察的问题。

有关这一课题，中村裕一先生通过对《唐六典》的通盘考察，否定了其所载唐令系开元四年令、开元七年令等说法，认为《唐六典》中的唐令是开元二十五年令。③ 但是，《唐六典》中的唐令（即开元二十五年令）与《天圣令》之间的关系如何，尚需继续探讨。④

李锦绣先生在《唐开元二十五年〈仓库令〉研究》一文中，以《唐六典》卷三《尚书户部》"金部郎中员外郎"条、"仓部郎中员外郎"条以及卷十九"司农寺"条为例，从史料来源的角度对以上问题做了一定的回应。指出《唐六典》这几条中所引的《仓库令》令文占了唐开元二十五年《仓库令》的条文总数的39%，同时《唐六典》在"以令式分入六司"时，"令的比重，可能远远超过格、式"。⑤ 李先生从史源学的角度分析了《唐六典》，从而可以知道《唐六典》在编纂时对法令的取舍程度。但李先生并没有辨析她所依据的唐令（即《天圣令》所附唐令）的时间问题，而是接受学术界普遍的观点，认为明钞本《天圣令》各卷后

---

① 陈寅恪：《隋唐制度渊源略论稿》，第 109 页。

② 关于这一问题的讨论，参看赵晶《〈天圣令〉与唐宋法制考论》，第 15—25 页。

③ 中村裕一『大唐六典の唐令研究—"開元七年令"説の検討—』汲古書院、2014 年。

④ 赵晶认为："目前关于《天圣令》所据立法蓝本以《开元二十五年令》为主体的观点，基本已为学界所接受。据此立论，《开元二十五年令》的篇目也许确实与《天圣令》一致（即存在附篇），但能否将之上溯到《开元七年令》、《永徽令》，以至于概括论定有唐一代的令篇'基本一致'，恐怕仍需谨慎，起码对于唐代前期的《武德令》、《贞观令》应审慎待之。"（《〈天圣令〉与唐宋法制考论》，第 24 页）

⑤ 李锦绣：《唐开元二十五年〈仓库令〉研究》，载黄正建主编《〈天圣令〉与唐宋制度研究》，第 213—233 页。

所附的唐令即是开元二十五年令，① 同时认定《唐六典》中只要是与令有关的文字均是出自该令。其实，这个前提是值得商榷的。诸多证据表明，《天圣令》所附的这部分唐令"不一定是唐开元二十五年令，而很可能是经唐后期修改过的一部《唐令》"。② 总之，《唐六典》与《天圣令》的关系尚存疑问。那么，我们就不能仅仅满足于考察《唐六典》所征引的唐令是《天圣令》所附唐令的哪一条，还应该进一步考察二者之间有什么区别。如果有区别的话，说明了什么？这种区别能不能解决《唐六典》引文与今天所见《天圣令》中的唐令原文之间孰先孰后的问题？

在本章中，笔者以《厩牧令》为视角，考察《唐六典》中引用唐令的方式和所引令文的时段性，对以上诸问题做一试探，所悬鹄的，聊胜于无，不过是抛砖引玉罢了。为了交代清楚问题，需要声明以下几点。

（1）在本章中，笔者所指的唐《厩牧令》仅是天一阁藏明钞本《天圣令》卷二四《厩牧令》后所附的唐《厩牧令》（以下凡径称《厩牧令》处均指此而言）。因为这部分令文是可以断定为唐令原文的，可以拿来与唐代典籍《唐六典》做比较。而《天圣令·厩牧令》中的宋令部分，则不在考察范围之内。

---

① 如戴建国《天一阁藏明抄本〈官品令〉考》，《历史研究》1999年第3期；池田温「『唐令拾遺補』補訂」『創价大学人文論集』第11期、1999年；大津透「北宋天圣令·唐開元二十五年令賦役令」『東京大学日本史学研究室紀要』第5号、2001年；渡辺信一郎「据北宋『天圣令』復原的唐開元二十五年賦役令及譯注（未定稿）」『京都府立大学学術報告（人文·社会）』第57号、2005年；宋家钰《明抄本天圣〈田令〉及后附开元〈田令〉的校录与复原》，《中国史研究》2006年第3期。

② 黄正建：《〈天圣令〉附〈唐令〉是否为开元二十五年令》，载黄正建主编《〈天圣令〉与唐宋制度研究》，第49页。另外，对《天圣令》所附《唐令》年代质疑的，还有卢向前、熊伟《〈天圣令〉所附〈唐令〉为建中令辨》，载北京大学国学研究院中国传统文化研究中心主编《国学研究》第二十二卷，北京大学出版社2008年版，第1—28页；赵晶《〈天圣令〉与唐宋法典研究》说："目前有关《天圣令》所本年代的争论，大致可以接受的一个看法是：所本唐令基本是以开元二十五年令为主体，但也含有开元二十五年后修改的痕迹。"（载赵晶《三尺春秋——法史述绎集》，第42页）

（2）在将《厩牧令》与《唐六典》进行比较时，本章从两个方面进行考察：一是看《唐六典》引用《厩牧令》的方式，看其怎样取舍令文；二是看其引文与《厩牧令》令文的主旨是否存在差异。

（3）在本章中，凡论述《唐六典》与《厩牧令》关系之处，为方便起见，前者用 A 表示，后者用 B 表示。如二者中有多条内容，分别在 A、B 后加上数字表示顺序。

由此，我们再来探讨《唐六典》对于《厩牧令》令文的征引。《唐六典》中与《厩牧令》直接相关的部分是卷五《尚书兵部》"驾部郎中员外郎"条以及卷一七《太仆寺》"诸牧监"条。其中，驾部是管理驿传杂畜的政府部门，太仆寺是管理国家牧监的机构，故《厩牧令》中唐令的相关令文被放在了这两个部门的职责之下。它们吸收、改编《厩牧令》的情况如下。

一　驾部

《唐六典》卷五《尚书兵部》"驾部郎中员外郎"条云（为具体表示《唐六典》的史料来源以及叙述的方便，在与《厩牧令》令文有关的段落之前加上相应的序号，下同）：

> 驾部郎中、员外郎掌邦国之舆辇、车乘，及天下之传、驿、厩、牧官私马、牛、杂畜之簿籍，辨其出入阑逸之政令，司其名数。①（A1）凡三十里一驿，天下凡一千六百三十有九所［二百六十所水驿，一千二百九十七所陆驿，八十六所水陆相兼。若地势险阻及须依水草，不必三十里。②（A2）每驿皆置驿长一人，量驿之闲要以定其马数：都亭七十五匹，诸道之第一等减都亭之十五，第二、第三皆以十五为差，第四减十二，第五减六，第六减四，其马官给。有山阪险峻之处及江南、岭南暑湿不宜大马处，兼置蜀马。③凡水驿亦量事闲要以置船，事繁者每驿四只，闲者三只，更闲者二只。

④（A3）凡马三名给丁一人，船一给丁三人。⑤凡驿皆给钱以资之，什物并皆为市。⑥凡乘驿者，在京于门下给券，在外于留守及诸军、州给券。若乘驿经留守及五军都督府过者，长官押署；若不应给者，随即停之]。⑦而监、牧六十有五焉，皆分使而统之（南使十五监，西使十六监，北使七监，东使九监，盐州使八监，岚州使三监，则厩牧及诸司马、牛、杂畜各隶于籍帐，以时受而藏之）。⑧若畜养之宜，孳生之数，皆载于太仆之职。⑨凡诸卫有承直之马（诸卫每日置承直马八十四，以备杂使。诸卫官、诸州、府马每月常差赴京、都为承直，诸府常备，其数甚多。开元二十五年，敕以为天下无事，劳费颇烦，宜随京、都近便量留三千匹充扈从及街使乘直，余一切并停），⑩凡诸司有备运之车（诸司皆置车、牛，以备递运之事。司农等车一千二十一乘，将作监三百四十五乘，殿中省尚乘局一百乘，少府监六十三乘，太常寺一十四乘，国子监二十乘，太仆寺一十乘，光禄寺二十乘，卫尉寺十乘，太府寺六乘，左、右卫各二乘，左、右骁卫各一乘，左、右武卫各一乘，左、右威卫各一乘，左、右领军卫各一乘，左、右金吾卫各一乘，左、右监门卫各二乘，左、右羽林军各三乘，家令寺一百八十乘，仆寺二十六乘，左、右卫率府各一乘。牛皆倍之。其过倍者则充营田，不足者则单驾。开元二十二年，敕量减六百余头、乘），皆审其制以定数焉。①

在以上引文中，"驾部郎中、员外郎……司其名数"一句应是出自唐《职员令》。② 它与后面的⑤⑥⑦⑧⑨⑩诸段一样，与《厩牧

① （唐）李林甫等：《唐六典》卷五《尚书兵部》，"驾部郎中员外郎"条，第163页。

② 参看李锦绣《唐开元二十五年〈仓库令〉研究》，载黄正建主编《〈天圣令〉与唐宋制度研究》，第217页。

令》无关，它们出自哪里与《唐六典》的总体史源有关系，留待另文论述。以下先讨论笔者所标出的三个与《厩牧令》直接关联的段落，它们共涉及三条《厩牧令》令文，分别是《天圣令·厩牧令》中的唐32、33、34条。

1. "置驿"条（A1）

此即《天圣令·厩牧令》唐32条（用B32表示）：

> B32：诸道须置驿者，每三十里置一驿。若地势阻险及无水草处，随便安置。其缘边须依镇戍者，不限里数。①

A1与B32的区别表现在：第一，B32中的"诸道须置驿者，每三十里置一驿"在A1中作"凡三十里一驿"；第二，A1列举出天下之驿的总数，并举出水驿、陆驿与水陆相兼之驿的数量，B32中无此内容；第三，B32中的"若地势阻险及无水草处，随便安置。其缘边须依镇戍者，不限里数"在A1中作"若地势险阻及须依水草，不必三十里"。

对于第一点而言，不论A1或B32哪一个正确，都不影响我们对"每三十里置一驿"的理解。第二点则是B32中所缺的信息，它使我们知道了唐前期置驿的规模。A1将"天下凡一千六百三十有九所（二百六十所水驿，一千二百九十七所陆驿，八十六所水陆相兼"放在了"凡三十里一驿"与"若地势险阻及须依水草，不必三十里"之间，就把B32这条完整的《厩牧令》令文隔断了。那么这句话是不是B32的逸文呢？按，《延喜式》卷二八《兵部省》"诸国驿传马"条详细地罗列了日本畿内、东海道、东山道、北陆道、山阴道、山阳道、南海道、西海道中诸国的驿传马的设置情况，② 这种罗列方式类似于A1对天下驿数的概括。日《式》沿

---

① 《天圣令校证》下册，第403页。本节所引《厩牧令》的令文均出自该书下册清本部分，为省文起见，下面凡引用令文处不再单独标出页码。

② 『延喜式』卷二八「兵部省」"諸國駅傳馬"条、711–717页。

袭唐《式》，故笔者推测 A1 的这句话应出自唐代《驾部式》。① 故其不是 B32 的逸文。

关键是第三点，A1 所云"若地势险阻及须依水草，不必三十里"比 B32 省略了一部分内容。我们先比较一下二者的区别：

A1 │若地势险阻│ 及 │须依│ 水草 │，不必三十里。
B32 若地势阻险 及 无 水草 处，随便安置。其缘边
│须依│镇戍者，不限里数。

通过对比可以发现，A1 与 B32 中有以下三个相同的关键词："地势险阻（阻险）""水草""须依"。

按，A1 中的"须依水草"和 B32 中的"无水草处"二者的含义是不同的，一个是主动要求逐水草而居，一个是被动接受无水草的事实。从表面上看，它们都会导致置驿时"不必三十里"或"随便安置"的结果。但实际上没有哪一个驿的建置离得开水和草，所以"须依水草"是置驿的必要条件，不是置驿时可能碰到的偶然情况，根本不能算作特殊情况来对待。② B32 中的"地势阻险及无水草处"才是一种例外条件，需要特殊对待，它们会直接导致"随便安置"的结果。

另外，B32 中"地势阻险及无水草"的情况是中原地区和缘边地区都有可能遇到的，但缘边地区可能还会有"须依镇戍"的特殊要求，因而需要单独交代清楚。但 A1 没有照顾到这一点。还有，"地势阻险"与"无水草"均是置驿时的困难因素，二者是同

---

① 《唐六典》卷六《尚书刑部》"刑部郎中员外郎"条云："凡《式》三十有三篇（亦以尚书省列曹及秘书、太常、司农、光禄、太仆、太府、少府及监门、宿卫、计帐为其篇目）。"（第 185 页）可知有兵部《驾部式》的存在。

② 李德辉《唐宋馆驿与文学》第一章"唐宋馆驿制度（上）"认为，《唐六典》所谓"须依水草"似非泛指，"而是特指西北、北疆游牧区"（中西书局 2019 年版，第 27 页）。其实，内陆地区的驿也需要依水草而建，如无水无草，人、马都难以生存。

类的，B32 用语准确。相反，A1 的表述并不恰当，"地势险阻"与"须依水草"二者不是一个类型的情况，这种表述本身就造成了前后的不连贯。总之，B32 中的"若地势阻险及无水草处"比 A1 的"若地势险阻及须依水草"表达意思更加准确、到位，不会生发歧义。

通过以上论述，可以做出这样的推论，即 B32 比 A1 的内容更加完善与准确，二者有着根本的差异，这种差异不是文字上的繁简程度问题。那么，B32 很可能就是在 A1 成文之后重新修订的唐令令文，易言之，B32 可能是开元二十五年以后的令文。

2. "驿长驿马"条（A2）

此段涉及《天圣令·厩牧令》唐 33 条（用 B33 表示）：

> B33：诸驿各置长一人，并量闲要置马。其都亭驿置马七十五匹，自外第一道马六十四，第二道马四十五匹，第三道马三十匹，第四道马十八匹，第五道马十二匹，第六道马八匹，并官给。使稀之处，所司仍量置马，不必须足（其乘具，各准所置马数备半）。定数下知。其有山坡峻险之处，不堪乘大马者，听兼置蜀马（其江东、江西并江南有暑湿不宜大马及岭南无大马处，亦准此）。若有死阙，当驿立替，二季备讫。丁庸及粟草，依所司置大马数常给。其马死阙，限外不备者，计死日以后，除粟草及丁庸。

对比可知，B33 的内容比 A2 丰富得多。二者的不同，体现在四个方面。

一是 A2 中的"每驿皆置驿长一人，量驿之闲要以定其马数"，在 B33 中作"诸驿各置长一人，并量闲要置马"。这样一来，A2 就不可能仅出自 B33，因为 A2 的字数比 B33 还要多，内容也较详细。但二者没有实质的区别，都是要表明必须根据驿之闲要来确定其所需的马数，即驿中所置马数与驿的闲要直接相关。A2 的说法使"量驿之闲要"的目的性更加清晰，这是将令文的法律用语改成了叙述性的语言的结果。

二是 A2 在交代不同级别驿的具体马数时采用了按规则递减的叙述方式，而没有逐个指出各驿的马数，B33 则正好相反。

三是 B33 中多出了"使稀之处，所司仍量置马，不必须足（其乘具，各准所置马数备半）。定数下知……若有死阙，当驿立替，二季备讫。丁庸及粟草，依所司置大马数常给。其马死阙，限外不备者，计死日以后，除粟草及丁庸"这些带有权宜性质的令文。①

四是 B33 中的"其有山坡峻险之处，不堪乘大马者，听兼置蜀马（其江东、江西并江南有暑湿不宜大马及岭南无大马处，亦准此）"在 A2 中仅作"有山阪险峻之处及江南、岭南暑湿不宜大马处，兼置蜀马"，含义差别较大，值得讨论。

细审 B33 可知，需要置蜀马的情况有如下几种：山坡峻险、不堪乘大马之处，江东、江西与江南有的地方因暑湿不宜大马生长，岭南地区无大马。属于这几种情况之一，即可不置大马，而置蜀马。B33 中列举的这些情况涉及马匹的生存条件与地理环境的诸多方面，详细周到，可操作性强。而 A2 将这些情况完全简化为一句话，其实是改变了令文的原意，没有将各种情况都体现出来。按，马性喜干而恶湿，适宜在高寒地区生存。② 所以江东、江西和江南有暑湿之地，不宜马匹良好生长，不能置大马而须置蜀马。而岭南地区本就"无大马"，③ 根本谈不到宜还是不宜的问题，所以 B33 将这两种情况分开叙述，以示区别。但 A2 将其整合为"江

---

① 《唐六典》在其他地方也这样省略了类似的权宜规定，如本节第二部分第4条。

② （明）徐春甫《古今医统大全》卷九八《诸用通方》"牧养类第九"云："养马，马性恶湿，而宜居高地。"（人民卫生出版社 1991 年版，第 1365 页）

③ 至宋代，岭南仍无大马。《宋史》卷一九八《兵志十二·马政》云："岭南自产小驷。"（第 4956 页）

南、岭南暑湿不宜大马处"，从而使江南、岭南的情况合二为一，这是不确切的。下面表示的是二者的关系：

A2　 有山阪险峻之处
B33其 有山坡峻险之处 ，不堪乘大马者，听兼置蜀马。

A2及 江南 、 岭南 暑湿 不宜大马 处，兼置蜀马。

B33其江东、江西并 江南 有 暑湿 不宜大马

及 岭南 无大马处，亦准此。

总体而言，A2 与 B33 相比，比较简略，仅仅保留有一些关键词。B33 指出了岭南与江南的不同，使意义更加明确。可见，B33 是对 A2 的进一步完善。

3. "驿丁"条（A3）

该句与《天圣令·厩牧令》唐 34 条（用 B34 表示）有关：

B34：诸驿马三匹、驴五头，各给丁一人。若有余剩，不合得全丁者，计日分数准折给。马、驴虽少，每驿番别仍给一丁。其丁，仰管驿州每年七月三十日以前，豫勘来年须丁数，申驾部勘同，关度支，量远近支配。仰出丁州，丁别准式收资，仍据外配庸调处，依《格》收脚价纳州库，令驿家自往请受。若于当州便配丁者，亦仰州司准丁一年所输租调及配脚直，收付驿家，其丁课役并免。驿家愿役丁者，即于当州取。如不足，比州取配，仍分为四番上下（下条准此）。其粟草，准系饲马、驴给。

A3 比 B34 简略得多，显而易见。后者比前者多出了驿驴的规定，值得注意。另外，由 B34 中的"诸驿马三匹、驴五头，各

给丁一人"可知，A3 中"马三名"之"名"实为"各"字之误。①

二　太仆寺

《唐六典》卷一七《太仆寺》"诸牧监"条云："诸牧监掌群牧孳课之事。"其下是引用唐《厩牧令》而成的一大段叙述，基本全是关于监牧中牲畜饲养与管理的令文：

①（A1）凡马五千匹为上监，三千匹已上为中监，已下为下监。②（A2）凡马、牛之群以百二十，驼、骡、驴之群以七十，羊之群以六百二十，群有牧长、牧尉（补长，以六品已下子、白丁、杂色人等为之；补尉，以散官八品已下子为之。品子八考，白丁十考，随文、武简试与资也）。③（A3）凡马有左、右监以别其粗良，以数纪为名，而著其簿籍；细马之监称左，粗马之监称右（其杂畜牧皆同下监，仍以土地为其监名）。④凡马各以年、名籍之，每岁季夏造。至孟秋，群牧使以诸监之籍合为一（诸群牧别立南使、北使、西使、东使，以分统之），常以仲秋上于寺。⑤（A4）凡马以季春游牝（《月令》："季春乃合，累牛腾马，游牝于牧。"）。其驹、犊在牧，三岁别群（若与本群同牧，不别给牧人）。马牧牝马四游五课，驼四游六课，牛、驴三游四课，羊三游四课（四、三者，皆言其岁而游牝也，羊则当年而课之。其课各有率，谓：牛、马、驴之牝百，而岁课驹、犊各以六十；马二十岁则不课；三岁游牝而生驹者，仍别簿申；骡驹半之。若马从外蕃而至者，初年课以四十，二年五十，三年全课。牝驼百而三年

---

① 《唐六典》卷五《尚书兵部》校勘记（100）云："'凡马三名给丁一人'，'名'字疑讹。近卫校曰：'名当作各。'志以备考。"（第176页）《天圣令》出，这一问题即被解决。

之课七十。羔羊之白者七十，羖者八十）。⑥（A5）凡监牧孳生过分则赏（谓马剩驹一，则赏绢一匹；驼、骡之剩倍于马，驴、牛之剩三，白羊之剩七，羖羊之剩十，皆与马同。共赏物二分入长，一分入牧子。牧子谓长上专当者。其监官及牧尉各通计所管长、尉赏之。通计谓尉官管十五长者，剩驹十五匹，赏绢一匹；监官管尉五者，剩驹七十五匹，赏绢一匹之类。计加亦准此。应赏者，准印后定数，先填死耗足外，然后计酬之）；⑦（A6）其有死耗者，每岁亦以率除之（谓驼、马百头以七头为耗，骡以六，牛、驴、羖羊以十，白羊以十五。从外蕃而新至者，马、牛、驴、羖羊皆除二十，二年除十五；驼除十四，二年除十；骡除十二，二年除九；白羊除二十五，二年除二十；三年，皆同耗也）。若岁疫，以私畜准同者以疫除（准牧侧近私畜疫死数，同则听以疫除。马不在疫除之例。即马、牛一十一岁以上，不入耗除限。若缘非时霜雪死多者，录奏）。⑧（A7）凡官畜在牧而亡失者，给程以访，过日不获，估而征之（谓给访限百日，不获，准失处当时估价征纳，牧子及长各知其半。若户奴无财者，准铜，依加杖例。如有阙及身死，唯征见在人分。其在厩失者，主帅准牧长，饲丁准牧子。其非理死损，准本畜征纳也）。⑨（A8）凡在牧之马皆印（印右膊以小"官"字，右髀以年辰，尾侧以监名，皆依左、右厢。若形容端正，拟送尚乘，不用监名。二岁始春，则量其力，又以"飞"字印印其左髀、膊。细马、次马，以龙形印印其项左；送尚乘者，尾侧依左、右闲印以"三花"。其余杂马送尚乘者，以"风"字印印左膊，以"飞"字印印左髀。骡、牛、驴则官名志其左膊，监名志其右髀。驼、羊则官名志其颊，羊仍割耳。若经印之后简入别所者，各以新入处监名印其左颊。官马赐人者，以"赐"字印；配诸军及充传送驿者，以"出"字印，并印左、右颊也）。⑩凡每岁进马粗良有差。使司每岁简细马五十四、敦马一百匹进之。若诸监之细马生驹，以其数申所由司次入寺。其四岁以下粗马，每年简充诸卫官马。⑪（A9）凡马、牛皮、脯及筋、角之属，皆纳于有司。①

下面分别来探讨一下以上各段内容与《天圣令·厩牧令》的关系。

1. "马监"条（A1、A3）

A1和A3均与《厩牧令》唐18条（用B18代表）有关，故将二者放在一起论述。其中A1是关于监牧的宏观规定，B18作："马满五千匹以上为上（数外孳生，计草父三岁以上，满五千匹，即申所司，别置监）。三千匹以上为中，不满三千匹为下。"A3是关于马监命名及等级的规定，B18作："诸牧，细马、次马监称左监，粗马监称右监。仍各起第一，以次为名。②马满五千匹以上为上（数外孳生，计草父三岁以上，满五千匹，即申所司，别置监）。三千匹以上为中，不满三千匹为下。其杂畜牧，皆同下监（其监仍以土地为名）。"B18中的这两部分令文是连续叙述的，但A1与A3的中间还夹有A2。可见，《唐六典》在摘录《厩牧令》此条令文时，是从中间录出一段，冠在监牧令文的开头，又将剩下的部分放在了A2之后。

这种做法令人生疑。如果《唐六典》要先交代监牧设置的总体原则的话，就应该将完整的一条令文放在最前面，然后以类相从地叙述A2中牧群、牧长、牧尉的相关规定，但它并没有这样做。推测出现这种现象的原因，可能是《唐六典》在此引用了《式》。盖④所云"凡马各以年、名籍之，每岁季夏造。至孟秋，群牧使以诸监之籍合为一（诸群牧别立南使、北使、西使、东使，以分统之），常以仲秋上于寺"并非《厩牧令》中的内容，很可能是《太仆式》的内容，是关于马匹造籍的规定。为了将其引入《唐六

① （唐）李林甫等：《唐六典》卷一七《太仆寺》，"诸牧监"条，第486—488页。
② 清本原作："仍各起第，一以次为名。"标点有误，参看本书上篇第三章第一节。

典》并前后统摄起来，将 A3 这一关于马匹有粗细之别的规定放在了它的前面。这应该是《唐六典》为了叙述方便的缘故。

2. "牲畜成群"条（A2）

A2 与《厩牧令》唐 1、唐 2 条直接相关。唐 1 条（用 B1 代表）云：

> B1：诸牧，马、牛皆以百二十为群，驼、骡、驴各以七十头为群，羊六百二十口为群，别配牧子四人（二以丁充，二以户、奴充）。其有数少不成群者，均入诸长。

唐 2 条（用 B2 代表）云：

> B2：诸牧畜，群别置长一人，率十五长置尉一人、史一人。尉，取八品以下散官充，考第年劳并同职事，仍给仗身一人。长，取六品以下及勋官三品以下子、白丁、杂色人等，简堪牧养者为之。品子经八考，白丁等经十考，各随文武依出身法叙。品子得五上考、白丁等得六上考者，量书判授职事。其白丁等年满无二上考者，各送还本色。其以理解者，并听续劳。

比较 B1、B2 与 A2，可知三者在文字上有两处不同，一是 A2 中"补尉，以散官八品已下子为之"与 B2 中"尉，取八品以下散官充"的差异。按，根据规定，唐代监牧中每群置牧长一人，十五群置牧尉一人，故牧尉的级别高于牧长。但 A2 说："补长，以六品已下子、白丁、杂色人等为之；补尉，以散官八品已下子为之。"这就出现了一种奇怪的现象：监牧中官员职权的高低与其品级的高低正好相反。换言之，级别低的牧长要由六品以下官员之子充任，而级别高的牧尉却要由散官八品以下官员之子充任。因此，A2 中的"子"字使牧尉与牧长的级别发生了混淆。然而，B2 明确规定："尉，取八品以下散官充，考第年劳并同职事，仍给仗身一人。长，取六品以下及勋官三品以下子、白丁、杂色人等，简堪牧养者为之。"八品以下散官的品级与地位是远高于六品以下及勋官三品以下官员之子的。所以，前者可以充当牧尉，后者只能充当牧长。由此，牧长、牧尉职权的高低与其身份品级的高低的关系得到了理顺。反观 A2 的记载可知，"补尉，以散官八品已下子为之"中实衍了一个"子"字。《天圣令》可纠正《唐六典》此处之误。

第二个不同是，B2 中"品子经八考，白丁等经十考，各随文武依出身法叙"在 A2 中作"品子八考，白丁十考，随文、武简试与资也"。实际上，这一不同就是"出身法"与"简试与资"的区别与联系。

首先看一下出身法。按，出身就是唐代"入仕（特指职事官）的资格"。① 顾名思义，出身法即是指吏部以出身作为依据进行授官，"藉荫及秀才、明经之类"。② 《唐六典》云："凡叙阶之法，有以封爵……有以亲戚……有以勋庸……有以资荫……有以秀、孝……有以劳考……有除免而复叙者，皆循法以申之，无或枉冒。"③ 胡宝华先生认为，叙阶之法的前五种，是指入仕之初，以出身结品之规定；劳考则是叙进散阶的依据，是循资制度的基础。④ 总而言之，唐人要想做官，就必须至少具备一种以上所列举的几种出身。

对于"品子"而言，他们出身的主要依据就是"资荫"。而对于这类人利用资荫来获得品级，则有详细的规定："诸一品子，正七品上叙，从三品子，递降一等。四品、五品有正、从之差，亦递

---

① 黄正建：《唐代的"起家"与"释褐"》，《中国史研究》2015 年第 1 期，第199 页。

② 《唐律疏议》卷三《名例律》，"除免官当叙法"条"疏议"，第 59 页。

③ （唐）李林甫等：《唐六典》卷二《尚书吏部》，"吏部郎中员外郎"条，第 31—32 页。

④ 胡宝华：《试论唐代循资制度》，载史念海主编《唐史论丛》第四辑，三秦出版社 1988 年版，第 190 页。

降一等。从五品子，从八品下叙。国公子，亦从八品下。三品已上荫曾孙，五品已上荫孙；孙降子一等，曾孙降孙一等。散官同职事。若三等带勋官者，即依勋官品同职事荫；四品降一等，五品降二等。郡、县公子，准从五品孙；县男已上子，降一等。勋官二品子，又降一等。二王后子孙，准正三品荫。自外降入九品者，并不得成荫。"① 由此可见，通过官荫来获得的"出身"是比较低的，即便是一品子也只能从正七品上叙，从五品子则只能从从八品下叙。可想而知，六品以下子所能叙之官的品级就更低了。按，唐代六品以下九品以上之子（品子）还可以通过以下几种途径入官：入学（四门学、律学、书学、算学）、斋郎、亲事、帐内、流外入流等。② 其中，斋郎、亲事、帐内就是参照他们父辈的官荫来充任的，但这些都是比较低级的胥吏。根据 B2 的规定，牧长由"六品以下及勋官三品以下子、白丁、杂色人等"充当，也就是说，职事官六品以下子、勋官三品以下子与白丁、杂色人等是同一级别的。而所谓"白丁、杂色人"本无父辈官荫可凭，他们是被直接提拔而进入监牧的。那么可以说，在监牧中，让品子担任牧长就不是对其所具官荫的特殊优待。所以，这里的出身法并不是指品子由官荫而入仕这一过程。

唐代规定，亲事、帐内这一类的人在劳满之后，可以通过简试得到一定的出身阶，从而参加吏部的铨选。《新唐书》卷四五《选

---

① 仁井田陞『唐令拾遺』卷一一「選舉令」第 26 条 ［開七］、301 頁。《唐六典》卷二《尚书吏部》"吏部郎中员外郎"条作："一品子，正七品上叙，至从三品子，递降一等。四品、五品有正、从之差，亦递降一等；从五品子，从八品下叙。国公子，亦从八品下。三品以上荫曾孙，五品已上荫孙；孙降子一等，曾孙降孙一等。赠官降正官一等，散官同职事。若三品带勋官者，即以勋官品同职事荫；四品降一等，五品降二等。郡、县公子，准从五品孙；县男已上子，降一等。勋官二品子，又降一等。"（第 32 页）

② 参看〔日〕古濑奈津子《从官员出身法看日唐官僚制的特质》，载高明士主编《唐代身分法制研究——以唐律名例律为中心》，台北：五南图书出版有限公司 2003 年版，第 323—327 页。

举志下》云："凡品子任杂掌及王公以下亲事、帐内劳满而选者，七品以上子，从九品上叙。其任流外而应入流内，叙品卑者，亦如之。九品以上及勋官五品以上子，从九品下叙。"①《唐六典》卷五《尚书兵部》"兵部郎中员外郎"条又云："凡王公已下皆有亲事、帐内（六品、七品子为亲事，八品、九品子为帐内），限年十八已上，举诸州，率万人已上充之（亲王、嗣王、郡王、开府仪同三司及三品已上官带勋者，差以给之。并本贯纳其资课，皆从金部给付）。皆限十周年则听其简试，文、理高者送吏部，其余留本司，全下者退还本色。"② 与此相仿，监牧中的品子经过八考、白丁经过十考之后，也可以通过出身法来叙官，即所谓"品子经八考，白丁等经十考，各随文武依出身法叙"。那么也就是说，考满之后的品子、白丁，就具备了出身，可以继续迁转。而年劳是唐代考评官吏的重要标准之一。

再看"简试与资"。资就是做官的资历或者资格。"品子八考，白丁十考，随文、武简试与资也"即是说，品子经过八考、白丁经过十考，考满后再参加吏部的选拔考试，然后得到一定的为官资格。此即唐代的循资制度，③ 通过这种考试，可以选拔出一些"文、理高者"继续做官。④ 换言之，充当牧长的六品以下子，如果按照正常的转迁途径，就必须参加吏部的简试，才能进一步获得品阶（资）。

————————

① 《新唐书》卷四五《选举志下》，第 1172 页。

② （唐）李林甫等：《唐六典》卷五《尚书兵部》，"兵部郎中员外郎"条，第 156 页。

③ 胡宝华：《试论唐代循资制度》，载史念海主编《唐史论丛》第四辑，第 180—199 页。

④ 宁欣《唐代门荫制与选官》指出："唐代选官制度与前朝相比，一个重要特色即选官过程的层层简试（五品以上另作别论）……门荫特权享有者若想入仕，亦须通过层层简试……下级官吏（六品以下，九品以上）子弟，无高荫可庇，又无文才武略以进身者，可通过品子身份充任各种杂职，考限一般为十年，考满后经过本司简试合格，获得出身——散官（不合格者继续纳资或退回），再依散官选的有关规定，经过若干次简选，有可能获得流外之职乃至低级官职。"（《中国史研究》1993 年第 3 期，第 78—79 页）

　　故这里的"依出身法叙"与"简试与资"还是有很大的区别的。前者是规定对于考满的品子、白丁可以根据出身来授官，后者则规定即便考满，也要参加"简试"，才能授官，这是两种不同的选拔方式。值得注意的是，在 B2 中直接标明了"出身法"这一专有名词，而不再是用一种解释性的具体操作方式（简试与资）进行表述，表明 B2 是在唐代出身法逐渐定型以后才出现的。① 换言之，B2 的内容应产生于 A2 的内容之后。按，"出身法"一词不见于唐代典籍，而宋始有闻，② 足证其出现得比较晚。其实，在《天圣令》中，还出现了很多有关"法"的说法，如"租分法""无资法""僧道法"等，均不见其他唐代典籍，可知《天圣令》所载唐令的特殊性。

　　总之，B2 与 A2 的记载存在一定的出入。这些差异有的是因文字错讹，有的则是因记载了不同时代的制度。通过比较可以发现，《唐六典》所引的唐令不同于《天圣令·厩牧令》所载的唐令。

　　3. "牲畜责课"条（A4）

　　A4 征引了《厩牧令》的多条令文，即《天圣令·厩牧令》附唐 5、唐 6、唐 7 条（用 B5、B6、B7 表示）：

　　　　B5：诸牧，牡驹、犊每三岁别群，准例置尉、长，给牧人。其二岁以下并三岁牝驹、犊，并共本群同牧，不须别给

_____

　　① 廖靖靖《唐代文献中的"出身法"》认为："'出身法'一词首先出现于唐代史料，即户籍中门荫或秀才、明经之类出身的标准。从性质上看，与荫叙官制度紧密联系，是荫叙官的依据和基础（出身法是针对怎样出身，具体来说是如何获得出身的途径和规定；叙法则是怎样获官）……出身法成为共识之后，被包含于叙法令文之中，不再注记、规定，也是有一定可能的。由此推测，出身法很可能是记载于《选举令》之中。"（《兰台世界》2016 年第 15 期，第 101—102 页）

　　② 《宋史》卷一五八《选举志四·铨法上》云："绍兴初，尝以兵革经用不足，有司请募民入赀补官……乃许补承节郎、承信郎、诸州文学至进义副尉六等，后又给通直郎、修武郎、秉义郎、承直至迪功郎。其注拟、资考、磨勘、改转、荫补、封叙，并依奏补出身法，毋得注令录及亲民官。"（第 3717—3718 页）

牧人。

B6：诸牧，牝马四岁游牝，五岁责课；牝驼四岁游牝，六岁责课；牝牛、驴三岁游牝，四岁责课；牝羊三岁游牝，当年责课。

B7：诸牧，牝马一百匹，牝牛、驴各一百头，每年课驹、犊各六十（其二十岁以上，不在课限。三岁游牝而生驹者，仍别簿申省），骡驹减半。马从外蕃新来者，课驹四十，第二年五十，第三年同旧课。牝驼一百头，三年内课驹七十。白羊一百口，每年课羔七十口。羖羊一百口，课羔八十口。

通过对比可知，A4 与以上诸条令文的内容基本一致，只是在一些表述上有所区别，以下分别论述之。

第一，A4 中无 B5 中的"准例置尉、长，给牧人。其二岁以下并三岁牝驹、犊"。按，前半句是说要给成群的驹、犊设立牧尉、牧长，这是针对要组成新群的诸畜的一项规定，《唐六典》在之前的 A2 中已有说明，如果此处再叙述一遍的话，就会有重复之嫌。可能由于这个原因，为了简化、省略，A4 遂将 B5 中的这部分舍去。"其二岁以下并三岁牝驹、犊"是不能够单独成群的，即所谓"并共本群同牧，不须别给牧人"，也是一项特殊规定。但 A4 将其完全省去，只剩下"其驹、犊在牧，三岁别群（若与本群同牧，不别给牧人）"，并没有交代清楚什么情况下才要"与本群同牧"，故丢掉了原令文中的有效信息。

第二，B6 中的诸畜之前均冠以"牝"字，以示是对雌性牲畜的责课，但 A4 中除在马前面有"牝"字之外，其余驼、牛、驴、羊之前均无该字，说明 A4 的叙述采用一种以类相从的做法。

第三，B7 中的"牝马一百匹，牝牛、驴各一百头"在 A4 中被简化成"牛、马、驴之牝百"；"仍别簿申省"的"省"字在 A4 中无，这样一来，后者的叙述就不够明确；而所谓"新来""旧课"，A4 则改为"初年""全课"，文异意同。

但总体来说，A4 完全取自 B 无疑。

4. "牲畜孳生过分"条（A5）

此段即《天圣令·厩牧令》唐 8 条（用 B8 表示），原文是：

> B8：诸牧，马剩驹一匹，赏绢一匹。驼、骡剩驹二头，赏绢一匹。牛、驴剩驹、犊三头，赏绢一匹。白羊剩羔七口，赏绢一匹。羖羊剩羔十口，赏绢一匹。每有所剩，各依上法累加。其赏物，二分入长，一分入牧子（牧子，谓长上专当者）。其监官及牧尉，各统计所管长、尉赏之（通计，谓管十五长者，剩驹十五匹，赏绢一匹；监官管尉五者，剩驹七十五匹，赏绢一匹之类。计加亦准此。若一长一尉不充，余长、尉有剩，亦听准折赏之）。其监官、尉、长等阙及行用无功不合赏者，其物悉入兼检校合赏之人。物出随近州；若无，出京库。应赏者，皆准印后定数，先填死耗足外，然后计酬。

通过比较可以发现，A5 比 B8 多出"凡监牧孳生过分则赏"一句，这其实是对所引令文的概括性解释。另外就是 B8 中的"若一长一尉不充……出京库"在 A5 中无，这部分令文关于诸牧所赏之物的来源及其分配的权宜方法。正是由于这个原因，A5 将这部分内容删除了。

5. "牲畜死耗"条（A6）

此段即《天圣令·厩牧令》唐 9 条（用 B9 表示），原文是：

> B9：诸牧，杂畜死耗者，每年率一百头论，驼除七头，骡除六头，马、牛、驴、羖羊除十，白羊除十五。从外蕃新来者，马、牛、驴、羖羊皆听除二十，第二年除十五；驼除十四，第二年除十；骡除十二，第二年除九；白羊除二十五，第二年除二十；第三年皆与旧同。其疫死者，与牧侧私畜相准，死数同者，听以疫除（马不在疫除之限。即马、牛二十一岁

以上，不入耗限。若非时霜雪，缘此死多者，录奏）。

对比发现，A6 与 B9 存在差异。

第一个区别是，A6 中每百头马以七头为耗，B9 中每百匹马以十匹为耗，即 B9 对马匹死耗的允许范围比 A 要宽松。这是否表示 B9 和 A6 不是同一时期的令文呢？为了解决这个问题，可以先来看一下二者在表述上的差别。按，A6 自身的表达有不确切之处。其中说"驼、马百头以七头为耗"，就与唐代通常用"匹"作为马的量词的做法不同，也与《唐六典》其他之处的表述方式相违背。例如，《唐六典》卷三《尚书户部》"户部郎中员外郎"条云："内外百官家口应合递送者，皆给人力、车牛（一品手力三十人，车七乘，马十匹，驴十五头；二品手力二十四人，车五乘，马六匹，驴十头……）。"[①] 同书卷一一《殿中省》"尚乘局"条又云："陇右诸牧监使每年简细马五十匹进。其祥麟、凤苑厩所须杂给马，年别简粗壮敦马一百匹，与细马同进。仍令牧监使预简敦马一十匹别牧放，殿中须马，任取充。"[②] 可见，马确实是论"匹"的，绝无论"头"之说。此其一。其二，B9 所规定的牲畜死耗数量，即表 4-1 所示。

表 4-1 牲畜死耗

单位：头

牲畜（以 100 头计）	年均正常死耗	从外蕃新来者	
		第一年	第二年
驼	7	14	10
骡	6	12	9
马、牛、驴、羖羊	10	20	15
白羊	15	25	20

---

① （唐）李林甫等：《唐六典》卷三《尚书户部》，"户部郎中员外郎"条，第 79 页。

② （唐）李林甫等：《唐六典》卷一一《殿中省》，"尚乘局"条，第 330—331 页。

由此可见，除白羊外，从外蕃新来的牲畜第一年听除的数量均是平时正常死耗数量的两倍。这种规定，可操作性强，适用于牲畜管理。A6 中除马之外，其余牲畜的各种死耗比例与表 4-1 均无异。但如按 A6 所说，马平时听除七头，而外蕃新来的马第一年要除二十头，这就违背了通行的"二倍"原则。另外，《唐律疏议》卷一五《厩库律》"牧畜产死失及课不充"条"疏议"所引《厩牧令》即云："诸牧，杂畜死耗者，每年率一百头论，驼除七头，骡除六头，马、牛、驴、羖羊除十，白羊除十五。"① 所以，A6 中的"七"应为"十"之误。换言之，A6 虽与 B9 之间存在比较大的分歧，但这种分歧是 A6 的错简造成的，而不应是不同时期的制度差异。

第二个区别是，B9 注文中"即马、牛二十一岁以上"在 A6 中作"即马、牛一十一岁以上"。这里不妨先看一下唐 7 条关于牝马、牛驴驹犊责课的规定，其中云："其二十岁以上，不在课限。"前引 A4 亦云："马二十岁则不课。"可见令文规定，牝马、牛在二十岁以后就不再担负生育的责任了。这是一个一般规定，可能有的牝马、牛在二十岁以后还能生育，但属于少数。不过，二十岁肯定是在普通马、牛寿命范围之内的。由 B9 可知，"马不在疫除之限"的意思就是"马、牛二十一岁以上，不入耗限"。这说明马到了二十一岁以后，就不再重视其是否因病致死的问题了。而之所以这样，有两方面的原因：一是因为二十岁以上的马匹年迈羸弱，本身就可能朝不保夕；二是因为监牧之中所养马匹在五至十岁时可能早已被送出监牧，从事交通、军事的劳动，② 留在监牧之中的老马数量有限，所以就不再重视这批马匹的死耗问题了。但马匹在青壮年的十一岁时却不会牵涉到这样的规定。所以，A6 中的"一十一岁"

---

① 《唐律疏议》卷一五《厩库律》，"牧畜产死失及课不充"条"疏议"，第 275 页。

② 《天圣令·厩牧令》唐 21 条云："诸州有要路之处，应置驿及传送马、驴，皆取官马驴五岁以上、十岁以下，筋骨强壮者充。"

实为"二十一岁"之误。[①] 这里体现不出 A6 引的是有别于 B9 的其他《厩牧令》。

另外，A6 将 B9 中的"其疫死者，与牧侧私畜相准，死数同者，听以疫除"改变为"若岁疫，以私畜准同者以疫除（准牧侧近私畜疫死数，同则听以疫除）"，细审之，A6 的两这句话是重复的。[②] 盖因 A6 在正文中先以概括性语言叙述，然后将 B9 抄写在注文部分。

总体来说，A6 即取自 B9 无疑。

6. "官畜亡失"条（A7）

此段即《厩牧令》唐 10 条（用 B10 表示），原文是：

> B10：诸在牧失官杂畜者，并给一百日访觅，限满不获，各准失处当时估价征纳，牧子及长，各知其半（若户、奴充牧子无财者，准铜依加杖例）。如有阙及身死，唯征见在人分。其在厩失者，主帅准牧长，饲丁准牧子。失而复得，追直还之。其非理死损，准本畜理征填。住居各别，不可共备，求输佣直者亦听。

细审二者的异同，可知 A7 的注文就是 B10。但 A7 中的"凡官畜在牧而亡失者，给程以访，过日不获，估而征之"非令文原文，而是把令文的原话用概括性的语言进行描述。其中，"给程"即"给一百日"。这种做法与 A6 一样。但 B10 中的"失而复得，追直还之"和"住居各别，不可共备，求输佣直者亦听"并未被 A7 引用，这可能是《唐六典》对所引令文进行省略的做法。

7. "牲畜加印"条（A8）

> A8 凡在牧之马皆印（印右膊以小"官"字，右髀以年

---

① 《唐六典》该卷校勘记中没有指出这一点。
② 参看本书上篇第二章。

辰，尾侧以监名，皆依左、右厢。若形容端正，拟送尚乘，不用监名。二岁始春，则量其力，又以"飞"字印印其**左**髀、膊。细马、次马，以龙形印印其项左；送尚乘者，尾侧依左、右闲印以"三花"。其余杂马送尚乘者，以"风"字印印**左**膊，以"飞"字印印**左**髀。骡、牛、驴则官名志其**左**膊，监名志其右髀。驼、羊则官名志其颊，羊仍割耳。若经印之后简入别所者，各以新入处监名印其左颊。官马赐人者，以"赐"字印；配诸军及充传送驿者，以"出"字印，并印左、右颊也)。

A8 即《天圣令·厩牧令》唐 11 条（用 B11 表示），原文是：

> B11：诸牧，马驹以小"官"字印印右膊，以年辰印印右髀，以监名依左、右厢印印尾侧（若行容端正，拟送尚乘者，则不须印监名）。至二岁起，脊量强、弱，渐以"飞"字印印**右**髀、膊；细马、次马俱以龙形印印项左（送尚乘者，于尾侧依左右闲印，印以"三花"。其余杂马送尚乘者，以"风"字印印左膊；以"飞"字印印**右**髀)。骡、牛、驴皆以"官"字印印**右**膊，以监名依左、右厢印印右髀；其驼、羊皆以"官"字印印右颊（羊仍割耳)。经印之后，简入别所者，各以新入处监名印印左颊。官马赐人者，以"赐"字印；配诸军及充传送驿者，以"出"字印，并印右颊。

对比 A8 与 B11，可知二者的叙述方式差别较大。宋家钰先生指出："今本《唐六典》卷一七《太仆寺》'诸牧监'条所引令文，是改写过的，符合《唐六典》编撰体例；《资治通鉴》胡三省注引《唐六典》的令文，是《唐令》原文，不符《唐六典》编撰体例。"[1]所谓《唐六典》的编撰体例，即是笔者前面所提到的以令文作注

---

① 宋家钰：《唐开元厩牧令的复原研究》，载《天圣令校证》下册，第 297 页。

文并用概括性语言进行提纲挈领式的总括的做法。所以 A8 的一些说法与 B11 不同。虽然如此，A8 与 B11 所记载的内容并无差别，其所表达的含义是一致的。只是一些需要加印的部位二者有左右方向的不同，笔者已标出。这可能是传抄的原因导致的。值得一提的是，"至二岁起脊"一句是宋家钰先生对钞本进行修改之后的说法，①《天圣令》原文作"至二岁起春"，而 A8 正作"二岁始春"。

8. "收缴皮角"条（A9）

此段即《厩牧令》唐 31 条（用 B31 表示）的省略：

> B31：诸官马、骡、驼、牛死者，各收筋五两、脑二两四铢；驴，筋三两、脑一两十二铢；羊，筋、脑各一两；驹、犊三岁以下，羊羔二岁以下者，筋、脑各减半。

A9 仅是一个概括性的说法，并未交代将牲畜的副产品纳于有司的具体做法。这与《唐六典》前面几处引文先说概括性语言，后引《厩牧令》以作注文的做法又不相同。所可论者，B31 只是要求收缴死亡牲畜的筋、脑，没有皮、脯、角之类，② 这可能是对《唐六典》所引令文的进一步修正。

小 结

根据以上对《唐六典》卷五《尚书兵部》"驾部郎中员外郎"条以及卷一七《太仆寺》"诸牧监"条中所引《厩牧令》令文的分析可知，二者与《厩牧令》之间存在或多或少的异同，这些异同反映出以下几个方面的问题。

---

① "脊"，钞本原作"春"。宋家钰根据《唐会要》卷七二《诸监马印》和《资治通鉴》卷二三三"贞元三年九月"条胡注改为"脊"。

② 赵晶结合吐鲁番出土文书认为，"皮肉""皮角"可能只是泛称，其中应包括筋、脑等部位。参看赵晶《论唐〈厩牧令〉有关死畜的处理之法——以长行马文书为证》，《敦煌学辑刊》2018 年第 1 期，第 42 页。

（1）《唐六典》在引用《厩牧令》时有一定的抄写准则。即在相关官职之下，写出其职权范畴，然后引用《厩牧令》的令文以说明具体细节。但在引用时，并不是一字不差地将其抄写进正文，而是先在正文中用概括性的语言说出其制度的主要宗旨，再在其下面用注文的形式将《厩牧令》引进来。例如"诸牧监"条中的 A6、A7、A8 段均具有这种特点。

（2）《唐六典》采取了《令》《式》相间的引用方法，在同一种职官之下，既选取《令》文，又选取《式》文。比如"诸牧监"条中的④即是如此。

（3）《唐六典》所征引的令文，有的可以说是直接取自《厩牧令》，比如"诸牧监"条中的令文绝大多数都是这样，即便其中有一些文字上的差异，但并没有改变令文的原意。但"驾部郎中员外郎"条中的 A1、A2 则不是这样，明显地体现出与《天圣令·厩牧令》有很大的差异，后者比前者更为完善，换言之，《唐六典》这部分所征引的《厩牧令》不是《天圣令·厩牧令》。

那么，就出现了一个矛盾的现象，即《唐六典》有的地方取自《天圣令·厩牧令》所附的唐令，有的则不是，使得在修书的过程中没有一个固定的标准。其实，这并不矛盾，《天圣令·厩牧令》比"驾部郎中员外郎"条中的 A1、A2 要完善、精确，说明它在《唐六典》成书的开元二十七年之后继续进行修订，故《唐六典》没有将新修改的部分纳入自身中来。这也可以算作《天圣令》不是开元二十五年令而是以后修订的令文的一个例证。而"诸牧监"条各段的内容是涉及监牧中牲畜的饲养的，涉及具体的操作层面，可以说，不论是唐初、唐中期还是唐后期，牲畜饲养在制度上都不会有什么截然不同的差异，相反，后期也只能是继承前代的规定。任何时期所修的《厩牧令》令文在这部分都不会有什么太大的差别。所以，《唐六典》所引的这部分令文与《天王令·厩牧令》没什么差别，也就不足为奇了。

（4）李锦绣先生在上揭文中，得出结论云："唐令的修订，呈现出一定的滞后性，往往不能反映当时制度的变化。'令以设范立制'，具有超强稳定性，应是令的主要特点……正因为历次修令的因循性，国家法律改革中，修令逐渐变得不甚重要。"① 易言之，唐令有"较强的延续性和文字的相对保守性"。② 但通过上文的论述可知，唐令在一定的程度上还是被进一步地修订，只不过这些修订是小修小补，没有触及整体的逻辑体系与主旨。

（5）在《唐六典》中，共引用了14条《厩牧令》，另外还引用了《天圣令·厩牧令》宋6条所本的唐令，占全部《天圣令·厩牧令》条文（共50条）的28%。这种引用率是比较高的，与《唐六典》引用《仓库令》的比例（约39%）比较接近。这说明《唐六典》在"以令式分入六司"时择取各篇令文的标准是大致统一的。

第二节 《唐律疏议》对《厩牧令》的征引

在本节中，依然使用上一节的体例，来研究《唐律疏议》征引《厩牧令》的情况。上节中的撰写说明，依然适用于本节。

要进行这样的研究，首先要明确《唐律疏议》的年代问题。自20世纪以来，有关《唐律疏议》的年代学界一直都争论不休，主要形成了三个观点："永徽说""开元说""唐前期说"。③ 而将

① 李锦绣：《唐开元二十五年〈仓库令〉研究》，载黄正建主编《〈天圣令〉与唐宋制度研究》，第224页。

② 黄正建：《〈天圣令〉附〈唐令〉是否为开元二十五年令》，"附记"，载黄正建主编《〈天圣令〉与唐宋制度研究》，第52页。

③ 参看胡戟、张弓、李斌城、葛承雍主编《二十世纪唐研究》，第143—145页。另外，有的日本学者认为，"《唐律疏议》与唐代的《律疏》是成于不同朝代的两种书"，《唐律疏议》的成书时代甚至要晚于《宋刑统》，《唐律疏议》是受《宋刑统》的影响而产生的书。参看黄正建《从"简""拣"字看敦煌文书与法典古籍校勘关系——以〈唐律疏议〉为例》，载黄正建《唐代法典、司法与〈天圣令〉诸问题研究》，"附录"，第371页。

《唐律疏议》中所引的《厩牧令》与《天圣令·厩牧令》相比对，或许可以对《唐律疏议》和《天圣令》所附唐令的时代问题有所回应。

《唐律疏议》的"疏议"中有多处直接引用了《厩牧令》（用A表示），这样做一是为了详细解释律文的含义，二是为了引用令作为判刑的依据。① 将这些《厩牧令》的令文或令文的节文与《天圣令·厩牧令》（用B表示）进行对比，可以从中看出令文演变方面的一些信息。以下分条进行辨析。

一　《职制律》

"乘驿马枉道"条云：

> 诸乘驿马辄枉道者，一里杖一百，五里加一等，罪止徒二年。越至他所者，各加一等。谓越过所诣之处。经驿不换马者，杖八十（无马者，不坐）。
>
> 【疏】议曰：乘驿马者，皆依驿路而向前驿。若不依驿路别行，是为"枉道"。"越至他所者"，注云"谓越过所诣之处"，假如从京使向洛州，无故辄过洛州以东，即计里加"枉道"一等。"经驿不换马"，至所经之驿，若不换马者，杖八十。因而致死，依《厩牧令》："乘官畜产，非理致死者，备偿。""无马者不坐"，谓在驿无马，越过者无罪，因而致死者不偿。

此条律文的规定与宋家钰先生所复原的唐《厩牧令》第38条（原宋12条）相反相成："诸乘驿及传送马、驴，应至前所替换者，并不得腾过。其无马、驴之处，不用此令。"其"疏议"中的"依

---

① 参看赵晶《从"违令罪"看唐代律令关系》，《政法论坛》2016年第4期，第183—191页。

《厩牧令》"云云，则与《天圣令·厩牧令》宋 13 条有关，该条令文云：

> 诸因公使乘官、私马以理致死，证见分明者，并免理纳。其皮肉，所在官司出卖，价纳本司。若非理死失者，理陪。①

它被宋家钰先生复原为唐《厩牧令》第 52 条：

> 诸因公使乘官、私马以理致死，证见分明者，并免征纳。其皮肉，所在官司出卖，价纳本司。若非理死失者，征陪。

可见，《唐律疏议》所引的《厩牧令》与复原唐《厩牧令》的语言叙述方式并不相同。二者的区别如表 4 - 2 所示。

表 4 - 2　《唐律疏议》所引《厩牧令》与复原唐《厩牧令》对比

A	B
乘官畜产	乘官、私马
非理致死者	非理死失者
备偿	征陪

由此可见，二者的区别还是比较大的，几乎没有一处重合。以上三项中，前两项所表达的意思都是不一致的。相比之下，B 比 A 所规定的对象范围宽了，所乘之畜还包括与"官畜"对应的"私畜"（私马），并且不仅是"死"，就连"失"也在赔偿之列。第三项，从表面上看二者都是赔偿的意思，但细揆之，"备偿"仅有补全、替补的意思，而"征陪"则含有一种惩罚性的赔偿意味。再结合前两项的对比，B 总体上比 A 的规定要严厉。那么二者就不是同一时期的令文。这和下文中《杂律》"受寄物辄费用"条所引《厩牧

---

① 《天圣令校证》下册，第 293 页。

令》与《天圣令·厩牧令》的区别很类似，说明后者比前者更加规范与严密。

二　《厩库律》

1. "牧畜产死失及课不充"条云：

> 诸牧畜产，准所除外，死、失及课不充者一，牧长及牧子笞三十，三加一等；过杖一百，十加一等，罪止徒三年。羊减三等（余条羊准此）。
>
> 【疏】议曰：①《厩牧令》："诸牧，杂畜死耗者，每年率一百头论，驼除七头，骡除六头，马、牛、驴、羖羊除十，白羊除十五。从外蕃新来者，马、牛、驴、羖羊皆听除二十，第二年除十五；驼除十四，第二年除十；骡除十二，第二年除九；白羊除二十五，第二年除二十；第三年皆与旧同。"准率百头以下除数，此是年别所除之数，不合更有死、失。"及课不充者"，应课者，准②《令》："牝马一百匹，牝牛、驴各一百头，每年课驹、犊各六十，骡驹减半。马从外蕃新来者，课驹四十，第二年五十，第三年同旧课。牝驼一百头，三年内课驹七十；白羊一百口，每年课羔七十口；羖羊一百口，课羔八十口。"准此欠数者，为课不充……
>
> 新任不满一年，而有死、失者，总计一年之内月别应除多少，准折为罪；若课不充，游牝之时当其检校者，准数为罪，不当者不坐（游牝之后，而致损落者，坐后人）。
>
> 【疏】议曰："新任不满一年"，谓任牧尉、牧长、牧子未满期年，而有死、失。"总计一年之内月别应除多少，准折为罪"，谓若骡新从外蕃来，当年听除十二，即是月别得除一头。新任三月，除三头；五月，除五头。余畜，一年准当色，应除数准新任，月别折除分数亦准此。若除外死、失，皆准上文得罪。"若课不充，游牝之时当其检校者，准数为罪"，准

③《令》："牧马、驼、牛、驴、羊，牝牡常同群。其牝马、驴每年三月游牝，应收饲者，至冬收饲。"不当游牝之时，课虽不充，依律不坐。注云"游牝之后而致损落者，坐后人"，谓虽不当游牝之时检校，于后损落，仍得其罪。

系饲死者，各加一等；失者，又加二等。牧尉及监各随所管牧多少，通计为罪，仍以长官为首，佐职为从。余官有管牧者，亦准此。

【疏】议曰：系饲死者加一等罪，谓应牧系养之者，收饲理不合死，故加罪一等。杂畜一死笞四十，罪止流二千里。"失者，又加二等"，以其系饲不合失落，故加二等。称"又"者，明累加，即失一杖六十，罪止流三千里。系饲羊，亦各减三等。牧尉及监各随所管牧尉、长，通计为罪。依④《令》："牧马、牛，皆百二十为群；驼、骡、驴，各以七十头为群；羊，六百二十口为群。群别置牧长一人。率十五长，置尉一人。"其监，即不限尉多少。通计之义，已从《户婚》解讫……

本条律文的"疏"中，引用了五条《厩牧令》的令文，可见其与《厩牧令》的关系非常密切。对比《天圣令·厩牧令》可知，这五条令文分别是唐9条、唐7条、宋6条所本的唐令以及唐1条、唐2条。按，唐9条与唐7条的文字与①、②完全相同，① 可见《唐律疏议》在该处完全照搬了唐令。而④则是融合唐1、唐2两条而成的，只是在"牧马、牛，皆百二十为群"中漏了一个"以"字，应为"牧马、牛皆以百二十为群"。③所对应的实际上是宋6条：

---

① 唯独②舍弃了唐7条中的小注："其二十岁以上，不在课限。三岁游牝而生驹者，仍别簿申省。"但这不影响对整条令文的理解。

> 诸牧，马、驼、骡、牛、驴、羊，牝牡常同群。其牝马、驴，每年三月游牝。应收饲者，至冬收饲之。

二者的文字基本上没有太大区别，宋家钰先生即依据此处的引文将宋6条复原为唐《厩牧令》第12条。①

总之，本条《唐律疏议》在引用《厩牧令》令文时，采取了照录的办法，没有进行语句的简化。

2. "验畜产不实"条云：

> A：诸验畜产不以实者，一笞四十，三加一等，罪止杖一百。若以故价有增减，赃重者，计所增减坐赃论；入己者，以盗论。
>
> 【疏】议曰：依《厩牧令》："府内官马及传送马驴，每年皆刺史、折冲、果毅等检拣。其有老病不堪乘用者，府内官马更对州官拣定，京兆府管内送尚书省拣，随便货卖。"检拣者，并须以实，不以实者，一笞四十，三加一等，罪止杖一百……

此处所引《厩牧令》即《天圣令·厩牧令》唐23条，原文是：

> B：诸府官马及传送马、驴，每年皆刺史、折冲、果毅等检简。其有老病不堪乘骑者，府内官马更对州官简定；两京管内，送尚书省简；驾不在，依诸州例。并官为差人，随便货卖，得钱若少，官马仍依《式》府内供备，传马添当处官物市替。其马卖未售间，应饲草处，令本主备草直。若无官物及无马之处，速申省处分，市讫申省。省司封印，具录同道应印马州名，差使人分道送付最近州，委州长官印；无长官，次官

---

① 关于笔者对此条唐令复原的商榷，请参看本书上篇第三章第一节。

印。其有旧马印记不明，及在外私备替者，亦即印之。印讫，印署及具录省下州名符，以次递比州。同道州总准此，印讫，令最远州封印，附便使送省。若三十日内无便使，差专使送，仍给传驴。其入两京者，并于尚书省呈印。

对比可知，二者存在以下几处区别：

①A 中"府内官马"，B 作"诸府官马"；

②A 中"检拣"，B 作"检简"；

③A 中"乘用"，B 作"乘骑"；

④A 中"拣定"，B 作"简定"；

⑤A 中"京兆府管内"，B 作"两京管内"；

⑥A 中"尚书省拣"，B 作"尚书省简"。

首先，在①、③中，A 与 B 的差别仅仅是用字的不同，意思无甚差异，可暂且不论。

其次，在②、④、⑥中，A 的"拣"字在 B 中全部作"简"。这是一个值得注意的区别。按，《唐律疏议》及《宋刑统》当中有的"拣"字在敦煌《唐律》及《律疏》中均作"简"字，这说明"简"字较为原始，后世才改为"拣"字。^① 刘俊文先生在点校《唐律疏议》时，曾将有的"拣"字改回了"简"字。^② 但是他并没有把《唐律疏议》中所有的"拣"字改为"简"，如本条，都是一仍其旧，这是因为没有文书资料作为证据。不过按照"简"

---

① 参看黄正建《从"简""拣"字看敦煌文书与法典古籍校勘关系——以〈唐律疏议〉为例》，载黄正建《唐代法典、司法与〈天圣令〉诸问题研究》，"附录"，第371—373 页。

② 《唐律疏议》卷九《职制律》"合和御药"条校勘记说："'料理简择不精者'：'简'原作'拣'。按：孙奭《律音义》云'作拣者非'，今据敦煌写本伯 3608、敦煌写本伯 3690《职制律疏残卷》、《律附音义》改。下同。"（第 199 页）

"拣"字体现出时代的前后这一逻辑，A 所引的令文，就要晚于 B。如果我们承认 B 即《天圣令》的时代是开元二十五年甚至是唐后期的话，那么 A 所代表的今本《唐律疏议》就至少应该是开元二十五年以后定型的。①

再次，⑤中的区别亦牵涉到 A 与 B 时代前后的问题。按，本条令文是关于检简诸府官马的规定，对于普通的诸州官马而言，要"每年皆刺史、折冲、果毅等检简"，其中"老病不堪乘骑者"，则"更对州官简定"。这是说州官对于本州官马的老病情况有检简的职责。但京师地区官马的情况不一样，在 A 中，仅要求"京兆府管内送尚书省拣"。而在 B 中，明确规定"两京管内，送尚书省简"。可见尚书省检简的范围曾发生过变化。值得注意的是"京兆府"和"两京"这两个称谓的来源。首先来看京兆府，开元元年十二月，改雍州为京兆府，京兆府之名自此始。② 按，雍州是唐代关内道的治所，其辖境相当于今陕西秦岭以北、乾县以东、铜川以南、渭南以西，③ 也就是长安及其附近地区。可见 A 所引的《厩牧令》至少是开元元年以后修订的令文，那么，今本《唐律疏议》的成书可能就在开元元年以后。再看两京，两京一词来源已久，如高宗龙朔二年即有"太府寺更置少卿一员，分两京检校"④ 的说法，并且贯穿于唐代始终。不过京师长安正式命名为"西京"则在天宝元年。⑤ 那么 B 的时代是否早于 A 呢？笔者认为，答案应是

---

① 黄正建《从"简""拣"字看敦煌文书与法典古籍校勘关系——以〈唐律疏议〉为例》认为："《唐律疏议》……很有可能编辑成书在《宋刑统》之后，受到了《宋刑统》某种程度的影响……如果将来发现了《宋刑统》的宋代版本，使用的是'简'字，则《唐律疏议》成书的年代要更在其后，或者真如日本学者所推测的那样，是成书于元代的了。"（载黄正建《唐代法典、司法与〈天圣令〉诸问题研究》，"附录"，第 373 页）

② 《旧唐书》卷三八《地理志一》"京兆府"条云："开元元年，改雍州为京兆府……天宝元年，以京师为西京。七载，置贞符县。十一年废。"（第 1396 页）

③ 《辞海·地理分册（历史地理）》，上海辞书出版社 1982 年版，第 278 页。

④ 《旧唐书》卷四《高宗纪上》，第 82 页。

⑤ 《旧唐书》卷三八《地理志一》，"京兆府"条，第 1396 页。

肯定的。理由有二：一是和前文"简"与"拣"的区别相类，B的用字就是比较早期的，A 中的用字很可能是在此基础上修改的；二是自唐玄宗以后，东京即洛阳的地位逐渐下降，难以和京师长安比肩，① 因而尚书省检简范围的变化应该是指由两京缩小到京兆府这一转变。如果这一推论成立，那么《唐律疏议》的成书时间是很晚的，并且晚于《天圣令》所附唐令的时代。②

3. "养疗赢病畜产不如法"条云：

> 诸受官赢病畜产，养疗不如法，笞三十；以故致死者，一笞四十，三加一等，罪止杖一百。

> 【疏】议曰：依《厩牧令》："官畜在道，有赢病不堪前进者，留付随近州县养饲疗救，粟草及药官给。"而所在官司受之，须养疗依法，有不如法者，笞三十。"以故致死者"，谓养疗不如法而致死者，一笞四十，三加一等，罪止杖一百。

此处所引《厩牧令》与《天圣令·厩牧令》宋 14 条完全相同，原文是：

> 诸官畜在道有赢病，不堪前进者，留付随近州县养饲、救疗，粟、草及药官给。差日，遣专使送还本司。其死者，并申所属官司，收纳皮角。

可见此条宋令是完全承自唐令的。故宋家钰先生据其和《令集解·厩牧令》"官畜"条复原出唐《厩牧令》第 53 条。

---

① 唐玄宗一共五次巡幸洛阳，但是自开元二十四年由洛阳返回长安后，再也不东幸洛阳了。参看郭绍林《洛阳隋唐五代史》，社会科学文献出版社 2019 年版，第 156—161 页。

② 如果 B 中的"两京"特指天宝元年长安被定为"西京"以后的长安和洛阳，那么《唐律疏议》的成书时间就更晚。

4. "监主私借官奴畜产"条云：

> 诸监临主守，以官奴婢及畜产私自借，若借人及借之者，答五十；计庸重者，以受所监临财物论。驿驴，加一等。即借驿马及借之者，杖一百，五日徒一年；计庸重者，从上法。即驿长私借人马驴者，各减一等，罪止杖一百。
>
> 【疏】……议曰：即私借驿马及官司借之者，各杖一百，五日徒一年。"计庸重者，从上法"，谓计驿马之庸，当上绢八匹，合加一等，徒一年半。"即驿长私借人马驴者，减一等"，准《令》："驿马驴一给以后，死即驿长陪填。"是故，驿长借人驴马，得罪稍轻。"各减一等"，谓上文"借驿马驴，加受所监临财物一等"，今驿长借人驴马各减一等，与"受所监临财物"罪同，罪止杖一百。

此处所引的《令》文，被仁井田陞先生认定为唐《厩牧令》令文，收入《唐令拾遗·厩牧令》中。但宋家钰先生在复原唐《厩牧令》时认为，此条即本自《天圣令·厩牧令》唐33条中"［驿马］若有死阙，当驿立替，二季备讫"的规定，但其自身是否为唐《厩牧令》原文，难以确定，故没有将其保留在复原本中。[①] 宋先生的观点代表了一种可能性，即《唐律疏议》在引用《厩牧令》时没有完全照录令文，而是像《唐六典》一样有所改动。但问题可能并不仅限于此。所谓"驿马驴一给以后，死即驿长陪填"与"［驿马］若有死阙，当驿立替，二季备讫"的规定，或许并不是一个含义。前者是说当驿长把驿马驴配给或者借给别人使用以后，如果驿马死了，就要驿长赔偿；后者则是说，国家配给各驿的驿马，如果有死失，则要求当驿自己补配，在两个季度内配齐。由此可见，在驿马死亡这一预设上，二者是没有什么区别的，但是前者是针对

---

① 《天圣令校证》下册，第514页。

驿马被分配或者借出之后的死，后者则指在任何情况下的死，哪怕其是在驿中死亡。后者规定的范围比前者要广，而且赔偿的主体不一样，因而二者可能是一条令文在两个时期的不同表述，抑或它们本就是两条不同的令文。① 那么，是否要将"驿马驴一给以后，死即驿长陪填"从唐《厩牧令》复原本中剔除，就应该存疑。

三 《杂律》

1. "受寄物辄费用"条云：

> 诸受寄财物，而辄费用者，坐赃论减一等。诈言死失者，以诈欺取财物论减一等。
>
> 【疏】议曰：受人寄付财物，而辄私费用者，坐赃论减一等，一尺笞十，一匹加一等，十匹杖一百，罪止徒二年半。"诈言死失者"，谓六畜、财物之类，私费用而诈言死及失者。"以诈欺取财物论减一等"，谓一尺笞五十，一匹加一等；五匹杖一百，五匹加一等。
>
> 问曰：受人寄付财物，实死、失，合偿以否？又，监临受寄，诈言死、失，合得何罪？
>
> 答曰：下条云："亡失官私器物，各备偿。被强盗者，不偿。"即失非强盗，仍合备之。以理死者，不合备偿；非理死者，准《厩牧令》，合偿减价。若监临主司受寄，诈言死、失者，以"诈欺取财物"减一等科之。

本条律文是关于受寄财物被费用的处罚，其中包括牲畜的死失这种情况。律疏针对寄存牲畜的"非理死"引《厩牧令》说："合偿减

① 假如是同一条令文的话，那么《天圣令·厩牧令》唐33条所代表的制度就要晚于《唐律疏议》中的《厩牧令》，因为到了至德年间，刘晏开始改革驿的掌管模式（参看本书下篇第六章第三节第一目），驿的长官变成了驿吏，而不是驿长，故不再是由驿长进行赔偿，改为"当驿立替"。

价。"这其实就是《厩牧令》中关于使用马匹时"非理致死"的规定，见宋家钰先生复原唐《厩牧令》第52条（原宋13条）：

> 诸因公使乘官、私马以理致死，证见分明者，并免征纳。其皮肉，所在官司出卖，价纳本司。若非理死失者，征陪。

《唐律疏议》所引令文中的"合偿减价"，意思是说应当赔偿，但不须"备偿"，只需赔偿"减价"部分的价值。按，《唐律疏议》卷一五《厩库律》"故杀官私马牛"条云：

> 诸故杀官私马牛者，徒一年半。赃重及杀余畜产，若伤者，计减价，准盗论各偿所减价；价不减者，笞三十（见血踠跌即为伤。若伤重五日内致死者，从杀罪）。

"疏议"云：

> "减价"，谓畜产直绢十匹，杀讫，唯直绢两匹，即减八匹价；或伤止直九匹，是减一匹价。杀减八匹偿八匹，伤减一匹偿一匹之类，其罪各准盗八匹及一匹而断。"价不减者"，谓元直绢十匹，虽有杀伤，评价不减，仍直十匹，止得笞三十罪，无所陪偿……①

以《唐律疏议》所举的例子而言，假设一匹马价值十匹绢，其被杀之后所剩皮肉价值仅两匹绢，而这匹死马的皮肉所换来的两匹绢是要入官的，② 那么，上文所说的"受寄财物"如果指马而言的

---

① （唐）长孙无忌等：《唐律疏议笺解》卷一五《厩库律》，"故杀官私马牛"条，第1107—1108页。

② 参看本书下篇第六章第一节第二目。

话，"非理死者，准《厩牧令》，合偿减价"就是说受寄的人要赔偿马匹的原价与皮肉价值的差价即可，不需要赔原价。这与《天圣令·厩牧令》中的规定"征陪"是不同的，前者有一定的优待措施，后者则无。

2.《唐律疏议》卷二六《杂律》"应给传送剩取"条云：

> 诸应给传送，而限外剩取者，笞四十；计庸重者，坐赃论，罪止徒二年。
>
> 【疏】议曰："应给传送"，依《厩牧令》："官爵一品，给马八匹；嗣王、郡王及二品以上，给马六匹。"三品以下，各有等差……

宋家钰先生依据此处引文复原出唐《厩牧令》第41条。①

小　结

综上所述，从《唐律疏议》所引《厩牧令》和《天圣令·厩牧令》的对比中可以得出以下几点结论。

（1）与《唐六典》一样，《唐律疏议》亦存在简化《厩牧令》令文的叙述方式，但它更有完全照搬令文的情况。这样就比较完整地保留了唐代的《厩牧令》。那些与《天圣令·厩牧令》完全一致的令文说明，唐代在很长一段时间内，在这些令文上都没有进行什么修订，相关制度没有发生改变。

（2）根据《职制律》"乘驿马枉道"条、《厩库律》"验畜产不实"条、《杂律》"受寄物辄费用"条所引《厩牧令》与《天圣令·厩牧令》的对比可以发现，首先，今本《唐律疏议》的成书时间是比较晚的，甚至晚于《天圣令》所附唐令的成立年代，其

---

① 详见宋家钰《唐〈厩牧令〉驿传条文的复原及与日本〈令〉、〈式〉的比较》，载黄正建主编《〈天圣令〉与唐宋制度研究》，第102—107页。

上限应该是在开元元年,下限则很有可能是宋元时期,而通行说法或许将其限定的时间提前了;[1] 其次,A 的规定往往比较宽松,而 B 的规定则比较严密,就《厩牧令》本身来讲,很可能就是从严密走向宽松。

（3）《唐律疏议》所征引的唐令,并不是《天圣令》所附的唐令,并且前者在流传过程当中,文字被不断地修改和加工。

---

[1] 刘俊文认为:"比较可能接受的推断是:今传《唐律疏议》所据当是神龙以后、开元二十五年以前通行本《律疏》。"参看（唐）长孙无忌等《唐律疏议笺解》,"序论",第69—70页。

下篇　唐代驿传厩牧制度研究

第 五 章
《厩牧令》与唐代驿传的制度设置

本章主要利用《天圣令·厩牧令》的相关令文，从制度设置的层面来探讨与唐代驿传制度相关的管理规定。内容涉及传制的具体形式及其与驿制的区别，与驿制相关的驿丁、驿田制度，以及驿制中的水驿等问题。

第一节　唐代传制考论

本节所悬鹄的，是以《天圣令》为视角，重新审察唐代传制的存在形式及其在法令规定中的真实情况。

对于唐代的交通制度，学术界很早就进行了研究，取得了非常丰硕的成果。但在没有发现明钞本北宋《天圣令》残卷以前，学术界对在交通制度中占有重要地位的传制的研究仍基本上处于推测的状态。①

---

① 《天圣令》发现以后的相关研究成果，参看古怡青《从〈天圣令·厩牧令〉看唐宋监牧制度中畜牧业管理的变迁——兼论唐日令制的比较》，载台师大历史系、中国法制史学会、唐律研读会主编《新史料·新观点·新视角：天圣令论集》（上），台北：元照出版公司2011年版，第186—189页，后收入古怡青《唐朝皇帝入蜀事件研究——兼论蜀道交通》，"附录"，台北：五南图书出版有限公司2019年版，第286—290页；赵晶《〈天圣令〉与唐宋史研究》，载赵晶《三尺春秋——法史述绎集》，第96—98页。

按照普遍接受的观点，用于交通的传制大致包括两部分内容：一是作为一种交通机构的传，另一个是用于交通的传马。在文献上，传、传马与驿、驿马有明显的不同，前者是独立于驿制之外的。但从管理机构和运作形式的角度来说，不管是驿还是传，二者的轮廓都非常模糊。在早期的研究中，有学者认为，传马、驿马统归驿站管理，没有独立的机构来管理传马。① 传马和驿马一样，设置在驿站中，"为了给它种植饲料，官府则按一匹二十亩来发给土地"。② 也有的学者根据敦煌吐鲁番文书，认为西北地区管理传马的是马坊，设置于州或者县的治所。③ 如此一来，则驿马和传马就分别存在于不同的交通机构中。李锦绣先生进一步认为，唐代的递送、传乘、传递、传送都属于传制的范畴。传制不仅包括传马驴，还包括递送车牛。前者的掌管机构是传马坊，后者是传车坊。④ 那么，传马坊就是设传的机构。这一观点一方面确认了传是一种实体，另一方面则把传的功能定性为交通和运输两个方面。

　　《天圣令》被发现后，推动了对驿传制度的研究。孟彦弘先生的《唐代的驿、传送与转运——以交通与运输之关系为中心》就是在此新材料基础上进行的探索。他同样认为唐代的传是一种独立的交通运输体系，并且对驿起到了补充的作用："传送马驴只提供交通工具，在行进过程中，仍需依靠驿来为使者解决食宿、为马驴解决供给……传送马驴是对驿马驴的补充；驿马驴和传送马驴分属

---

① 青山定雄「唐代の驛と郵及び進奏院」青山定雄『唐宋時代の交通と地誌地圖の研究』吉川弘文館、1963 年、52 頁。

② 〔日〕大庭修：《吐鲁番出土的北馆文书——中国驿传制度史上的一份资料》，姜镇庆、那向芹译，载中国敦煌吐鲁番学会主编《敦煌学译文集——敦煌吐鲁番出土社会经济文书研究》，甘肃人民出版社 1985 年版，第 794 页。

③ 卢向前：《伯希和三七一四号背面传马坊文书研究》，载北京大学中国中古史研究中心编《敦煌吐鲁番文献研究论集》，中华书局 1982 年版，第 660—686 页，后收入卢向前《唐代政治经济史综论——甘露之变研究及其他》，第 198—223 页；王冀青：《唐前期西北地区用于交通的驿马、传马和长行马——敦煌、吐鲁番发现的馆驿文书考察之二》，《敦煌学辑刊》1986 年第 2 期，第 59 页。

④ 李锦绣：《唐代制度史略论稿》，第 339—356 页。

两个不同的系统，可谓'身份'各异。"① 宋家钰先生是《天圣令·厩牧令》的最初整理者，不仅标点、校勘了整篇令文，同时利用它复原出唐《厩牧令》的全貌。② 他认为："唐朝的传送制度，其中的传送马，是作为驿的重要补充，主要用于传送事缓的公文、人员和物品。它们传送的行程大致是在州县境内，一般为逐县、逐州依次传递……除传送马所承担的传送外，唐朝州县还有其他大量人员、物资使用非传送马的传送，包括人力、车牛、官私马、驴等。"③

可见，近几年的研究成果均认为传是一个"实体机构"，并且把驿和传作为两种制度来对待，同时认为，传是驿的重要补充。虽然在一些细节问题上，学界的观点并没有达成完全的一致，但在对传的整体认识上开始趋于统一。

与这些观点不同，早在 1994 年，业师黄正建先生即提出过一个新的观点，认为唐代的"传"不是像驿那样的一个组织实体，"传制"在法律中没有系统规定，到唐玄宗以后，"传"在实质上已经不存在了。④ 这就是说，传并不是与驿一样的交通机构，而仅是一种运转模式。此说一出，受到一定程度的认同，⑤ 但迄今并无人再对其进行正面的评价或者反思。《天圣令》出，是坐实前人的研究，将传（递）作为一种实体来对待，还是能够证明黄文的观点，值得继续探究。

---

① 孟彦弘：《唐代的驿、传送与转运——以交通与运输之关系为中心》，载黄正建主编《〈天圣令〉与唐宋制度研究》，第 153、156 页。

② 宋家钰：《唐开元厩牧令的复原研究》，载《天圣令校证》下册，第 498—520 页。

③ 宋家钰：《唐〈厩牧令〉驿传条文的复原及与日本〈令〉、〈式〉的比较》，载黄正建主编《〈天圣令〉与唐宋制度研究》，第 143 页。

④ 黄正建：《唐代的"传"与"递"》，《中国史研究》1994 年第 4 期，第 77—81 页，后收入黄正建《走进日常——唐代社会生活考论》，第 171—178 页。

⑤ 比如李锦绣在《唐代制度史略论稿》中说："黄文很富启发性，它引导我们继续思考构成唐代交通运输组织的驿传制究竟是怎样的实体，与驿并称的传又是怎样构成。"（第 340 页）

一 驿、传之别

长期以来，学者引用很多史料证明唐代的驿、传之间或者驿马、传马之间有着显著区别。比如，"乘驿日六驿，乘传日四驿"，"凡发驿遣使，其缓者给传，诸州有急速大事皆合遣驿"，"驿马每匹给田四十亩，传马每匹给田二十亩"，"驿马合理死亡，官马补替，传马合理死亡，州府市买补替"，"各级官员出使乘驿、乘传，乘传给的马数多于乘驿马数"，等等。① 对于这些区别，有的学者也给出了自己的解释。青山定雄先生认为，驿马、传马，因利用者的目的及往来官员的品级不同而在使用上有区别。② 孟彦弘先生也根据《天圣令》的新材料指出，"传送马驴是对驿马驴的补充。就马驴的性质而言，驿马和传送马各自属于不同的系统，驿马驴由驿管理，传送马驴由州传马坊或传送马坊管理"。③

对于驿传在使用时的区别，尤以《唐律疏议》说得最明显：

> 水陆等关，两处各有门禁，行人来往皆有公文：谓驿使验符券，传送据递牒，军防、丁夫有总历，自余各请过所而度。若无公文，私从关门过，合徒一年。④

这是从交通凭证上指出了传与驿的区别：乘驿用符券，乘传送用递牒。《唐六典》云："凡国有大事则出纳符节，辨其左右之异，藏其左而班其右，以合中外之契焉……二曰传符，所以给邮驿，通制命（两京留守及诸州、若行军所，并给传符。诸应给鱼符及传符

① 参看黄正建主编《〈天圣令〉与唐宋制度研究》，第170页。
② 青山定雄『唐宋時代の交通と地誌地圖の研究』第一篇「唐宋時代の交通」第三「唐代の驛と郵及び進奏院」一"驛制の發遣"、55页。
③ 孟彦弘：《唐代的驿、传送与转运——以交通与运输之关系为中心》，载黄正建主编《〈天圣令〉与唐宋制度研究》，第168页。
④ 《唐律疏议》卷八《卫禁律》，"私度及越度关"条"疏议"，第172页。

者，皆长官执）。"① 这里也明确给出了传符与驿的关系：它是乘驿的凭证。但唐代在使用传符的同时，还可以使用纸券作为乘驿的凭证。《唐律疏议》云："依令：'给驿者，给铜龙传符；无传符处，为纸券。'"② 又云："传符，通用纸作。"③ 可见，乘驿时既可使用传符（铜制），也可使用纸券作为凭证。所以值得玩味的是，传符与通常意义上说的"传"并无多大关系，反而与驿有关。

黄正建先生认为，唐代前期的传有传舍、传符以及传送马驴三种含义，其中传符后来被纸券所代替，"由传符到纸券的变化似与传的日益消亡相一致"。④ 但《唐律疏议》径称"驿使验符券"，将乘驿所用的传符和后来的纸券并举，所以纸券的出现并不很晚。⑤《唐会要》云："［开元］十八年（730）六月十三日敕，如闻比来给传使人，为无传马，还只乘驿，徒押传递，事颇劳烦。自今已后，应乘传者，宜给纸券。"⑥ 这道敕文是针对乘传凭证的改革。而纸券本是乘驿时用的凭证，现在却用于乘传。《唐会要》又云：

> 大中五年（851）七月敕："如闻江淮之间，多有水陆两路。近日乘券牒使命等，或使头陆路，则随从船行；或使头乘舟，则随从登陆。一道券牒，两处祇供，害物扰人，为弊颇甚。自今已后，宜委诸道观察使及出使郎官、御史并所在巡

---

① （唐）李林甫等：《唐六典》卷八《门下省》，"符宝郎"条，第 253 页。

② 《唐律疏议》卷一〇《职制律》，"诸驿使稽程"条，第 208 页。

③ 《唐律疏议》卷一〇《职制律》，"诸用符节"条，第 213 页。

④ 黄正建：《唐代的"传"与"递"》，载黄正建《走进日常——唐代社会生活考论》，第 173 页。

⑤ 正如黄正建先生指出的那样，有人（如青山）认为到唐玄宗时期传符才改用纸券，是不对的。在使用铜传符的同时就已开始使用纸券，不过以后铜传符被淘汰、纸券更普及罢了。参见黄正建《走进日常——唐代社会生活考论》，第 173 页。

⑥ （宋）王溥：《唐会要》卷六一《御史台中·馆驿》，上海古籍出版社 2006 年版，第 1248 页。

院，切加觉察。如有此色，即具名奏，当议惩殿。如州县妄有
祗候，官吏所由，节级科议，无容贷。"①

这表明，大中年间使臣出使的凭证，称为券牒，这很可能就是前引
《唐律疏议》中所说的"驿使验符券，传送据递牒"中符券和递牒
的合称。故可以这样说，至少在开元十八年，驿、传在管理层面上
已经合二为一了——传的管理被合并到了驿的管理中，这种影响至
少持续到大中年间。

　　唐后期驿传的变化，也可以从驿马、传送马的供养制度上进行
分析。唐肃宗乾元二年（759）《推恩祈泽诏》云："天下州县，应
欠租庸课税、传马粟、贷粮种子、籴粜变税，及营田少作诸色，勾
征纳未足者，一切放免。"② 可见，传马所食之粟应是由州县收缴
的，是国家征收的一种课税。而传马食粟之时，应是在其承直时期
（详见下文），本诏即是对承直传马的给养规定。但这一规定，与
《厩牧令》中"仍准承直马数，每马一匹，于州县侧近给官地四亩，
供种苜蓿"的令文不符。令文规定的是，承直传送马的供给来源于
四亩官地，但到了唐肃宗时期，传马所食之粟，出自天下诸州县。

　　再来看一下驿马。《天圣令·田令》唐 35 条云：

　　　　诸驿封田，皆随近给，每马一匹给地四十亩，驴一头给地
　　二十亩。若驿侧有牧田处，匹别各减五亩。其传送马，每一匹
　　给田二十亩。

这条令文被放在了复原唐《田令》的第 41 条。③ 李锦绣先生认为，
驿封田所产不仅供给马匹，也供给人；她又指出，"唐前期驿田是

　　① （宋）王溥：《唐会要》卷六一《御史台中·馆驿》，第 1255 页。
　　② （宋）王钦若等编纂：《册府元龟》卷八七《帝王部·赦宥第六》，周勋初等
校订，凤凰出版社 2006 年版，第 965 页。
　　③ 宋家钰：《唐开元田令的复原研究》，载《天圣令校证》下册，第 452 页。

由驿户耕垦还是交给百姓佃食、纳租供驿，现不能解，只好留以待考了"，因为"驿田的经营情况，史书与出土文书均无记载"。① 但是唐后期的情况可以从元稹的《同州奏均田状》中窥见一斑，其中云："其诸色职田，每亩约税粟三斗，草三束，脚钱一百二十文……其公廨田、官田、驿田等，所税轻重，约与职田相似，亦是抑配百姓租佃。疲人患苦，无过于斯。"② 元稹对同州百姓所负担的沉重的职田税表示同情，对此提出解决办法，减免税收。但从他的奏状中亦可得知，唐后期至少是宪宗时期驿田是由百姓租佃的。③

《天圣令·厩牧令》宋 15 条云：

> 诸驿受粮稿之日，州县官司预料随近孤贫下户，各定输日，县官一人，就驿监受。其稿，若有茭草可以供饲之处，不须纳稿，随其乡便。

在《天圣令·厩牧令》宋令部分，这是唯一一条涉及驿的令文。但是宋朝本没有驿，唐代的驿到了宋代已基本被递所取代，故宋令部分凡涉及交通机构、用马数量，均称"递"而不称"驿"。宋令中之所以保留了"驿"的说法，是因为《天圣令》里宋令的编写方式是"因旧文以新制参定"，那么这一条特殊的令文或许是宋代利用唐令修撰但未将其完全变为新制的半成品。故宋家钰先生在复原唐《厩牧令》时，指出本条"疑为唐令，未能复原"。④ 如果这一结论成立的话，那么该令文的规定就适用于唐代。令文中的下户，是宋代户口分类制度下的一个群体，"其基本成分则是自耕

① 李锦绣：《唐代财政史稿》第二册，社会科学文献出版社 2007 年版，第 249—250 页。
② 《元稹集》卷三八《同州奏均田状》，冀勤点校，中华书局 1982 年版，第 436 页。
③ 关于这一问题，请参看下节第二目。
④ 《天圣令校证》下册，第 518 页。

农、半自耕农和佃农，但也包括一定比例的其他成分"。① 则"孤贫下户"可能仅指半自耕农和佃农之类。驿要接受的这些"孤贫下户"的粮稿，就类似上面肃宗诏所说的"传马粟"，是靠驿外的土地来供给的。这就说明，驿马驴、承直传送马驴在供给方式上是一致的。

综上所述，唐代的驿传存在一个由异趋同的过程，所以不论学者如何解释驿、传（驿马、传马）之间的异同，得出怎样的结论，这些结论只能适合唐前期，或者说盛唐以前。

二　唐令中的传送马驴和传送制度

在《天圣令·厩牧令》的唐令部分，有六条是专门针对传送马驴的规定，是驿令条数的二倍。② 这是《厩牧令》在马匹管理规定方面的一个显著特征。为了了解传制，就必须对这些令文进行分析。

首先来看一下唐令中关于传送马驴饲养的规定。《天圣令·厩牧令》唐21条云：

> 诸州有要路之处，应置驿及传送马、驴，皆取官马驴五岁以上、十岁以下，筋骨强壮者充。如无，以当州应入京财物市充。不充，申所司市给。其传送马、驴主，于白丁、杂色（邑士、驾士等色）丁内，取家富兼丁者，付之令养，以供递送。若无付者而中男丰有者，亦得兼取，傍折一丁课役资之，以供养饲。

根据本令规定，驿马驴、传送马驴都必须是"五岁以上、十岁以下"的官马驴。如果没有官马驴，则需市买，或者用当州应入京

---

① 王曾瑜：《宋朝阶级结构》，河北教育出版社1996年版，第53页。
② 专门涉及传送马驴的令文是唐22、23、25、26、27、35条，专门针对驿的令文是唐32、33、34条，另外，唐21条则兼涉驿马驴和传送马驴。

的财物市买，或者申报"所司"市买。然而，传送马驴与驿马驴
的一个显著不同是，前者是由"传送马、驴主"饲养的。传送马
驴主承担传送马驴的喂养、调习、死阙赔偿等义务。①

唐 27 条云：

> 诸当路州县置传马处，皆量事分番，于州县承直，以应急
> 速。仍准承直马数，每马一匹，于州县侧近给官地四亩，供种
> 苜蓿。当直之马，依例供饲。其州县跨带山泽，有草可求者，
> 不在此例。其苜蓿，常令县司检校，仰耘锄以时（手力均出
> 养马之家），勿使荒秽，及有费损；非给传马，不得浪用。若
> 给用不尽，亦任收茇草，拟〔至〕冬月，其比界传送使至，
> 必知少乏者，亦即量给。

本令中的传马，即是传送马，它们要分番轮流到州县承直。承直时
的给养，来自按照一匹四亩的标准配给的官地。官地上种出的苜
蓿，只能由承直传送马享用，不能挪为他用。而其他非承直的传送
马，则依然由传送马驴主自行喂养。

按，《新唐书》云："驾部郎中、员外郎，各一人，掌舆辇、
车乘、传驿、厩牧马牛杂畜之籍……凡驿马，给地四顷，莳以苜
蓿。"② 其中，"四顷"乃"四十亩"之误。③ 四十亩是指驿封田，
专供驿马使用。④《天圣令·田令》唐 35 条云："诸驿封田，皆随
近给，每马一匹给地四十亩，驴一头给地二十亩。若驿侧有牧田
处，匹别各减五亩。其传送马，每一匹给田二十亩。"这条令文被

---

① 参看河野保博「唐代厩牧令の復原からみる唐代の交通体系」『東洋文化研究』第 19 号、2017 年、6—10 頁。
② 《新唐书》卷四六《百官志一》，"驾部郎中员外郎"条，第 1198 页。
③ 李锦绣：《唐代财政史稿》第二册，第 249 页。
④ 李锦绣：《唐代制度史略论稿》，第 345 页。

作为复原唐《田令》的第 41 条。① 李锦绣先生认为："驿封田提供的是驿站马料与饲养放牧驿马的驿丁及随马出使的驿子的食粮。"② 传送马的"每一匹给田二十亩"则与驿封田无关，不像驿封田那样，是处于驿附近的土地；而是由州县官府划拨，交由传送马驴主垦种，以供饲养传送马的补贴之用。

唐 22 条是关于传送马驴调习、死失替备的规定。唐 23 条、25 条是关于检查传送马驴的规定，从中可知，传送马驴在接受检查时，州官、府官都要参与。其间，如有老病不堪乘骑的传送马驴，就要卖掉；尚未卖出时，传送马驴主依然要对传送马驴的饲养负责。

最后看一下与传送制度相关的规定。唐 26 条云：

> 诸官人乘传送马、驴及官马出使者，所至之处，皆用正仓，准品供给。无正仓者，以官物充；又无官物者，以公廨充。其在路，即于道次驿供；无驿之处，亦于道次州县供给。其于驿供给者，年终州司总勘，以正租草填之。

按，孟彦弘先生根据这条令文，认为传送在为使臣服务方面，只提供交通工具而不提供食宿，因为"所至之处，皆用正仓"。但黄正建先生认为本令规定的仅仅是"沿路和到目的地时，对传送马、官马的饲料供应问题"——既然是针对马匹而言，就无从判断是否给人食宿了。孟先生对此做出回应，认为令文中出现了"准品供给"，则必然是"指人而非指马"。③ 笔者倾向于黄先生的观点。因为令文在"准品供给"之下，有"无正仓""无官物""在路""无驿之处"四种情况，然后说"其于驿供给者，年终州司总勘，

---

① 宋家钰：《唐开元田令的复原研究》，载《天圣令校证》下册，第 452 页。
② 李锦绣：《唐代财政史稿》第二册，第 254 页。
③ 黄正建主编：《〈天圣令〉与唐宋制度研究》，第 169 页。

以正租草填之"，可见"准品供给"的东西，实际上就是指"正租草"。① 易言之，拿草来供应的对象，就只能是马而不是人，其供应标准以乘用马匹官员的品级来定。

另有可论者，本条令文规定，乘传送马驴时，有"所至之处"和"在路"两种情况。就令文而言，"所至之处"可能有正仓，至少有官府（官物），那么这就是说传送马驴已经到了目的地；"在路"就是尚未到达目的地。虽然这两种情况的供应者不同，但说明一个问题，即传送马驴是长途行进的，是跨越州县的，而不是仅仅在州县内传送。②

唐35条云：

> 诸传送马，诸州《令》《式》外不得辄差。若领蕃客及献物入朝，如客及物得给传马者，所领送品官亦给传马（诸州除年常支料外，别敕令送入京及领送品官，亦准此）。其从京出使应须给者，皆尚书省量事差给，其马令主自饲。若应替还无马，腾过百里以外者，人粮、粟草官给。其五品以上欲乘私马者听之，并不得过合乘之数；粟草亦官给。其桂、广、交三府于管内应遣使推勘者，亦给传马。

---

① 李锦绣指出，草税是唐前期的一项重要税收，属于地税的附加税，以供中央闲厩和地方军镇、邮驿之用。参看李锦绣《唐代财政史稿》第二册，第139—145页。刘进宝认为，草在唐后期亦是赋税项目之一，"随地征纳"。参见刘进宝《唐宋之际归义军经济史研究》，中国社会科学出版社2007年版，第135页。《元稹集》卷三七《弹奏剑南东川节度使状》云："准每年旨条，馆驿自有正科，不合于两税钱外，擅有加征。"（第421页）又同卷《弹奏山南西道两税外草状》云："自建中元年已后，每年随税据贯配率前件禾草，将供驿用者。"（第428页）其中"正科"即唐26条所说的正租草。《陆贽集》卷二〇《论度支令京兆府折税市草事状》云："臣等谨检京兆府应征地税草数，每年不过三百万束，其中除留供诸县馆驿及镇军之外，应敛入城输纳唯二百三十万而已。"（十一素点校，中华书局2006年版，第655页）可见税草中，京兆府地区的馆驿、镇军只消耗七十万束而已。

② 详见本节第三目。

黄正建先生说："诸州《令》《式》"中的"令"，是要"强调办事要按照'令'的规定……这一规定制定的背景，可能是因为开元以后驿传制度遭到破坏的缘故"。① 据前引《唐会要》卷六一《御史台中·馆驿》，至迟到开元十八年，传马已不够使用。一种可能是传马流向驿马，另一种可能是传马经常被"辄差"，导致数量受损。所以，《厩牧令》的这一规定，实际上是为了维护传马制度。但传马在哪些情况下才能被差遣呢？可对《天圣令·厩牧令》本身做一考察。唐22条云："诸府官马及传送马、驴，非别敕差行及供传送，并不得辄乘。"可以说，这是对传送马驴使用的一个总的规定，传送马驴主要用于供应传送及临时下敕的差行。另外，唐25条中还有传送马驴"从军行"的情况，唐26条中有传送马驴"出使"的情况。唐35条即是针对这些情况进行的补充，其中提及了三种特殊情况，即"若领蕃客及献物入朝，如客及物得给传马者，所领送品官亦给传马（诸州除年常支料外，别敕令送入京及领送品官，亦准此）"、"其桂、广、交三府于管内应遣使推勘者，亦给传马"以及"从京出使应须给者"。但"从京出使应须给者"其实已经包含在了唐26条规定的"出使"范畴中。

从以上分析可知，国家对传送马驴尤其是传送马十分重视，不让随便乘用。传送马驴由传送马驴主饲养，并且其传送的路程是不确定的，并不是以州县为界。

三　传送的形式

学术界对于唐代驿传制度的研究，除了最早时期的从传世史料中辑佚相关规定的做法以外，② 大部分研究者均或多或少地利用了敦煌吐鲁番出土的一些文书来证明自己的观点，或者仅就某一文书的

---

① 黄正建主编：《〈天圣令〉与唐宋制度研究》，第26页。
② 卢向前说："他们只是罗列了一大堆驿乘材料而没有加以仔细分析。"参见卢向前《唐代政治经济史综论——甘露之变研究及其他》，第187页。

解读而着笔，所以其研究取向即便是针对宏观的交通运输制度，其结论也可能只适用于西北，不能保证适用于整个大唐帝国。《天圣令》被发现并被整理以后，"使得此前聚焦西州、沙洲特定区域的马政研究再度回归对中央马政及其运作的研究"，① 可谓意义重大。孟彦弘先生结合《天圣令·厩牧令》的令文和吐鲁番文书，认为传制"是由地方官府组织的规模较小的传送"，它的"运输途径最远也大多只是到达相邻之州，承担其任务的是以州为单位设置的传送马驴"。② 宋家钰先生也认为，"传送基本上是在本县、本州境内，即逐县逐州传送"。③ 但根据前面对《天圣令·厩牧令》唐 26 条的分析，传送马是可以超越州的，不是仅负责某州之内的传送。④ 另外，即便就传世典籍中的史料而言，亦可证明传送是长途而非短途的。

下面，以两《唐书》中的"传送""递送"⑤ 为例，探讨一下传送的运输形式。先看"传送"：

> 贬［窦］参郴州别驾，贞元八年（792）四月也……乃再贬为骧州司马……其财物婢妾，传送京师……⑥

① 牛来颖：《大谷马政文书与〈厩牧令〉研究——以进马文书为切入点》，载中国社会科学院历史所魏晋南北朝隋唐史研究室、宋辽金元史研究室编《隋唐辽宋金元史论丛》第六辑，上海古籍出版社 2016 年版，第 110 页。

② 黄正建主编：《〈天圣令〉与唐宋制度研究》，第 166 页。

③ 黄正建主编：《〈天圣令〉与唐宋制度研究》，第 144 页。

④ 另外，赵晶亦指出："孟彦弘认为，'驿马驴的行进是以驿为单位来计算，而传马驴大致以州为界'乃是驿、传有别的一个表现。这一判断包含两个区别标准，即行进单位为何和是否以州为界。围绕第一个标准，孟文之意应是，驿马的行进以驿为单位计算，而传马驴的行进则不以驿为单位。这便与上述胡三省之注'乘传日四驿，乘驿日六驿'以及仿唐令而修成的日本《养老令》相悖。"见赵晶《〈天圣令〉与唐宋法制考论》，第 103 页。

⑤ 李锦绣认为，唐代的"递送、传乘、传递、传送，都指传制"。参见李锦绣《唐代制度史略论稿》，第 342 页。宋家钰也说："唐朝的'传制'，即所谓'传送'、'递送'。"参见宋家钰《唐〈厩牧令〉驿传条文的复原及与日本〈令〉、〈式〉的比较》，载黄正建主编《〈天圣令〉与唐宋制度研究》，第 128 页。

⑥ 《旧唐书》卷一三六《窦参传》，第 3747—3748 页。

> 左武候大将军李子雄得罪，传送行在，道杀使者，奔
> [杨] 玄感，劝举大号。①

> 大业末，[李靖] 为马邑丞。高祖（指李渊）击突厥，靖
> 察有非常志，自囚上急变，传送江都。②

> [魏征] 道遇太子千牛李志安、齐王护军李思行传送京
> 师，征与其副谋曰……③

> [吴兢] 比见上封事者，言有可采，但赐束帛而已，未尝
> 蒙召见，被拔擢。其忤旨，则朝堂决杖，传送本州，或死于流
> 贬。由是臣下不敢进谏。④

就以上事例而言，使用"传送"是一种官方的行为，目的大都是
押送罪犯或者犯官奴婢。除此之外，有唐、五代乃至宋朝使用
"传送"押解罪犯行至魏阙的记载不绝史册，例多不叙。这说明唐
五代时期，"传送"不仅仅是一个动词，而且是某种交通形式。宋
家钰先生说："在需要较多的人夫车马传送的情况，或是要传送一
批罪囚、流人时，更要采取这种制度。"⑤ 但问题是，传送罪囚必
须是长途押送。前四个事例，都是把人从地方押至中央，最后一例
是把人由中央押至地方。那么，这里的"传送"就不是某一州县
范围内的职权，而是全国通行的规制。具体来说，传送窦参"财
物婢妾"事，是德宗下诏、由郴州执行的；李靖自囚传送事，虽
是其自己做的决定，但使用的是马邑的传送；吴兢所奏，属于泛泛
而言，但是"传送本州"是朝廷做的决定，是由京师向地方传送
的，那么在京师内或其附近也应有传送。总之，不论是从地方到中
央，还是从中央到地方传送罪犯，都必然是长途押送，中间不会更

---

① 《新唐书》卷八四《李密传》，第 3678 页。
② 《新唐书》卷九三《李靖传》，第 3811 页。
③ 《新唐书》卷九七《魏征传》，第 3868 页。
④ 《新唐书》卷一三二《吴兢传》，第 4526 页。
⑤ 黄正建主编：《〈天圣令〉与唐宋制度研究》，第 138 页。

换押解人员，否则不会出现魏征与副手商量释放李志安、李思行的事了。

上引"传送的行程大致是在州县境内，一般为逐县、逐州依次传递"的观点以及"所承担的运输一般规模较小、距离较短，是对转运的补充或调整"的观点，均与这种"传送"有矛盾之处。

再如"递送"：

[郝处俊] 开耀元年（681）薨，年七十五，赠开府仪同三司、荆州大都督。高宗甚伤悼之……令百官赴哭，给灵舆，并家口递还乡，官供葬事。其子秘书郎北叟上表辞所赠赐及葬递之事，高宗不许。侍中裴炎曰："处俊临亡，臣往见之，属臣曰：'生既无益明时，死后何宜烦费。瞑目之后，傥有恩赐赠物，及归乡递送，葬日营造，不欲劳官司供给。'"高宗深嘉叹之，从其遗意，唯加赠物而已。①

[韦] 抗历职以清俭自守，不务产业，及终，丧事殆不能给。玄宗闻其贫，特令给灵舆，递送还乡。②

宜长流溱州百姓，委京兆府差纲递送；路次州县，差人防援，至彼捉搦，勿许东西。③

[大和九年（835）八月] 丙申，内官杨承和于骧州安置，韦元素象州安置，王践言思州安置，仰锢身递送。④

[咸通十年（869）八月，孟] 公度至[宣州]，[崔]雍死于陵阳馆，其男党儿、归僧配流康州，锢身递送。⑤

① 《旧唐书》卷八四《郝处俊传》，第2800—2801页。
② 《旧唐书》卷九二《韦安石传附韦抗传》，第2963页。
③ 《旧唐书》卷一八四《程元振传》，第4763页。
④ 《旧唐书》卷一七下《文宗纪下》，第560页。
⑤ 《旧唐书》卷一九上《懿宗纪》，第669页。

从以上所举数例可以看出，"递送"主要用于送官员归葬①和押解重犯（锢身递送）。官员归葬，最需要保护的灵柩，一般使用车辆运送；押解重犯，由于犯人是戴枷或戴镣铐的，也需要车辆。故这里的"递送"主要就是用车进行运送。《天圣令·丧葬令》唐2条云：

> 诸使人所在身丧，皆给殡殓调度，造舆、差夫递送至家。其爵一品、职事及散官五品以上马舆，余皆驴舆。有水路处给船，其物并所在公给，仍申报所遣之司。②

这里的"殡殓调度，造舆、差夫递送"与上引两《唐书》中的"递送"灵舆所指相同。递送灵柩或者押解重犯，同前面的"传送"事例一样，也是要长途运输的。③ 所以，"传送的行程大致是在州县境内"和传送"所承担的运输一般规模较小、距离较短"这样的观点是不能成立的。

四　州县的传送机构

李锦绣先生认为，"唐传制包括递送车牛及传送马驴两部分"，车牛由车坊管理，车坊应包括车牛坊、馆及马坊三部分，具有供迎客使的职能，在这个意义上说，车坊又称作馆。马坊则是专门饲养

---

① 唐代文献中递送官员灵柩的例子有很多，但大都是有皇帝敕文才会这样做。比如唐穆宗《褒恤田颖敕》云："赠工部尚书田颖……遽闻弃代……仍令所在州县，传递送至许州，委李光颜官给葬事。"［（清）董诰等编：《全唐文》卷六六，中华书局1983年版，第696页上］李邕《大唐泗州临淮县普光王寺碑》云："景龙四年（710）三月二日，［僧伽和尚］端坐弃代于京荐福寺……敕有司造灵舆，给传递，百官四部，哀送国门，以五日还至本处。"（同书卷二六三，第2673页上）

② 《天圣令校证》下册，第426页。

③ 唐《狱官令》复原16条云："诸递送囚者，皆令道次州县量罪轻重、强弱，遣人防援，明相付领。"参见雷闻《唐开元狱官令复原研究》，载《天圣令校证》下册，第616页。这条令文仅指出在递送囚犯时，道次的州县需要派遣人力以为防援，并不能因此认为递送囚犯是逐州、逐县进行的。

马匹的。① 吴丽娱、张小舟先生在《唐代车坊的研究》中指出，唐代从中央官府到地方州县，普遍设置车坊，其职能都是管理车牛，而这些车牛为官府及官吏的递运之事服役。同时进一步认为，文书中的长行坊就是长行车坊，"长行车坊应是供给长途递运的车辆与牲畜的车坊"。② 关于管理传马的官员，卢向前先生认为，在县的传马坊里存在"县令—县尉（专当官）—前官（具体负责人员）—行马子（服役人）"这样的管理系统，而传马坊的文书由县尉控制。③

根据以上研究，车坊中有传送马驴，而车坊是州县的附属机构。那么，《厩牧令》中所说的承直传送马驴，应该就是车坊中的传送马驴。

前引《厩牧令》唐22、23、25条，在规定官马的检查以及死阙赔偿的时候，均是将府马和传送马联称的；而府马中有专门承直之马，④传送马也有承直之传送马，可见府马和传送马有很多相通之处。《新唐书》云："凡府马承直，以远近分七番，月一易之。"⑤ 传送马驴的承直是否也按照"分七番，月一易之"，目前还不能确知，但传送马驴的饲养问题是明确的，即由传送马驴主承担。然而当传送马驴承直时，传送马驴主就不用担负其饲养的任务，传送马驴只能在州

① 李锦绣：《唐代制度史略论稿》，第 342 页。黄正建指出："唐代前期各州县马坊（特别是西北地区马匹众多处所设马坊）有一项任务就是提供马匹为过往使人或运送物资服务。这项任务属于交通运输而不属于通信，它在唐代法令中主要被称为'传送'（有时也称为'部送'、'递送'等），提供的牲畜主要被称为'传送马驴'。"参见黄正建《走进日常——唐代社会生活考论》，第 173—174 页。

② 吴丽娱、张小舟：《唐代车坊的研究》，载北京大学中国中古史研究中心编《敦煌吐鲁番文献研究论集》第三辑，北京大学出版社 1986 年版，第 273 页。

③ 参看卢向前《唐代政治经济史综论——甘露之变研究及其他》，第 210—212 页。黄正建认为，这种"传马坊"实际上应称为马坊，因为在敦煌文书 P. 3714 中，"传马坊"仅一见，其他均作"马坊"。参见黄正建《走进日常——唐代社会生活考论》，第 174 页。

④ 《旧唐书》卷四三《职官志二》"驾部郎中员外郎"条云："凡诸卫有番直之马，凡诸司有备运之牛，皆审其制，以定数焉。"（第 1836 页）

⑤ 《新唐书》卷四九上《百官志四上》，"左右卫骑曹参军事"条，第 1280 页。

县官府或其附近进行饲养、牧放。这与敦煌地区的函马的饲养方式相似。《唐天宝时代（744—758）敦煌郡会计帐》中云：

38   广明等五戍

……

54 合同前月日见在供使、预备函马，总壹佰贰拾叁匹。

55   肆拾匹，敦； 陆拾伍匹，父。

56   壹拾捌匹，草。

57 伍拾匹，充广明等五戍函马乘使（每戍准额置拾匹）。

58   壹拾壹匹，敦； 叁拾玖匹，父。

59 柒拾叁匹，在阶亭外坊及郡坊饲，急疾送五戍替换蹄穿脚

60 跙不堪乘使函马。

61   贰拾玖匹，敦； 贰拾陆匹，父。

62   壹拾捌匹，草。①

卢向前先生认为："作为沙州敦煌郡、西州交河郡交通机构的驿，既然部分地被军事机构的戍所取代，于是，驿原先所有的驿马也就变成了函马。"② 那么，上引文书中的"函马"，其实就是原来的驿马。所可注意者，这里出现了"预备函马"的字样，同时《唐西州某县事目》文书中又有"承函马"。③ 其中，"承函马"应即承直函马之意，也就是"见在供使"，它与"预备函马"相对，一个是正在服役的，一个是替补的，即"替换蹄穿脚跙不堪乘使函马"。就广明等五戍而言，其中承函马五十四，预备函马七十三

---

① 〔日〕池田温：《中国古代籍帐研究》之"录文与插图"二一九《唐天宝时代（744—758）敦煌郡会计帐》，龚泽铣译，中华书局 2007 年版，第 339 页。

② 卢向前：《唐代政治经济史综论——甘露之变研究及其他》，第 285 页。

③ 国家文物局古文献研究室、新疆维吾尔自治区博物馆、武汉大学历史系编：《吐鲁番出土文书》第七册，文物出版社 1986 年版，第 340 页。

匹，那么，预备的函马就是广明等五成马匹的主体。这些马被放在"阶亭外坊及郡坊"饲养，"郡坊"必离敦煌郡官府不远。

综上，可以得出如下结论，州县的传送马驴平时由传送马驴主饲养、管理，需要承直时，即轮番到州县服役；承直时，于官府所辖的车坊（或者马坊）中进行饲养、管理。

内陆地区的马坊与西北地区的长行坊之间的关系，值得进一步辨析。荒川正晴文指出，西北地区的传马坊是掌握交通运输的州的附属机关，而长行坊是驿传制以外的制度。① 孙晓林先生对唐代前期西州的长行坊进行了研究，认为："长行坊制度鲜明地体现了边疆地方性特色。高昌国时代，当地就有远行马制度用于交通，这是根据本地的自然环境，在气候变幻无常、碛路迢迢、人烟稀少的恶劣条件下所采取的一种因地制宜的运输方式。唐灭高昌建西州后，沿用并发展了远行马制度，逐渐在边疆几州建立起了长行坊。"② 所以她认为长行即长途运行的意思。③ 而孟彦弘先生认为："长行坊、长行马驴属于《厩牧令》所规定的各州设置的传送马驴，与敦煌文书中的传马坊、传马驴性质相同。"④ 同时又认为西北的长行马是由驿马转变而来的。⑤ 那么，他所说的长行马就兼具传送马和驿马两种身份。可见关键的问题还是传送马驴的身份：它们是否等同于长行马驴？如果不一样，即传送马不是长行马，那么传送马就跟长行马、长行坊无关。下面试做讨论。

---

① 参看张国刚主编《隋唐五代史研究概要》，天津教育出版社 1996 年版，第 180 页。

② 孙晓林：《试探唐代前期西州长行坊制度》，载唐长孺主编《敦煌吐鲁番文书初探二编》，武汉大学出版社 1990 年版，第 227 页。

③ 孟彦弘认为长行仅是长行马驴的一种身份，未必专指长途运行。参见孟彦弘《唐代的驿、传送与转运——以交通与运输之关系为中心》，载黄正建主编《〈天圣令〉与唐宋制度研究》，第 173 页。

④ 孟彦弘：《唐代的驿、传送与转运——以交通与运输之关系为中心》，载黄正建主编《〈天圣令〉与唐宋制度研究》，第 161 页。

⑤ 孟彦弘：《唐代的驿、传送与转运——以交通与运输之关系为中心》，载黄正建主编《〈天圣令〉与唐宋制度研究》，第 164 页。

元和四年（809），监察御史元稹弹劾了武宁军节度使王绍。因为这年六月二十七日，王绍利用职权之便，用驿将徐州监军使孟升的灵柩运回京师。元稹认为，王绍作为藩镇节度使，擅自使用"转牒"烦劳驿站，这样的行为系"违敕"，于是给中书门下上了一份状。他在状中引用兴元元年（784）闰十月十四日敕云：

> 应缘公事乘驿，一切合给正券。比来或闻诸州诸使，妄出食牒，烦扰馆驿。自今已后，除门下省、东都留守及诸州府给券外，余并不得辄入馆驿……

又引元和二年四月十五日敕节文云：

> 诸道差使赴上都奏事，及押领进奉官并部领诸军防秋军资钱物官，及边军合于度支请受军资粮料等官，并在给券，余并不得给。如违，本道专知判官、录事参军，并准兴元元年十二月十七日敕处分者。

他由是认为，凶柩不得入驿，而且运灵柩是私人的事，如果这样做，就会导致"给长行人畜甚众，劳传递牛夫颇多。弊缘路之疲人，奉一朝之私惠"。① 对于其中涉及的"转牒"，黄正建先生认为："这种转牒有时是对可以享受馆驿的人的家属开的条子。"② 但《旧唐书》叙述此事时并没有出现"转牒"字样，而是称："徐州监军使孟升卒，节度使王绍传送升丧柩还京，给券乘驿，仍于邮舍安丧柩。"③ 而且元稹的状中也说王绍的做法"给券违越"。可见，所谓的"转牒"即是"券"。《唐六典》云："凡乘驿者，在京于门下给券，在外于留守

---

① 《元稹集》卷三八《论转牒事》，第 431—432 页。
② 黄正建：《唐代衣食住行研究》，首都师范大学出版社 1998 年版，第 176 页。
③ 《旧唐书》卷一六六《元稹传》，第 4331 页。

及诸军、州给券。"① 是为唐代乘驿的通例。王绍既然使用驿站运送他人灵柩，就会按照驿站的运行规则进行转运，所以元稹状中所称的"长行人畜"就是指驿中的驿子、驿马。

这样一来，唐代内地的驿站就与西北地区同样称为"长行"的长行坊、长行马坊有了一定的相通之处。卢向前先生指出："在河西地区的传马制度改为长行制度的同时，驿马制度也改成了长行制，其时当在7世纪末，8世纪初（按，指武周时期）。"② 又，孟彦弘先生认为，开元天宝之际，西北地区交通线上的驿被降为馆，这是当地对馆驿、传送进行整合的表现，而原来的驿马，"由州统一管理，变成了文书中所谓的长行马"。③ 这些观点沟通了长行马与驿马之间的关系，结合元稹的说法，足可证明，在中晚唐时期，内地的驿马也就等同于西北的长行马。但将驿制变为长行制不仅仅是西北地区的事情，应该是一个全国的行为。李商隐在《上李尚书状》中说："昨者伏蒙恩造，重有沾赐，兼假长行人乘等，以今月十日到上都讫。"④ 可见，"长行"在中晚唐已成通俗说法。

综上所述，西北地区的长行马和内地的驿马是一类，但与《天圣令·厩牧令》中的传送马不是一类。内地管理传送马的机构也不能类比于西北地区的长行坊。

另外，这里还有一个问题需要辨析一下。柳宗元《与李翰林建书》云："杓直足下：州传遽至（传，驿也），得足下书，又于梦得处得足下前次一书，意皆勤厚。"⑤ 孟彦弘先生引用这条史料说，"李建给柳宗元的书信就是通过'州传遽'送来的"，"此州传

---

① （唐）李林甫等：《唐六典》卷五《尚书兵部》，"驾部郎中员外郎"条，第163页。

② 卢向前：《唐代政治经济史综论——甘露之变研究及其他》，第305页。

③ 孟彦弘：《唐代的驿、传送与转运——以交通与运输之关系为中心》，载黄正建主编《〈天圣令〉与唐宋制度研究》，第164页。

④ 《李商隐文编年校注》第一册《上李尚书状（开成五年十月十日）》，刘学锴、余恕诚校注，中华书局2002年版，第459页。

⑤ 《柳宗元集》卷三○《与李翰林建书》，中华书局1979年版，第801页。

遽即指州传送马驴"。① 同时引柳宗元《邠宁进奏院记》中的"下
及奔走之臣，传遽之役，川流环运，以达教令"② 之句以为佐证。
笔者认为此说有误。

　　所谓"州传遽"三字，并不是唐代机构的专有名词，而只是
一个文雅的称呼而已。对于这种现象，有的学者指出："虽然隋唐
时期也偶尔用传舍、邮亭的说法，但都是发思古之幽情，是驿的几
种别称"，③ "唐人喜用古时词语，致使涉及'传'时往往语义混
淆"。④ 如盛唐时期的高适作《陈留郡上源新驿记》，引用《周官》
云："行夫掌邦国传遽之事，施于政者，盖有章焉。"引这句话是
一个铺垫，为的是描写下面要说的陈留郡上源新驿。他接着说：
"皇唐之兴，盛于古制。自京师四极，经启十道，道列以亭，亭实
以驲。而亭惟三十里，驲有上中下。"⑤ 在这篇文章中，他描绘的
对象是上源新驿，并且认为驿制其来有自，即是前代的传遽。换言
之，"传遽"可代指驿。与元稹同时代的符载在《邓州刺史厅壁
记》中说，贞元二年（786），德宗任命尚书金部郎中王绶为邓州
刺史，"首年而富，中年而教，季年而政成，其籍版自四千户至于
万三千户，其藏屯粟自三千斛至数（一作四）万斛，其余饰传遽
之舍，作栖旅之馆，储什器之用，盖余力也"。⑥ 同理，这里的
"传遽之舍"就是驿舍。苟明于此，则元稹所说的"传遽"也就是
指驿而言，并不是传送马驴。传送马驴是运送人员物资的，与传递
书信初不相干，并非如孟彦弘先生所说的"此等书信（指李建给

---

① 　孟彦弘：《唐代的驿、传送与转运——以交通与运输之关系为中心》，载黄正
建主编《〈天圣令〉与唐宋制度研究》，第 167 页。
② 　《柳宗元集》卷二六《邠宁进奏院记》，第 713 页。
③ 　刘广生、赵梅庄编著：《中国古代邮驿史（修订版）》，人民邮电出版社 1999
年版，第 227 页。
④ 　黄正建：《唐代的"传"与"递"》，《中国史研究》1994 年第 4 期，第 78 页。
⑤ 　高适：《陈留郡上源新驿记》，载（清）董诰等编《全唐文》卷三五七，第
3629 页下。
⑥ 　符载：《邓州刺史厅壁记》，载（清）董诰等编《全唐文》卷六八九，第 7056 页。

柳宗元的信），恐不能用驿传递"。实际上，"此等书信"本身是可以用驿进行传递的。① 总之，州传遽并非指传送马驴而言，而是指驿马。因为驿马在身份上来讲，也是属于某某州的。结合《厩牧令》令文，驿马的身上需要印州名印、"驿"字印和"出"字印，而在传送马驴的身上则需印上州名印、"传"字印和"出"字印。② 可见在印记方面，驿马和传马的要求是一致的。尤其值得注意的是，二者身上都需要印州名印："诸驿马以'驿'字印印左膊，以州名印印项左；传送马、驴以州名印印右膊，以'传'字印印右髀。"③ 换言之，对于驿马、传马而言，除去自身的"驿""传"特征标记不一样以外，它们都是要属于某一个州的。

余　论

根据《天圣令·厩牧令》，与传制相关的传送制度和传送马驴是实际存在的。但是，它们并不是像驿那样的"组织实体"。④ 传送马驴平时饲养在传送马驴主的家里，承直时则饲养在州县机构的车坊（或马坊）里。从来没有出现和"某某驿"一样的"某某传"的说法。不仅如此，在法令中，传和传送马驴也没有成形的制度体系。⑤ 其实，在唐代法令建设上，不仅仅是传制，比它身份更为明显、法典规定更为详尽、线索更为清晰的驿制，也没有单独成令。⑥ 这种

---

① 参看吴淑玲《唐代驿传与唐诗发展之关系》，人民出版社 2015 年版，第 189—195 页。

② 《天圣令·厩牧令》唐 11 条、唐 13 条。

③ 《天圣令·厩牧令》唐 13 条。

④ 黄正建：《走进日常——唐代社会生活考论》，第 175 页。

⑤ 赵晶《〈天圣令〉与唐宋法制考论》第二章"唐宋条文演变"说："在唐代，除了驿是一种实体组织且有系统的制度规范以外，'传'和'递'在法律中皆无成形的制度体系。"（第 101 页）

⑥ 曹魏时期有《邮驿令》，请参看本书上篇第一章。《晋书》云："秦世旧有厩置、乘传、副车、食厨，汉初承秦不改，后以费广稍省，故后汉但设骑置而无车马，而律犹著其文，则为虚设，故除《厩律》，取其可用合科者，以为《邮驿令》。"（《晋书》卷三〇《刑法志》引《魏律序》，第 924—925 页）

情况与驿传在整个唐朝交通、运输、信息传递等方面所起到的巨大作用是不相匹配的。

驿传制度，涉及驿传的设置、人员的安排、给马的规定、对驿传使用的监督等方面。就传制而言，在《厩牧令》中，仅仅涉及传送马驴的饲养、承直，传送马驴的调习、死失、检查，传送马驴在送使途中的供给这些方面。其主题都是以传送马驴为中心。同样在《厩牧令》里，涉及驿制的令文，则有关于诸道置驿（唐32条），驿长、驿等（唐33条），驿丁（唐34条）等方面的规定。而这些规定，带有某种宏观性，并不完全是以驿马为主题的。

所以，在《厩牧令》中，仅仅呈现了传制中的传送马驴，没有出现传制中与人有关的设置、运作等方面的内容。这是在同一篇令文中，驿传之间的最大不同。

第二节　唐代驿丁、驿田制度

关于唐代驿制的研究，最早有坂本太郎先生的『上代驛制の研究』① 及陈沅远先生的《唐代驿制考》②，之后又出现了众多的研究成果。这些成果有的从宏观的角度研究了驿传制度的构造；③ 有的集中探讨了驿制及其职能的变化，以及驿马、传马的性质和关系；④ 有的则专门研究了西北地区的驿马，⑤ 或者驿丁、驿田、驿

① 坂本太郎『上代驛制の研究』至文堂、1928 年。

② 陈沅远：《唐代驿制考》，《史学年报》第 1 卷第 5 期，1933 年。

③ 荒川正晴「中央アジア地域における唐の交通運用について」『東洋史研究』第 52 卷第 2 号、1993 年。

④ 青山定雄『唐宋時代の交通と地誌地圖の研究』第一篇「唐宋時代の交通」第三「唐代の驛と郵及び進奏院」、51–126 頁。

⑤ 王冀青：《唐前期西北地区用于交通的驿马、传马和长行马——敦煌、吐鲁番发现的馆驿文书考察之二》，《敦煌学辑刊》1986 年第 2 期，第 56—65 页。

墙等问题;① 深化和扩大了我们对驿传制度的认识。但是，在有些具体问题上，仍留有可商榷之余地。比如，驿制中的驿丁、驿田制度就是一例。在本节中，笔者对这一问题再做申论。

众所周知，驿丁是在驿中服务的基层人员，此即《唐六典》所云：

> 每驿皆置驿长一人，量驿之闲要以定其马数……凡马三各（"各"原文误作"名"）给丁一人。②

驿丁负责驿马的饲养和管理。另外，驿中服务人员还有驿子。③ 关于二者的区别，学术界的认识并不统一。刘俊文先生认为："驿子即驿丁，指驿中夫役。"④ 王宏治先生则认为，驿子与驿丁并非一类人，驿子的职责是传送过往官员及其家属（驿子又称马子），而负责牧饲驿马（笔者按，即刘俊文先生所说的夫役）的则是驿丁。⑤ 笔者赞同王宏治先生的观点。另外，鲁才全先生的《唐代前期西州宁戎驿及其有关问题——吐鲁番所出馆驿文书研究之一》⑥

---

① 鲁才全：《唐代前期西州宁戎驿及其有关问题——吐鲁番所出馆驿文书研究之一》，载唐长孺主编《敦煌吐鲁番文书初探》，武汉大学出版社 1983 年版，第 364—380 页；鲁才全：《唐代前期西州的驿马驿田驿墙诸问题——吐鲁番所出馆驿文书研究之二》，载唐长孺主编《敦煌吐鲁番文书初探二编》，第 279—304 页。

② （唐）李林甫等：《唐六典》卷五《尚书兵部》，"驾部郎中员外郎"条，第 163 页。

③ 《唐律疏议》卷一〇《职制律》"增乘驿马"条"疏议"引《公式令》云："给驿：职事三品以上若王，四匹；四品及国公以上，三匹；五品及爵三品以上，二匹；散官、前官各递减职事官一匹，余官爵及无品人各一匹。皆数外别给驿子。此外须将典吏者，临时量给。"（第 210 页）

④ （唐）长孙无忌等：《唐律疏议笺解》卷一〇《职制律》，"增乘驿马"条"笺释"，第 823 页。

⑤ 王宏治：《关于唐初馆驿制度的几个问题》，载《敦煌吐鲁番文献研究论集》第二辑，第 298 页。

⑥ 鲁才全：《唐代前期西州宁戎驿及其有关问题——吐鲁番所出馆驿文书研究之一》，载唐长孺主编《敦煌吐鲁番文书初探》，第 364—380 页。

也详细研究了唐代馆驿中驿丁的配置等问题（其说详见下文）。关于驿丁的身份属性，张泽咸先生在《唐五代赋役史草》中认为，驿丁是色役的一种，并说："驿丁是地方性的徭役……唐、五代之世，驿丁是广泛来自民间征发。"① 日野开三郎先生亦认为驿丁是色役的一种，充此任者，可以免除租庸调。② 以上结论均有很大的学术价值。本节结合《天圣令·厩牧令》的相关内容，对唐代驿丁问题再做考察，以期从另一角度了解唐代驿丁及整个驿制问题。

一　《天圣令·厩牧令》唐 34 条与驿丁的征派

《天圣令·厩牧令》的唐 33、34 两条均涉及了"驿丁"的问题，其中唐 34 条是专门针对驿丁的规定，令文主体不见于传世史料，故其学术价值不言而喻。该条令文云（序号为笔者所加）：

> ①诸驿马三匹、驴五头，各给丁一人。②若有余剩，不合得全丁者，计日分数准折给。③马、驴虽少，每驿番别仍给一丁。④其丁，仰管驿州每年七月三十日以前，豫勘来年须丁数，申驾部勘同，关度支，量远近支配。仰出丁州，丁别准式收资，仍据外配庸调处，依《格》收脚价纳州库，令驿家自往请受。若于当州便配丁者，亦仰州司准丁一年所输租调及配脚直，收付驿家，其丁课役并免。驿家愿役丁者，即于当州取。如不足，比州取配，仍分为四番上下（下条准此）。其粟草，准系饲马、驴给。③

首先，笔者采取庖丁解牛的方法，对本条令文中所包含的内容逐一

---

① 张泽咸：《唐五代赋役史草》，中华书局 1986 年版，第 347—348 页。
② 参看卢向前《唐代政治经济史综论——甘露之变研究及其他》，第 185 页。
③ 《天圣令校证》下册，第 403 页。

做解读。①

①这一段令文，规定了每驿中配置驿丁的标准及数量：丁一人可负责三匹马或五头驴。② 而根据《天圣令·厩牧令》宋 1 条复原的唐《厩牧令》第 1 条云：

> 诸系饲，象一头给丁二人，细马一匹、中马二匹、驽马三匹、驼牛骡各四头、驴及纯犊各六头、羊二十口各给丁一人（纯，谓色不杂者。若饲黄禾及青草，各准运处远近，临时加给）。乳驹、乳犊十给丁一人牧饲。③

将系饲中的养马制度与驿马饲养相比较，可知驿马不再有细、中、驽之分，全都按马和人三比一的比例来分配。换言之，驿中之马的待遇只相当于系饲中的驽马。

②在唐 34 条中，属于权宜性的规定。按，对于驿站中驿马的设置，《天圣令·厩牧令》唐 33 条云：

> 诸驿各置长一人，并量闲要置马。其都亭驿置马七十五匹，自外第一道马六十匹，第二道马四十五匹，第三道马三十匹，第四道马十八匹，第五道马十二匹，第六道马八匹，并官给。使稀之处，所司仍量置马，不必须足（其乘具，各准所置马数备半）。定数下知……

按照这样的规定，唐代每类驿站的马匹数量即表 5-1 所示。

---

① 为方便叙述，已在需要阐释的段落前面加了序号。以下即按照顺序进行解读。
② 《唐六典》卷五《尚书兵部》"驾部郎中员外郎"条云："凡马三名给丁一人。"（第 163 页）据《天圣令》可知，"名"为"各"之误。
③ 这是笔者复原的令文，参看本书上篇第三章附录。

表 5 – 1　驿等马数

单位：匹

驿等	马数
都亭驿	75
第一道驿	60
第二道驿	45
第三道驿	30
第四道驿	18
第五道驿	12
第六道驿	8

表 5 – 1 中的前六种驿，根据马三人一的配置比例，其配备的驿丁人数应分别是二十五、二十、十五、十、六、四人。而第六道驿有马八匹，配两人则剩余两匹马，配三人则不符一人三马之比例。在这种情况下，就必须参照第②部分的权宜规定了，即 "不合得全丁"，要 "计日分数准折给"（意为 "以天数为计算基准折合给役丁"①）。易言之，对于剩下的这两匹马，就依据驿丁服役的期限及其轮番的情况（详下）配给相应的人数。

　　总的来说，大致情况是全驿八匹马，也应配给三名驿丁。其他驿站中如有超过定额的马，其驿丁数量可照此想其仿佛。

　　③这部分令文涉及每驿中的驿丁轮番服役的情况。所谓 "番别仍给一丁"，即是说，每当一批驿丁当值时，即便马驴的数量较少，也要至少配置一人充当驿丁，不可缺少。

　　苟明于此，我们再来分析本令文剩余的部分。

　　④这部分令文是驿丁制的核心，规定了征派驿丁过程中所涉及的问题。从令文可知，"支配" 驿丁时，有两种情况：一是跨州

---

① 中国社会科学院历史研究所《天圣令》读书班：《〈天圣令·厩牧令〉译注稿》，载徐世虹主编《中国古代法律文献研究》第八辑，社会科学文献出版社 2014 年版，第 333 页。

"支配"，二是本州"便配"。

先看第一种情况。首先由驿所在的州于每年七月三十日前，预算出来年所需的驿丁数，然后申奏兵部的驾部司，驾部司再知会户部度支司，由度支司根据离驻驿州的远近进行分配。根据前面所引张泽咸和日野开三郎先生的研究，驿丁是一种色役，是轮番征发的。在唐代，往往跨州征派驿丁，即让某甲州的人前往某乙州充当驿丁。王宏治先生早在《天圣令》发现之前，就依据吐鲁番文书的记载，得出了这样的结论："驿丁不同于州县官白直的地方是，驿丁常须逾境供役。"① 他的依据是《吐鲁番出土文书》第四册文书73TAM517：05/3（a）《唐开耀二年狼泉驿长竹□行牒为驿丁欠阙事》：

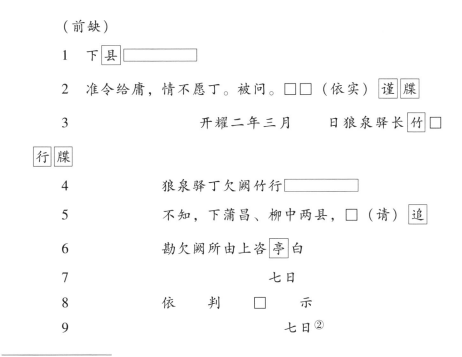

（前缺）

1　下 县

2　准令给庸，情不愿丁。被问。□□（依实）谨 牒

3　　　　　　　开耀二年三月　 日狼泉驿长 竹□

行 牒

4　　　　　狼泉驿丁欠阙竹行

5　　　　　不知，下蒲昌、柳中两县，□（请）追

6　　　　勘欠阙所由上咨 亭 白

7　　　　　　　　七日

8　　依　判　　□　示

9　　　　　　　七日②

---

① 王宏治：《关于唐初馆驿制度的几个问题》，载《敦煌吐鲁番文献研究论集》第三辑，第302页。

② 国家文物局古文献研究室、新疆维吾尔自治区博物馆、武汉大学历史系编：《吐鲁番出土文书》第四册《阿斯塔那五一七号文书》，文物出版社1983年版，"补遗"，第43页。

王宏治先生认为:"达匦驿不在柳中县,为驿丁差行事却要向柳中县下符〔引者按,指 73TAM 517:05/4(a)《唐下西州柳中县达匦驿驿丁差行事》文书①所记之事〕,即使达匦驿在蒲昌县,柳中县驿丁也要逾县界到蒲昌县上番。狼泉驿在伊州伊吾县界,却向西州蒲昌、柳中两县追勘驿丁欠阙,由此可知,驿丁供役不仅要逾县界,还要跨越州界。"这种情况属于"当州捉管,而由邻州提供人力和物力",成为一种通制。② 王先生的眼力可谓深邃。

除此之外,这段令文又给了我们新的启示。中国社会科学院历史研究所"《天圣令》读书班"将"仰出丁州,丁别准式收资,仍据外配庸调处,依《格》收脚价纳州库,令驿家自往请受"一句翻译为:"由提供役丁的〔外〕州,〔向〕每个役丁按照《式》〔的规定〕收取资课,仍按照向外配送庸调〔一样〕对待,依据《格》〔的规定〕收取运费,缴纳到州库,让驿家自己前往申请领受。"③ 可见在本令的规定中,驿丁的服役形式与上面文书中所展示的并不一样,已经完全转化为纳资代役。令文中的"出丁州",也就是要提供人役的某甲州;"收脚价纳州库"中的州,即驿所在的某乙州,即"管驿州"。换言之,在《天圣令》所载唐令颁布的时期,跨州征派驿丁的征派形式,已经完全变为纳资代役。赵晶先生认为:"法律条文是制度变革成果的载体,制度变革期的终点便是新法条出现的时刻。"④ 易言之,在任何法令出现以前,它所承载或体现的制度已经确定了,令文只是制度的表现形式而已。那么可以这样说,"出丁州"向"管驿州"只提供驿丁所缴纳的资课,

---

① 《吐鲁番出土文书》第四册《阿斯塔那五一七号文书》,"补遗",第 45 页。

② 如《沙州图经》云:"新井驿、广显驿、乌山驿(已上驿,瓜州捉)。右州在州东北二百廿七里二百步,瓜州常乐界。同前奉敕置,遣沙州百姓越界供奉。"瓜州之驿,由沙州百姓供奉。载唐耕耦、陆宏基主编《敦煌社会经济文献真迹释录》第一辑,书目文献出版社 1986 年版,第 2 页。

③ 中国社会科学院历史研究所《天圣令》读书班:《〈天圣令·厩牧令〉译注稿》,载徐世虹主编《中国古代法律文献研究》第八辑,第 333 页。

④ 赵晶:《代结语:法史呓语》,《〈天圣令〉与唐宋法制考论》,第 206 页。

在本条令文确定之前就已成定制。

所以，可以得出这样的结论：虽然在开耀年间，"驿丁、白直、典狱均属色役范畴"，① 而唐代色役本来是可以纳资课代替的，当时的安西都护府却并不同意纳资，坚持要向欠番或违番不到的驿丁追役，但到后来，纳资代役成了常态，并被直接写到令文中。同时，以前的令文中，是明确规定可以收取驿丁庸资的，即文书中所谓"准令给庸"，但在《天圣令·厩牧令》所附的唐令中又重新规定"准式收资"。即令文在这一问题上不再明确规定实行办法，而是让按《式》文实行。可见，"式"的内容越来越详细，而"令"则变为原则性的指示。这也为重新探讨唐代的律令格式体系提供了一个新的思路。②

再看第二种"当州便配"的情况。相对于前面而言，这一种可以称为特殊情况。第一，"若于当州便配丁者"的表述说明，当州配丁是特例或者权宜办法。第二，从出土文献记载的实例看，凡征派驿丁都是跨州征派，基本没有当州征派的情况，也可以说明当州配丁不是通行的。但即便是这种非常的征派办法，也体现出前面驿丁纳资代役的特点。

根据令文中"若于当州便配丁者，亦仰州司准丁一年所输租调及配脚直，收付驿家，其丁课役并免。驿家愿役丁者，即于当州取。如不足，比州取配，仍分为四番上下（下条准此）"的规定可知，被征驿丁所缴的资课并不是草料而是租调，即如果在本州内征派驿丁，其情形与跨州征派驿丁相同，也要由驿丁缴纳一年的租调及路费，"收付驿家"。然后，这些驿丁可以免除一年的课役，即免除一年充当驿丁的"色役"。如果驿家不愿意收租调，而宁愿使

---

① 王宏治：《关于唐初馆驿制度的几个问题》，载《敦煌吐鲁番文献研究论集》第三辑，第307页。

② 对《天圣令》中"式"的关注，参见黄正建主编《〈天圣令〉与唐宋制度研究》，第35—39页。

用驿丁的话，则按照正常的途径进行征派，先尽当州，不足则邻州取。① 可见，不让驿丁纳资代役反而变成了特例。这也证明了笔者上面的观点。

又，由本条令文可知，凡驿丁服役，"仍分为四番上下"，那么，对于每个驿丁而言，每年应该服役的时间约为九十天。② 而这种服役方式，是与白直、执衣的分番形式有很大差别的。③

综上，《天圣令·厩牧令》唐 34 条中有关驿丁征派的规定，为我们重新审视驿丁制度提供了一个新的视角，即唐代在征派驿丁时，逐渐由人身征发变为纳资代役，并且后者最终成为正式的征派形式。这说明，在驿制范围内，劳动者对国家的人身依附关系是逐渐松弛的。

二 驿丁的职责及驿田问题

《唐六典》只是泛泛而言，每三匹驿马配给驿丁一人。毋庸置疑，驿丁肯定是要负责驿马的饲养任务的，但除此之外，是否还有其他什么职责？张泽咸先生指出："驿田种植饲草，大概也由驿丁

① 对于驿家，滨口重国《唐代杂徭的义务年限》认为："唐初，选择州里的富强之家使掌驿站之事，称之为驿将，而后来不久，则任命驿长掌管一驿之事。并且根据驿家之制，每家出丁男一人当驿子，从事驴马的牵夫或驿船的夫役。"转引自〔日〕大庭修《吐鲁番出土的北馆文书——中国驿传制度史上的一份资料》，载《敦煌学译文集——敦煌吐鲁番出土社会经济文书研究》，第 794 页。根据前引《天圣令》令文中的"驿家自往请受"一句可知，"驿家"其实就是主驿之家，对驿站负有全责，故能决定驿丁的征派形式。其实他就是驿将、驿长，并不存在滨口重国所做的区分。其实，日本古代的驿家制与唐代的驿家是不一样的，关于日本驿家，请参看岸本道昭、高桥美久二、永田英明等先生的研究，见奈良文化财研究所编『駅家と在地社会』、2004 年12 月。

② 王宏治依据吐鲁番文书 67 TAM 376：01（b）《唐开耀二年宁戎驿长康才艺请追处分欠番驿丁牒》中的"准计人别三番合上"，认为唐代的驿丁特点之一是"每年服役三番"。鲁才全在《唐代前期西州宁戎驿及其有关问题——吐鲁番所出馆驿文书研究之一》中亦认为驿丁是每人三番服役。《天圣令》可以改变我们对这一问题的看法。

③ 《新唐书》卷五五《食货志五》："白直、执衣以下分三番，周岁而代，供役不逾境。"（第 1398 页）

承担。"① 笔者在此对这一问题进行一点辨析，一是弄清驿田中种植什么作物，二是辨析驿田的种植是否由驿丁承担。

对于驿田中的农作物问题，史料中并没有给出具体的说法。《册府元龟》云："诸驿封田，皆随近给，每马一匹，给地四十亩。若驿侧有收（牧）田处，匹别各减五亩。其传递马，每匹给田二十亩。"② 此即《天圣令·田令》唐 35 条所云："诸驿封田，皆随近给，每马一匹给地四十亩，驴一头给地二十亩。若驿侧有牧田处，匹别各减五亩。其传送马，每一匹给田二十亩。"③ 都只是涉及驿田的配置，而没有说明驿田的种植情况。

笔者认为，在这个问题上，元稹的《同州奏均田状》值得重视。其中云：

> 其诸色职田，每亩约税粟三斗，草三束，脚钱一百二十文……其公廨田、官田、驿田等，所税轻重，约与职田相似，亦是抑配百姓租佃。疲人患苦，无过于斯。④

这段话对于探讨唐代驿田的出产作物、耕种形式有重要的参考价值。

首先，从元稹文中得知，向驿田征的税中，既有粟，也有草，还有脚钱等。

鲁才全先生在《唐代前期西州的驿马驿田驿墙诸问题——吐鲁番所出馆驿文书研究之二》一文中，通过研究大谷 2914 号等文书，研究了西州地区的驿田，认为驿田除种植牧草以外，"至少应有相当部分是被用来种植麦、粟等粮食作物的"。⑤ 笔者赞同这一

---

① 张泽咸：《唐五代赋役史草》，第 348 页。
② （宋）王钦若等编纂：《册府元龟》卷四九五《邦计部·田制》，第 5622 页。
③ 《天圣令校证》下册，第 388 页。
④ 《元稹集》卷三八《同州奏均田状》，第 436 页。
⑤ 鲁才全：《唐代前期西州的驿马驿田驿墙诸问题——吐鲁番所出馆驿文书研究之二》，载唐长孺主编《敦煌吐鲁番文书初探二编》，第 296 页。

观点。另外，还可以从驿马饲养的角度来探讨这个问题。在文献中，驿马的草料还包括"稿"，即干草。《天圣令·厩牧令》唐 34 条云："诸驿马三匹、驴五头，各给丁一人……其粟草，准系饲马、驴给。"① 而笔者在前人研究基础上复原的唐《厩牧令》第 2 条云："诸系饲，给干者，象一头，日给稿六围；马一匹、驼一头、牛一头，各日给稿一围……青草倍之。"② 由此可知，驿马驴与系饲马驴的饲喂标准是一样的。在喂马时，如果给稿的话，每马每日一围，如果给的是青草，则是两围。③ 另外，马匹还要吃粮食，以闲厩中的马匹为例："诸系饲，给稻、粟、豆、盐者……马一匹，日给粟一斗、盐六勺……象、马、骡、牛、驼饲青草日，粟、豆各减半，盐则恒给。饲黄禾及青草者，粟、豆全断。若无青可饲，粟、豆依旧给。"由此可知，在喂饲"黄禾及青草"的时候，不用加粟、豆，但在无青草的时候，依然是要加粟、豆的。驿马的饲养标准亦可据此想其仿佛。那么，驿马在平时的饲养中，不可能只喂粟粮或只喂青草。所以驿田应该同时出产驿草和粟粮。

但是，驿田产粮、产草的数量和比重，值得继续研究。李锦绣先生在《唐代财政史稿》中，也深入研究了唐代的驿田。她一方面认为，唐代的驿马大约有 4 万匹，"驿马若日食草 1 束，4 万匹驿马共食草 1440 万束，11673 顷驿田应付这些驿草也不困难"。另一方面又说，"驿田总数达 11673 顷，若亩粟 1 石，则驿田收入 117 万石，驿田收入不但使日食斗粟或五升的驿马食料充足，而且也能有余额供驿子、驿丁"，而"4 万匹驿马共需驿丁约 1.34 万。

① 《天圣令校证》下册，第 403 页。
② 参看本书上篇第三章"附：唐《厩牧令》复原本（修订本）"。
③ 按，一围即直径三尺的一捆草。刘进宝研究了唐五代税草的计量单位，认为一围等于十束，一束等于十分，一束周长约为三尺。但围有大小两种概念，"大概念的围即一围等于十束的'围'，小概念的围与束相同，即一围等于一束"。参看刘进宝《唐五代"税草"所用计量单位考释》，《中国史研究》2003 年第 1 期，第 80 页，后收入刘进宝《唐宋之际归义军经济史研究》，第 154 页。

驿马以年食粟 18 石计，驿丁以年食粟 12 石计……则驿田收入与驿
马、驿丁需粟粮可以持平。这表明驿马、驿丁的需粮主要由驿封田
收入供给"。① 也就是说，"驿封田提供的是驿站马料与饲养放牧驿
马的驿丁及随马出使的驿子的食粮"。② 根据李先生给出的驿田数
和 4 万匹驿马所食用的 1440 万束驿草计算，每亩驿田至少要产出
12 束草。但如果与此同时每亩还要出产 1 石的粟，这恐怕就很难
办到了。③ 这是由当时的地力和生产力水平所决定的。所以，李先
生的计算应该打一点折扣。

其次，从元稹的奏状可以得知，唐后期至少是宪宗时期驿田是
由百姓租佃的。④ 唐前期的情况是否如此，不得而知，但驿田并不
都是由驿丁负责种植却是肯定的。其实，从情理上讲，驿田也不可
能由驿丁种植。按，第六道驿中有八匹马，配三名驿丁、三百二十
亩驿田⑤，试问，三个人如何能负责那么多土地的种植和管理？即
便都亭驿中配二十五名驿丁，与之相称的驿田有三千亩，亦无力承
担这样的任务。又，驿丁是轮番上役的，农忙时节上役的驿丁，要
比其他时节上役的人劳累很多，有失公平，于情理不合。故笔者推
测，所谓驿田"抑配百姓租佃"是适应于整个唐代的。

又，大谷 2914 号文书中记载：

1 尚贤乡

2 和静敏　一段二亩（常田）　城东二里七顷渠　东渠
西翟大素　南驿田　北渠

---

① 李锦绣：《唐代财政史稿》第三册，第 163—164 页。

② 李锦绣：《唐代财政史稿》第二册，第 254 页。

③ 徐畅结合胡戟、李伯重等学者的研究成果，认为元和时期的亩产量约为 1.45
石。参看徐畅《唐代京畿乡村小农家庭经济生活考索》，《中华文史论丛》2016 年第 1
期，第 89—90 页。按照这样的估算，李锦绣先生实际上低估了唐代亩产粮食的水平。
正是因为如此，一亩土地在生产粟粮之外，再生产大量的驿草，恐怕不太可能。

④ 参看本章前节内容。

⑤ 根据前引《册府元龟》的记载："每马一匹，给地四十亩。"

3 一段三亩（部田）　城北二十里新兴屯亭　东荒　西渠　南张守悦　北□

该件文书是一件退田文书。[①] 这里面的驿田，地理位置是在一块农田的南边。类似的情况也出现在其他有关文书之中。这说明，分配驿田虽然遵循"皆随近给"[②]的原则，但在实际情况中，驿田并不是整块配给，而是根据地形、耕地分布等因素随机划拨的。它们与农田犬牙交错，也说明了这些田的耕作都是由附近百姓承担的。

总之，在唐代驿马所配给的田地中，主要出产的是粟草；驿田由周围的百姓耕种，所以，驿丁是不承担粟草的种植的。正如王宏治先生指出的那样："馆驿经营上的一切开支，名义上都是由国家供给，实际上通过不同的形式转嫁到驿道附近的百姓身上，尤其是到了唐后期，馆驿成为驿边居民的沉重负担。"[③]

余　论

综上所述，笔者主要在前人研究成果的基础上，通过《天圣令》中的新材料，重新探讨了唐代驿丁制度的若干问题，认为驿丁制在征派形式和管理方面都有着与其他色役形式不同之处，比如"逾境供役""分为四番上下"等。同时，在整个唐代，驿丁的征派在《天圣令》颁布的时代已经完全转变成"纳资代役"。而这一变化，是在历史发展的过程中逐渐出现的。所以，必须用动态的眼光来看待。

除此之外，笔者立足于驿丁制度及其在《天圣令》中的记载，对《天圣令》的令文本身也进行了一定的反思。前人通过对一些吐鲁番文书的记载进行研究，指出："从开耀二年（682）出现驿

---

①　鲁才全：《唐代前期西州的驿马驿田驿墙诸问题——吐鲁番所出馆驿文书研究之二》，载唐长孺主编《敦煌吐鲁番文书初探二编》，第288—289页。
②　（唐）杜佑：《通典》卷二《食货二·田制下》，第31页。
③　王宏治：《关于唐初馆驿制度的几个问题》，载《敦煌吐鲁番文献研究论集》第三辑，第328页。

丁'给庸'代役，到广德二年（764）前驿丁已正式成为'诸色纳资人'，这个变化与唐代赋役制度的变化是一致的。"① 笔者前面辨析了《天圣令·厩牧令》唐34条中有关驿丁征派的问题，认为在本条令文颁布之前，"出丁州"向"管驿州"只提供驿丁所缴纳的资课已经成为常态。换言之，本条令文成文的年代，很有可能在广德二年前后。

那么，这种探讨也可能对我们探讨整个《天圣令》所附唐令的成文年代问题有所帮助。有学者指出，唐令有"较强的延续性和文字的相对保守性"，②"唐令的修订，呈现出一定的滞后性，往往不能反映当时制度的变化。'令以设范立制'，具有超强稳定性，应是令的主要特点……正因为历次修令的因循性，国家法律改革中，修令逐渐变得不甚重要"，③"唐令自开元二十五年（737）修成之后，就没有再进行过全面修订。唐中期以降，国家制度发生了许多重要变化，这些变化因唐令的停修而无法反映到令文中"。④但是，在一些具体的制度上，唐令还是明显出现了一些整体或者局部的修订，并且这种修订，与社会上施行的制度保持了高度一致。比如前揭文书提到在驿丁征派时"准令给庸"，但在《天圣令·厩牧令》所附的本条唐令中又重新规定"准式收资"。可见唐令在与其他法律形式的功能进行整合的同时，也逐步加强和完善了自身的规定。这种令文的变化即便是局部的，也给我们探讨整个《天圣令》所附唐令的年代问题开启了新的思路。所以，已有一些学者认为，《天圣令》所附唐令不是开元令，而是开元以后

---

① 王宏治：《关于唐初馆驿制度的几个问题》，载《敦煌吐鲁番文献研究论集》第三辑，第 327 页。

② 黄正建主编：《〈天圣令〉与唐宋制度研究》，第 52 页。

③ 李锦绣：《唐开元二十五年〈仓库令〉研究》，载黄正建主编《〈天圣令〉与唐宋制度研究》，第 224 页。

④ 戴建国：《现存〈大圣令〉文本来源考》，载包伟民、刘后滨主编《唐宋历史评论》第六辑，第 65 页。

甚至是唐后期的令。① 就《天圣令·厩牧令》唐 34 条而言，它反映的不是开元时期的制度，更有可能的是开元以后的制度，换言之，它可以为《天圣令》所附唐令是开元以后令的观点提供佐证。

第三节　唐代水驿相关问题

成书于唐玄宗开元年间的《唐六典》云：

> 凡三十里一驿，天下凡一千六百三十有九所（二百六十所水驿，一千二百九十七所陆驿，八十六所水陆相兼。若地势险阻及须依水草，不必三十里）。②

可见唐玄宗时期驿站的规模比较庞大。当时的一千多所驿站，是保证盛唐时期政令畅达、出使有效的重要条件。

对于唐代的驿，学术界的着眼点大都是陆驿，对驿的另一种类型——水驿的论述则稍显不足。原因之一是关于水驿的传世史料比较少，之二是唐朝本身在制度层面对水驿的规定远不及陆驿丰富。在明钞本北宋《天圣令·厩牧令》中，有一条令文是关于宋代水驿的规定，这给我们重新考察唐宋之间的水驿制度及其变迁提供了依据。本节在论述唐代水驿概况的基础上，对唐宋之间有关水驿的法令规定亦试做分析。

一　唐代水驿述略

根据《唐六典》可知，盛唐时期的水驿并不多，仅是陆驿数

---

① 参看黄正建主编《〈天圣令〉与唐宋制度研究》，第 49 页；卢向前、熊伟《〈天圣令〉所附〈唐令〉为建中令辨》，载《国学研究》第二十二卷，第 1—28 页。

② （唐）李林甫等：《唐六典》卷五《尚书兵部》，"驾部郎中员外郎"条，第 163 页。

量的五分之一。这主要是由自然环境的因素决定的。

王勃的《秋江送别》诗体现了陆路交通与水路交通的区别："归舟归骑俨成行，江南江北互相望。谁谓波澜才一水，已觉山川是两乡。"① 在水乡泽国之地，以马匹为工具的陆路交通不便施展，但行船是方便的，所以，那些地区的驿站交通就完全靠水道来实现。陈沅远先生《唐代驿制考》第一章"驿之组织"第五节"驿船"说："唐继隋而定天下，坐享运河之利。北自涿郡，南达杭州，运道大通。更益以扬子江黄河之汇通东西，水上交通，极称便利。故水驿之建置颇急。"② 意即运河、黄河、长江等大型水源是唐代水驿发达的基础。③ 可见，唐代的水驿亦有建在运河之上的。但水驿并不等同于凭借大江大河的漕运，水驿设置之地要以文献中出现的具体位置来定，而不能笼统地说设在大型河道旁边。然而，可供交通的水道毕竟是区域性的，故水驿不能像陆驿那样如一张网覆盖着全国。

按，《通典》云："三十里置一驿，其非通途大路则曰馆。"④ 所以馆也是驿的一种形式。查阅史籍，唐代有名的水驿有以下几所：寿安水馆⑤、濠州水馆⑥、淮阴水馆⑦、扬州水馆⑧、

---

① 王勃：《秋江送别二首》，载（清）彭定求等编《全唐诗》卷五六，中华书局1960年版，第684页。

② 陈沅远：《唐代驿制考》，《史学年报》第1卷第5期，1933年，第70页。

③ 《江南通志》卷一三《舆地志·山川三》"常州府"条云："运河在府南，自望亭入无锡界，流经郡治，西北抵奔牛镇，达于孟河，行百七十余里，吴夫差所凿。隋大业中，自京口穿河至余杭，拟通龙舟，此其故道也。自唐武德后，累浚为江南之水驿云。"（《景印文渊阁四库全书》第507册，台北：台湾商务印书馆1983年版，第441页）

④ （唐）杜佑：《通典》卷三三《职官十五》，"乡官"条，第924页。

⑤ 薛能：《寿安水馆》，载（清）彭定求等编《全唐诗》卷五六一，第6514页。

⑥ 张祜：《濠州水馆》，载（清）彭定求等编《全唐诗》卷五一〇，第5817页。濠州治今安徽省凤阳东，境内有濠水。

⑦ 张祜：《宿淮阴水馆》，载（清）彭定求等编《全唐诗》卷五一〇，第5822页。

⑧ 李绅：《宿扬州水馆》，载（清）彭定求等编《全唐诗》卷四八二，第5488页。

夷陵水馆①、溢浦沙头水馆②、婺州水馆③等。这些水驿均分布在今安徽、湖北、江苏、江西、浙江境内的江河上，体现出水驿依水而建的特点。④

总之，水驿大都分布于江南地区，是适应当地环境的产物。

二 水驿的设置和运转

陈沅远先生在《唐代驿制考》中，列出了一张唐代水驿置船的表。他的依据是《唐六典》卷七《尚书工部》"水部郎中员外郎"条中关于津渡置船的规定，笔者以为这是不对的。按，《唐六典》该条云：

> 其大津无梁，皆给船人，量其大小难易，以定其差等（白马津船四艘，龙门、会宁、合河等关船并三艘，渡子皆以当处镇防人充；渭津关船二艘，渡子取永丰仓防人充；渭水冯渡船四艘，泾水合泾渡、韩渡、刘棺坂渡、睦城坂渡、覆篱渡船各一艘，济州津、平阴津、风陵津、兴德津船各两艘，洛水渡口船三艘，渡子皆取侧近残疾、中男解水者充。会宁船别五人，兴德船别四人，自余船别三人。蕲州江津渡、荆州洪亭松滋渡、江州马颊檀头渡船各一艘，船别六人；越州、杭州浙江渡、洪州城下渡、九江渡船各三艘，船别四人，渡子并须近江

---

① 李涉：《秋夜题夷陵水馆》，载（清）彭定求等编《全唐诗》卷四七七，第5434页。

② 参见《白居易集》卷一七《八月十五日夜溢亭望月》，顾学颉点校，中华书局1979年版，第366页。溢浦今名龙开河，在今江西省境内。

③ 韦庄：《婺州水馆重阳日作》，载（清）彭定求等编《全唐诗》卷六九八，第8036页。婺州治今浙江省金华，境内有金华江。

④ 唐代史料中还有一些带水字的驿名，如横水驿、戏水驿、甘水驿、敷水驿、滋水驿、盘豆驿水馆等，但它们只是因河流而得名，并不是真正的水驿。李德辉认为："大致说来，如果一座馆驿既临江傍河又有交通线路相通，那它就可能是水驿或水陆相兼，否则不能认定为水驿……有些带水字的驿，因在水路上，通水运，故为水驿。"李德辉：《唐宋馆驿与文学》，第153页。

白丁便水者充，分为五番，年别一替）。①

由此可知，津渡处是给船的，但这种给船的方式，与水驿给船有较大区别：第一，这些给船的地方是"大津无梁"处，即给船是为了渡河之用，并非为了水路交通；第二，渡子的身份有镇防人，永丰仓防人，残疾、中男解水者，近江白丁便水者等多种，而水驿则给船丁，二者身份有别。② 故其中所说置船数及人数的规定，并不是针对水驿而言的。

《唐六典》又云："凡水驿亦量事闲要以置船，事繁者每驿四只，闲者三只，更闲者二只……船一给丁三人。"③ 这里规定了水驿设置的船只和船丁的数量。盖水驿分为三等，其划分依据是驿中事务的繁剧程度。《天圣令·厩牧令》宋 11 条云："诸水路州县，应合递送而递马不行者，并随事闲繁，量给人船。"④ 依据此条复原的唐《厩牧令》第 37 条云：

> 诸水驿不配马处，并量事闲繁置船。事繁者每驿置船四只，闲者置船三只，更闲者置船二只。每船一只给丁三人。驿长准陆驿置。⑤

据此可知，水驿置船是有条件的——"水驿不配马处"。相反，如在"诸水驿配马处"，就不需要"量事闲繁置船"。水驿而要配马，

---

① （唐）李林甫等：《唐六典》卷七《尚书工部》，"水部郎中员外郎"条，第226—227 页。

② 关于船丁的身份，笔者拟另文探讨。目前学术界仅对陆驿中的驿丁进行了研究，认为驿丁是"驿中夫役"（刘俊文）、"地方性的徭役……广泛来自民间征发"（张泽咸）、"色役的一种"（日野开三郎），参看本书下篇第五章第二节。

③ （唐）李林甫等：《唐六典》卷五《尚书兵部》，"驾部郎中员外郎"条，第163 页。

④ 《天圣令校证》下册，第 399 页。

⑤ 宋家钰：《唐开元厩牧令的复原研究》，载《天圣令校证》下册，第 511 页。

是何缘故？这估计是针对那八十六所水陆相兼的驿站而言的。实际上，真正的水驿数量是很少的，水陆相兼的驿还比较普遍。① 水陆相兼的驿站不仅需要船只，还需要一定数量的马匹，以供陆路上的往来。这种情况可以从史料中获得一点信息。如《唐会要》云：

> 开元二十八年六月一日敕曰："先置陆驿，以通使命，苟无阙事，雅适其宜。如闻江淮、河南，兼有水驿，损人费马，甚觉劳烦。且使臣受命，贵赴程期，岂有求安，故为劳扰。其应置水驿，宜并停。"②

这是针对江淮、河南地区除陆驿外兼有水驿的情况而做的改革。因为在这些地方，本来已有陆驿，却同时存在水驿，劳民伤财，故予以取缔水驿。所可注意者，水驿的交通工具本来应是船只，但玄宗的诏敕中却说水驿"损人费马，甚觉劳烦"，可见水驿中也必然是养有马匹的，不单单使用船只。同时，这条诏令也披露出，在水驿运行的过程中，水驿中马匹的劳动强度不会亚于陆驿。既然使用马匹，就必有陆路交通，那么玄宗诏敕中的"水驿"其实就是一个笼统的说法，可能包括水陆相兼之驿在内，不独指纯粹的水驿。

李商隐《雨中长乐水馆送赵十五滂不及》诗云："碧云东去雨云西，苑路高高驿路低。秋水绿芜终尽分，夫君太骋锦障泥。"③诗中水馆应是处于较偏僻地区的水驿。长乐水馆旁边还有驿路，那么此水馆可能就是水陆相兼的水驿。《唐两京城坊考》云："〔外郭

---

① 陈鸿彝《中国交通史话》第六章"隋唐交通的大发展"第三节"唐代的贡路与漕运"说："水路运输比陆路成本低，这是北魏人早就十分清楚的，但水路也很艰危，除人为的因素外，急风狂浪，往往造成重大损失。这大概就是有水运的地方也不废陆运的缘故吧。"（中华书局1992年版，第156页）

② （宋）王溥：《唐会要》卷六一《御史台中·馆驿》，第1248页。

③ 《雨中长乐水馆送赵十五滂不及》，载《李商隐诗歌集解·未编年诗》，刘学锴、余恕诚集解，中华书局2004年版，第2129页。

城〕东面三门：北曰通化门，门东七里长乐坡，上有长乐驿，下临浐水。"① 可证。又如，杜荀鹤《秋宿临江驿》诗云："渔舟火影寒归浦，驿路铃声夜过山。"② 临江驿旁既有小舟，又有驿路，与长乐水馆相仿。故而对于水陆相兼的驿站而言，既要设置船只，又要饲养驿马，这应就是白居易所说的"驿舫妆青雀，官槽秣紫骝"③ 的繁华场面。

但标准的水驿都是要配给船只的，《新唐书》言简意赅地总结道："水驿有舟。"④ 此即《厩牧令》所说，"量事闲繁置船。事繁者每驿置船四只，闲者置船三只，更闲者置船二只"。这种按照事务闲剧来置船的做法，类似于陆驿按照驿的等级分配马匹的做法。但船只的数量无法与陆驿中的马匹相提并论。⑤

杜甫《宿青草湖》诗云："洞庭犹在目，青草续为名。宿桨依农事，邮签报水程……"⑥ 可知水驿的运转也必须按照一定的行程，这一点和陆驿的"乘传日四驿，乘驿日六驿"⑦ 的行程规定基本相似。并且，乘水驿还要有邮签，这和陆驿的驿符、纸券⑧也相仿。驿船的运行情况，还可以参看一些唐人的诗文：

---

① （清）徐松：《唐两京城坊考》卷二《西京·外郭城》，中华书局 1985 年版，第 33 页。

② 杜荀鹤：《秋宿临江驿》，载（清）彭定求等编《全唐诗》卷六九二，第 7951 页。

③ 《白居易集》卷二七《想东游五十韵》，第 608 页。

④ 《新唐书》卷四六《百官志一》，"尚书兵部驾部郎中员外郎"条，第 1198 页。

⑤ 唐《厩牧令》复原 30 条云："其都亭驿置马七十五匹，自外第一道马六十匹，第二道马四十五匹，第三道马三十匹，第四道马十八匹，第五道马十二匹，第六道马八匹。"

⑥ 《杜诗详注》卷二二《宿青草湖》，（清）仇兆鳌注，中华书局 1979 年版，第 1953 页。

⑦ 《资治通鉴》卷二〇四，"武后垂拱二年（686）三月"条胡三省注，第 6438 页。

⑧ 《唐律疏议》卷一〇《职制律》"驿使稽程"条"疏议"云："依令：'给驿者，给铜龙传符；无传符处，为纸券。'量事缓急，注驿数于符契上，据此驿数以为行程。"（第 208 页）

舟依浅岸参差合，桥映晴虹上下连。轻楫过时摇水月，远灯繁处隔秋烟……①

山桥槲叶暗，水馆燕巢新。驿舫迎应远，京书寄自频……②

驿舫江风引，乡书海雁催。慈亲应倍喜，爱子在霜台。③

城底涛声震，楼端蜃气孤。千家窥驿舫，五马饮春湖……④

驿舫过江分白堠，戍亭当岭见红幡……⑤

昔作咸秦客，常思江海行……算篁州乘送，艛艖驿船迎……⑥

水驿的驿船，不仅要负责迎来送往，接待使人、行客，还需要传递书信，任务不比陆驿轻松。

如前所述，唐代使人乘水驿毕竟是少数，这种情况只发生在江河湖津之上。而那里所谓的船丁、驿长则都是在水上服役的。驿长有时又被称为"邮吏"，船丁被称作"邮童"，在唐人的诗句中，留下了他们的一些身影。如苏味道《九江口南济北接蕲春南与浔阳岸》云："江路一悠哉，滔滔九派来……鳞介多潜育，渔商几溯洄……津吏挥桡疾，邮童整传催。归心讵可问，为视落潮回。"⑦

---

① 李绅：《宿扬州水馆》，载（清）彭定求等编《全唐诗》卷四八二，第5488页。

② 朱庆余：《送韩校书赴江西幕》，载（清）彭定求等编《全唐诗》卷五一四，第5870页。

③ 《岑参集校注》卷五《送樊侍御使丹阳便觐》，陈铁民、侯忠义校注，上海古籍出版社1981年版，第414页。

④ 《岑参集校注》卷四《送卢郎中除杭州赴任》，第299页。

⑤ 张籍：《送侯判官赴广州从军》，载（清）彭定求等编《全唐诗》卷三八五，第4337页。

⑥ 《白居易集》卷一七《江州赴忠州，至江陵已来，舟中示舍弟五十韵》，第374页。

⑦ 苏味道：《九江口南济北接蕲春南与浔阳岸》，载（清）彭定求等编《全唐诗》卷六五，第754—755页。

戴叔伦《留别道州李使君圻》云："泷路下丹徽，邮童挥画桡。"①
方干《漳州于使君罢郡如之任漳南去上国二十四州使君无非亲故》
云："漳南罢郡如之任，二十四州相次迎。泊岸旗幡邮吏拜，连山
风雨探人行……"② 这里的邮吏、邮童分别指水驿的驿长和船丁，
他们在船上击桨摇橹，在岸边迎来送往，为水路驿道的畅通做出了
贡献。

不仅如此，唐代还有为驿船服役的纤夫，这些人由于居住在水
驿旁边，被征发来为水驿拉纤，生活十分悲辛。王建《水夫谣》
记录了他们的生活情况，诗云：

> 苦哉生长当驿边，官家使我牵驿船。
> 辛苦日多乐日少，水宿沙行如海鸟。
> 逆风上水万斛重，前驿迢迢后森森。
> 半夜缘堤雪和雨，受他驱遣还复去。
> 衣寒衣湿披短蓑，臆穿足裂忍痛何。
> 到明辛苦无处说，齐声腾踏牵船出。
> 一间茅屋何所直，父母之乡去不得。
> 我愿此水作平田，长使水夫不怨天。③

由于每日辛苦拉纤，他们甚至希望此处的水道变作平整的田地，那
样就再也不用承受如此沉重的负担了。由此也可想见，水驿中也有
体积比较庞大的船，而非全是艛艓之类的轻舸小舟。但这样的水夫
并不是无偿为官船服役，而是有一定报酬的。《唐会要》云："江淮、

① 戴叔伦：《留别道州李使君圻》，载（清）彭定求等编《全唐诗》卷二七三，
第3087页。
② 方干：《漳州干使君罢郡如之任漳南去上国二十四州使君无非亲故》，载（清）
彭定求等编《全唐诗》卷六五〇，第7464页。
③ 王建：《水夫谣》，载（清）彭定求等编《全唐诗》卷二九八，第3382页。

两浙，每驿供使水夫价钱，旧例约十五千已来。"① 可见水夫不是一种徭役，不属于水驿系统的正式役丁，与所谓船丁身份有别。

三　水驿的废止问题

唐代皇帝经常颁布与驿制有关的诏敕，对驿制进行规范或制约。这些诏敕的内容，主要可分为三类：禁止扰驿行为，规范驿站设置，增设管理驿站的官员。总之，唐代对国家的重要交通保障——驿，不停地进行改革。上引《唐会要》言之凿凿，说明水驿在开元二十八年时已被叫停。但《通典》记载的同一道诏书却与此说法相反："〔开元〕二十八年六月敕：'有陆驿处，得置水驿。'"② 对比来看，《通典》虽未指明敕书的颁发日期是六月一日，但可断言，这是与《唐会要》所载内容相同的关于驿制的敕书，因为在同一个月内不可能颁下两道意思相反的敕书。《唐会要》所载为敕书的全文，而《通典》所载为其节录。二者意思南辕北辙，唯一的解释就是，其中必有一处记载存在讹误。其实，"有陆驿处，得置水驿"是无法解释的，全国有近 1300 所陆驿，不可能每一处都适合建水驿；另外，有陆驿存在，其功能已经齐备，为何还要再建水驿浪费物资呢？所以，《通典》在"得置水驿"前漏掉了一个"不"字，"不得置水驿"才能与敕书全文的意思相符。总之，开元二十八年六月修改了关于水驿的规定，令江淮、河南应建的水驿，全部被废止。

但现实情况并不如此，玄宗以后，江淮、河南地区的水驿仍没有完全废止。如元和十五年（820）八月己亥，宣歙观察使令狐楚被贬为衡州刺史，途中作《发潭州寄李宁常侍》诗，云："君今侍紫垣，我已堕青天。委废（一作弃）从兹日，旋归在几年。心为西靡树，眼是北流泉。更过长沙去，江风满驿船。"③ 白居易《江

---

① （宋）王溥：《唐会要》卷六一《御史台中·馆驿》，第 1255 页。
② （唐）杜佑：《通典》卷二三《职官五·尚书下》，"驾部郎中"条，第 643 页。
③ 令狐楚：《发潭州寄李宁常侍》，载（清）彭定求等编《全唐诗》卷三三四，第 3750 页。

州赴忠州，至江陵已来，舟中示舍弟五十韵》云："昔作咸秦客，
常思江海行。今来仍尽室，此去又专城。典午犹为幸，分忧固是
荣。篲箒州乘送，艛艓驿船迎。"① 从这些诗的描写中可以看出，
那时的水驿不但没有消失，而且运行顺畅，十分繁荣。

为什么乘用水驿屡禁不止？易言之，使人为何对水驿情有独钟？
笔者认为，这是因为水驿比较特殊，和陆驿相比，不仅运行平稳，
而且速度缓慢。所以，如果条件允许的话，使臣受命之后更愿意选
择乘水驿赶路，这样会比陆驿更加舒适。正是由于这样的原因，水
驿才不断地出现问题。会昌二年（842）四月二十三日敕云：

> 江淮、两浙，每驿供使水夫价钱，旧例约十五千已来。近
> 日相仍，取索无度。苏常已南无驿，使供四十余千。或界内有
> 四五驿，往来须破四五百千。今后宜依往例，不得数外供破。
> 如有越违，长吏已下书罪。②

这里表明水驿中存在借口给水夫工价而无度增加开支的情况。其实这
种索要，无非"相仍"旧例的缘故，但其数目却超出了原来的数十倍。
究其原因，一是地方长吏借机增加收入，二是乘用水驿的人数不断增
多。大中五年（851）七月的一道敕文中披露了这样的事实：

> 江淮之间，多有水陆两路。近日乘券牒使命等，或使头陆
> 路，则随从船行；或使头乘舟，则随从登陆。一道券牒，两处
> 祇供。害物扰人，为弊颇甚。

可见，在江淮地区，依然存在陆驿、水驿两种交通工具，使人为了

---

① 《白居易集》卷一七《江州赴忠州，至江陵已来，舟中示舍弟五十韵》，第
374 页。

② （宋）王溥：《唐会要》卷六一《御史台中·馆驿》，第 1255 页。

出行方便，根据情况，同时使用两种交通工具。但他们的手中仅有一道券牒，却让两方提供服务。这样做违反了唐代乘驿的基本规定。所以，要求"自今已后，宜委诸道观察使及出使郎官、御史，并所在巡院，切加觉察。如有此色，即具名奏，当议惩殿。如州县妄有祇候，官吏所由，节级科议，无容贷"。① 这一事件说明了大中年间江淮之间水驿运行的情况。但自开元二十八年治理当地水驿开始，至大中五年，历经将近百年时间，水驿不但没有得到控制，反而变本加厉，可知制度规定与现实之间的巨大差异了。

余　论

以上论述了唐代水驿的一系列制度规定与运行情况，除此以外，笔者对唐代乃至宋代的水驿问题还有一点思考。

前引《天圣令·厩牧令》宋 11 条云："诸水路州县，应合递送而递马不行者，并随事闲繁，量给人船。"依据此条复原的唐《厩牧令》第 37 条云："诸水驿不配马处，并量事闲繁置船。事繁者每驿置船四只，闲者置船三只，更闲者置船二只。每船一只给丁三人。驿长准陆驿置。"仔细比较这两条令文可以发现，宋代虽无水驿之名，但有水驿之实。唐宋共同的特点是在"水路州县"设置水驿。唐宋关于水驿规定的最大区别在于，宋代给船，必须是"递马不行"，唐代给船，则必须是"不配马处"。细审之，前者是说递马行至水路州县，无法再往前行，于是"量给人船"，换言之，水路州县，根本不配置递马；后者则体现出存在两种水驿，一种配马，一种不配马，也就是说，唐代在有些水驿中依然有驿马的存在。笔者认为，这并不是因为唐宋之间在地理环境方面有什么大的区别，而是二者在马政方面存在较大的区别。宋代在水路州县，根本不配置递马，与宋代马政缺失、马匹数量减少有重大关系——这才出现了唐宋之间水驿制度的区别。

---

① （宋）王溥：《唐会要》卷六一《御史台中·馆驿》，第 1255 页。

第 六 章

《厩牧令》与唐代驿传的使用规范

本章主要利用《天圣令·厩牧令》的相关令文，从实际运作和管理的角度来探讨与唐代驿制、传制相关的各项规定。内容既包括驿传制度中马匹的使用与管理，也包括对乘用驿传的人的制度约束，以及相关的人事问题。

第一节　私马与驿传制度

《新唐书》云：

> 天宝后，诸军战马动以万计。王侯、将相、外戚牛驼羊马之牧布诸道，百倍于县官，皆以封邑号名为印自别；将校亦备私马。[1]

这就是说，唐中后期，从王公贵族到百官将校，拥有私人马匹的风气非常盛行。[2] 其实，不仅是中后期，整个唐代均是如此，尤以王公贵族为甚。例如，太平公主在陇右地区"牧马至万匹"；[3] 郭子

---

[1] 《新唐书》卷五〇《兵志》，第 1338 页。
[2] 乜小红：《唐五代畜牧经济研究》，第 175—186 页。
[3] 《新唐书》卷八三《太平公主传》，第 3651 页。

仪也有大量私马，"自黄蜂岭，泊河池关，中间百余里，皆故汾阳王私田，尝用息马，多至万蹄"。① 唐德宗即位后，给郭子仪大力加封与赏赐，其中还包括每个月拨给的供两百匹马食用的马料，② 这些马料都由其所拥有的私马享用。而这些社会上层之所以能拥有这么多的马匹，与其享有的种种特权是分不开的。他们利用权力之便，不但有财力饲养大量马匹，还可以枉夺百姓土地以为私家牧地。唐玄宗天宝十一载（752）《禁官夺百姓口分永业田诏》云：

> 如闻王公百官，及富豪之家，比置庄田，恣行吞并，莫惧章程。借荒者皆有熟田，因之侵夺；置牧者惟指山谷，不限多少……又两京去城五百里内，不合置牧地……③

同时，唐朝政府放开了饲养政策，允许民间多养马匹。④ 所以，即便是低级官吏⑤和普通百姓⑥家里也都可能拥有私马，民间养马风

---

① 孙樵：《兴元新路记》，载（清）董诰等编《全唐文》卷七九四，第8327页下。

② 《旧唐书》卷一二《德宗纪上》云："［大历十四年闰五月］甲申，以司徒、兼中书令、河中尹、灵州大都督、单于镇北大都护充关内河东副元帅、朔方节度、关内支度盐池六城水运大使、押诸蕃部落、管内及河阳等道观察使、上柱国、汾阳郡王、山陵使、食实封一千九百户郭子仪可加号尚父，守太尉，余官如故，加实封通前二千户，月给一千五百人粮、马二百匹草料。"（第320页）

③ （宋）王钦若等编纂：《册府元龟》卷四九五《邦计部·田制》，第5623页。

④ 另外，唐代府兵制要求府兵必须自备马匹用具，也是马匹繁多的重要原因之一。唐前期，"诸道共六百三十府，上府管兵千二百，次千，下八百，通计约六十八万"。参见（宋）王应麟《玉海》卷一三八《兵制三》引《邺侯家传》，江苏古籍出版社、上海书店1987年版，第2570页下。而每十人须备六匹马，《新唐书》卷五〇《兵志》云："府置折冲都尉一人，左右果毅都尉各一人，长史、兵曹、别将各一人，校尉六人。士以三百人为团，团有校尉；五十人为队，队有队正；十人为火，火有长，火备六驮马。"（第1325页）据此，全国府兵共需备马四十万八千匹。

⑤ 《旧唐书》卷三七《五行志》云："大和九年（835）八月，易定监军小将家马，因饮水吐出宝珠一，献之。"（第1371页）

⑥ 《新唐书》卷三六《五行志三·马祸》云："开成元年（836）六月，扬州民明齐家马生角，长一寸三分。"（第953页）

气极盛。① 总之，有唐一代，从上至下，拥有私马蔚然成风。

针对唐代私马颇多的现象，很多学者做了相关的研究，他们的着眼点主要在以下几个方面：有的论述了唐代马政繁盛与私人马匹数量众多之间的关系；② 有的研究了唐代私马在军事上的运用；③ 研究唐代法律史的学者，则在论述侵害私人财产时，关注到了"故杀官私马牛"，即把私马当作个人财产的一部分来看待；④ 也有的作者另辟蹊径，从交通运输的角度，论述了私马的作用，⑤ 但并没有专门论述唐代私马使用与管理的整体制度——这是史料有限的原因造成的。《天圣令·厩牧令》出，为我们了解私马在交通上使用的相关规定提供了宝贵的资料，从中可以知道，唐代政府是怎样对待用于交通的私马的，又是怎样控制与管理大量私马的。故本节结合《天圣令·厩牧令》的相关规定，试对这些问题做一探讨。

一 私马用于驿传

私马既归私人所有，其使用就完全由主人支配，可以用于出行、运输等各种活动，甚至可以用于战争。⑥ 另外，唐代官员在乘用公共驿传的同时，还可以使用自己的私马。如武后长安年间，曾

① 马俊民：《唐代民间养马盛衰考——〈资治通鉴〉辨误》，《天津师大学报》1985 年第 5 期，第 73—76 页；乜小红：《唐五代畜牧经济研究》，第 187—199 页。

② 余和祥：《唐宋时期的马政初探》，《中南民族大学学报》（人文社会科学版）2007 年第 5 期，第 133—135 页。

③ 马俊民：《论唐代马政与边防的关系》，《天津师大学报》1983 年第 4 期，第 78—84 页。

④ 马俊民、王世平：《唐代马政》，第 66—67 页；曹旅宁：《秦律〈厩苑律〉考》，《中国经济史研究》2003 年第 3 期，第 148—152 页。

⑤ 李然《唐代官员使用馆驿的管理制度》一文探讨了官员在使用馆驿时的条件与规格的法令规定（《边疆经济与文化》2004 年第 8 期，第 85—87 页）。

⑥ 如天宝六载，唐玄宗任命高仙芝率马步兵万人征讨小勃律，"时步军皆有私马，自安西行十五日至拨换城，又十余日至握瑟德，又十余日至疏勒，又二十余日至葱岭守捉，又行二十余日至播密川，又二十余日至特勒满川，即五识匿国也。"（《旧唐书》卷一〇四《高仙芝传》，第 3203 页）步军有私马，这是其行军速度快的主要原因。

以焉耆"国小人寡,过使客不堪其劳"为由,诏令"四镇经略使禁止傔使私马、无品者肉食"。① 又如封常清"性勤俭,每出征或乘驿,私马不过一两匹,赏罚严明"。② 这两个一禁一赞的事例说明,唐代官员将私马用于交通的现象非常普遍。但这种现象并非唐代所独有,自汉代已然。如汉武帝时,王温舒任河内守,"具私马五十匹,为驿自河内至长安"以奏事。③ 刘辉先生研究了西汉私马用于传驿的现象,指出"西汉传驿马匹的来源以各级政府下拨为主,邮驿机构自买及私人马匹助给为辅"。④ 所以,唐人在驿传中使用私马是前代做法的延续。

开成五年(840)六月,御史中丞黎植在一份奏疏中指出:"朝官出使,自合驿马。"⑤ 也就是说,朝官出使,应乘坐驿马。这个规定,语焉不详,或许是唐后期的制度,但强调了官员出使,必然乘驿。上引《旧唐书·封常清传》说,封常清乘驿时,使用私马不过一两匹。结合唐代乘驿的规范,容易造成一种印象,就是唐人只有在乘驿时才可以使用私马。但由《天圣令·厩牧令》可知,唐代在乘传时也可以使用私马。

《天圣令·厩牧令》的发现,为进一步研究唐代的传送制度提供了一份宝贵的材料,加深了我们对唐前期传制的认识。⑥ 该令的多条令文显示,传送制度在唐前期确实是存在的,并且对传送中马匹的使用有着详细的规定。例如,它规定传送马、驴设于诸州"要路之处",但它们不是被官府直接饲养,而是交给附近的白丁或杂色丁,"付之令养,以供递送"。乘用传送马驴出行,到达目

---

① 《新唐书》卷二二一《西域传上·焉耆》,第6230页。

② 《旧唐书》卷一〇四《封常清传》,第3209页。

③ 《史记》卷一二二《酷吏列传·王温舒传》,第3148页。

④ 刘辉:《西汉传驿马匹之来源考述》,《乐山师范学院学报》2011年第2期,第88—90页。

⑤ (宋)王溥:《唐会要》卷三一《舆服上·杂录》,第673页。

⑥ 参看本书下篇第五章第一节。

的地后，所需粟草皆由当地的正仓提供；在运输途中，其所需则由道次的驿站提供。①

以上是针对传送马驴的设置、饲养等方面的基础性规定，即怎样保障这批重要交通工具的生存。另外，如何分配、使用传送马，《厩牧令》中亦有相关的规定：

> 唐 35 条：诸传送马，诸州《令》《式》外不得辄差。若领蕃客及献物入朝，如客及物得给传马者，所领送品官亦给传马（诸州除年常支料外，别敕令送入京及领送品官，亦准此）。其从京出使应须给者，皆尚书省量事差给，其马令主自饲。若应替还无马，腾过百里以外者，人粮、粟草官给。其五品以上欲乘私马者听之，并不得过合乘之数；粟草亦官给。其桂、广、交三府于管内应遣使推勘者，亦给传马。

> 唐《厩牧令》复原 39 条（原宋 9 条）：诸给传送马者，官爵一品八匹，嗣王、郡王及二品六匹，三品五匹，四品、五品四匹，六品三匹，七品以下二匹（尚书侍郎、卿、监、诸卫将军及内臣奉使宣召，不限匹数多少，临时听旨）。若不足者，即以私马充。其私马因公致死者，官为酬替。②

唐 35 条规定了使用传送马时的各种情况，要旨是：传送马由诸州差遣，但除《令》《式》所规定的范围外，不得随便差遣；诸州领

---

① 《天圣令·厩牧令》唐 21 条云："诸州有要路之处，应置驿及传送马、驴，皆取官马驴五岁以上、十岁以下，筋骨强壮者充。如无，以当州应入京财物市充。不充，申所司市给。其传送马、驴主，于白丁、杂色（邑士、驾士等色）丁内，取家富兼丁者，付之令养，以供递送。若无付者而中男丰有者，亦得兼取，傍折一丁课役资之，以供养饲。"又唐 26 条云："诸官人乘传送马、驴及官马出使者，所至之处，皆用正仓，准品供给。无正仓者，以官物给；又无官物者，以公廨充。其在路，即十道次驿供；无驿之处，亦于道次州县供给。其于驿供给者，年终州司总勘，以正租草填之。"

② 见本书上篇第三章附录。

送蕃客及献物入朝的品官，给传马；京官出使时使用的传送马由其官自主饲养，除非经百里以上无法替换马匹的，官给粮草。除此之外，允许五品以上的出使官员乘用自己的私马，所需粮草亦由官府提供，但其马数不得超过自身的"合乘之数"。

那么，要在传送中使用私马，就必须具备两个条件：一是出使官员必须是五品以上，二是马匹数量不得超过该官员的"合乘之数"。而所谓"合乘之数"，即上引复原唐《厩牧令》第39条所说的"给传送马者"云云。根据该令，五品以上的官员至少可以乘四匹马，最多能乘八匹马。如果他们将这些马全部用私马代替，那么也就是说，五品以上的官员可以乘四匹到八匹私马。

唐代官员出使乘驿或者乘传都是极为普遍的现象。由上引《厩牧令》可知，唐代朝廷对乘用驿传时使用私马的问题，从两个方面进行了规范。一是五品以上的使臣如果愿意的话，可以使用自己的私马以便交通——这是带有弹性的规定。二是一种相对比较硬性的规定，即："若不足者，即以私马充。其私马因公致死者，官为酬替。"公使在使用驿、传马出行时，如果驿、传马数量不足，就必须用自己的私马来充数。在这个过程中，因公致死的私马，则由官府负责赔偿、替换。

总之，私马用于驿传，仅限定在出使官员的范围内。如果有特殊情况（驿、传马不够使用），就要征用他们的私马。这样做，最大的好处就是减轻了国家在交通用马上的负担。但是，对于主动献出私马以供出使的官员来说，其使用私马的数量就要受到限制了。所以说，私马用于驿传，仅仅是对使用驿、传马的补充。在正常的驿传体系中，是不允许使用官员自己的私马的。这体现出国家对于私马的控制，个人是不能独占、独用数量众多的马匹的。①

---

① 　详见本节第三目。

二　《厩牧令》中私马的待遇

下面来考察一下用于驿传的私马的待遇问题。根据上引《厩牧令》令文可知，出使官员将自己的私马用于驿传，可以得到两方面的待遇，一是"粟草官给"，二是"因公致死者，官为酬替"。也就是说，当私马被用来充当公用时，官府就必须负责其饮食所需及可能发生的意外事宜。这两方面的保障都是针对官府而言的，是其应尽的义务。吐鲁番出土的开元年间某馆驿的文书事目中提到：

［前缺］

1 ＿＿＿＿＿＿＿＿＿＿＿＿回马递事。

2 ＿＿＿＿＿＿＿＿＿河县牒使巩定方、董静、王

3 ＿＿＿＿＿＿＿＿璋、邓茂林等马料事。

4 ＿＿＿＿＿＿＿＿＿＿＿巩定方私马料事。

5 ＿＿＿＿＿＿＿＿＿＿状并诸回马递事。

6 ＿＿＿＿＿＿＿＿＿＿双德、王仁表、杨光谦

7 ＿＿＿＿＿＿＿＿＿＿＿＿并为料事。

［后缺］①

公使巩定方所乘为私马，是私马用于馆驿传递的例证。文书中所说的"私马料事"是指官府提供官员使用私马时所需要的草料，也就是上引《厩牧令》中所说的"粟草亦官给"。

除前引复原唐《厩牧令》第 39 条（原宋 9 条）中有关于私马"因公致死者，官为酬替"的规定外，在笔者复原的唐《厩牧令》中，第 50 条（原宋 13 条）又云：

---

① 国家文物局古文献研究室、新疆维吾尔自治区博物馆、武汉大学历史系编：《吐鲁番出土文书》第八册《阿斯塔那二三〇号墓文书三〇·唐馆驿文书事目（二）》，文物出版社 1987 年版，第 180—181 页。

诸因公使乘官、私马以理致死，证见分明者，并免征纳。
其皮肉，所在官司出卖，价纳本司。若非理死失者，征陪。①

按，日本《令集解》卷卅八《厩牧令》"公使乘驿"条所云："凡
公使须乘驿及传送马，若不足者，即以私马充。其私马因公致死
者，官为酬替。"② 而此处所引第50条则是在宋13条的基础上参
考了《令集解》同卷"因公事"条的内容："凡因公事乘官、私马
牛以理致死，证见分明者，并免征。其皮肉，所在官司出卖，送价
纳本司。若非理死失者，征陪。"③

复原后的两条令文，都牵涉到私马的使用，但其主旨却不相
同，甚至有矛盾之处。第39条说，当公使因需要而乘用的驿马、
传送马数额不足时，以私马填充。在使用过程中，如果私马因公死
亡，则官府为私马的主人提供新马以赔偿损失。第50条属于牲畜
死亡处理的范畴，它同时规定了官、私两种马匹因公致死的处理办
法，也就是说，本条的规定，既适用于官马，亦适用于私马。官马
使用的情况暂且不论，当私马"因公""以理致死"时，如果勘验
有实，根据令文，仅能得到"并免征纳。其皮肉，所在官司出卖，
价纳本司"的待遇；如果"非理死失"的话，还要"征陪"。这就
与第39条中只要是"因公致死"则"官为酬替"的规定大相径
庭，令人疑惑。私马本是私有财产，即便是"以理致死"，所在官

---

① 赵晶对这条令文做了详细的讨论，并将其与《厩牧令》宋家钰复原53条进行
了比较，足资参考。他的《论唐〈厩牧令〉有关死畜的处理之法——以长行马文书为
证》一文认为："结合长行马文书可知，《厩牧令》复原52 '其皮肉，所在官司出卖，
价纳本司'的规定，在具体实践中表现有二，出卖皮肉、交还价金的具体负责人既可
以是领送的马子，也可以是死亡地的官司；复原53 '并申所司，收纳皮角'的规定，
是指在外的官畜死亡之后，负责救疗的机构应申牒于自身所属的州府兵曹，来决定死
畜皮角的处理方案，但最终仍以交还原属机构为原则，至于如何交还、领取，或许由
已亡佚的唐式加以规定，这与日本《养老令·厩牧令》规定的'充当处公用'不同，
是唐、日《厩牧令》的又一差别。"（《敦煌学辑刊》2018年第1期，第42页）

② 『令集解』卷卅八「厩牧令」、934页。

③ 『令集解』卷卅八「厩牧令」、939页。

司也无权将其出卖，更无权"价纳本司"。另外，如果是"非理死失"，受损失的也仅是私马的主人而已，他还需要向自己赔付损失吗？可见，第50条的规定不仅与第39条矛盾，连其本身都无法自圆其说。

《令集解》的注释中亦涉及了这样的矛盾：

> 谓虽是私畜，其皮肉皆纳官司，官以本畜酬替故。《释》云：私马牛致死，送纳本司者。上条公使乘私马牛致死者，不证理非，酬其替马故。送纳元所乘之驿。《迹》云：以皮肉所在官司出卖，谓甲郡畜在乙郡致死者，不论官畜私畜，皆出卖纳甲郡司……《穴》云：私马皮肉亦官出卖也，以全马酬替故也……①

那么也就是说，如果私马因公致死，则亦要根据勘验的结果，将私马的皮肉交付官司，由官司出卖，所得归官司所有。但另一方面，私马的主人毕竟受到了经济损失，所以要根据第39条的规定对其进行赔偿，官司"以全马酬替"。从这个意义上讲，《令集解》的解释沟通了第39条与第50条之间的关系。

其实，私马死亡后交由官司处理、出卖，然后再酬替本主的做法，具有更深层次的意义。按，《唐律疏议》卷一五《厩库律》"故杀官私马牛"条云：

> 诸故杀官私马牛者，徒一年半。赃重及杀余畜产，若伤者，计减价，准盗论各偿所减价；价不减者，笞三十（见血蹞跌即为伤。若伤重五日内致死者，从杀罪）。

"疏议"云：

---

① 『令集解』卷卅八「厩牧令」、939 页。

"减价"，谓畜产直绢十匹，杀讫，唯直绢两匹，即减八匹价；或伤止直九匹，是减一匹价。杀减八匹偿八匹，伤减一匹偿一匹之类，其罪各准盗八匹及一匹而断。"价不减者"，谓元直绢十匹，虽有杀伤，评价不减，仍直十匹，止得笞三十罪，无所陪偿。①

以《唐律疏议》所举的例子而言，假设一匹马价值十匹绢，其被杀之后所剩皮肉价值仅两匹绢，则一匹活马比死马多值八匹绢。那么，如果在出使过程中，私马死亡，按照"其皮肉，所在官司出卖，价纳本司"的规定，则官司将要获得马匹皮肉售卖之后所得的二匹绢。但同时，还要向个人"官为酬替"一匹价值十匹绢的新马。这样一来，个人没有新的损失，而官府则在提供出全马的同时得到一定的售价，从而减轻了一点负担。相反，如果死马皮肉不归官司出卖，还由个人支配，那么官府就要完全赔付一匹新马的绢价，再加上唐 35 条所规定的"粟草亦官给"，那么官司就会在私马身上花费得更多。所以，一旦死马皮肉由官司出卖，就可以抵偿一部分因给私马提供粟草而所需要的价值了。由此可见，如果官员将私马用于驿传，一旦发生意外，官府是要尽量收回一定的供应成本的。

但《令集解》没有说明第 50 条中的"若非理死失者，征陪"是否适用于私马。

从实际案例中，可以看到公使在途中死失官马的处理情况。通常的程序是，如果勘验得知出使马匹非正常死亡的话，就要追究牵马人的责任，令其赔偿死亡的官马。在吐鲁番出土的《唐神龙元年交河县录申上西州兵曹为长行官马致死金娑事》文书中，交河县称，马子石舍牵长行官马"送使北庭，回至金娑便称致死"，请求处分。西州都督府兵曹认为，交河县所申长行官马不是正常死亡，称：

---

① 《唐律疏议》卷一五《厩库律》，"故杀官私马牛"条，第 282 页。

7 元是不病之马送使，岂得称
8 阻。只应马子奔驰，所以得兹
9 死损。下县追马子并勒陪马
10 还。　謇①

马子自己使用不当而导致长行官马死亡，即所谓的"非理死失"，所以必须由他自己赔偿。这种情况就是第50条所说的"诸因公使乘官、私马……非理死失者，征陪"。目前还没有发现私马非理死亡而令人赔偿的实例，但由《厩牧令》推测，征陪是难免的。不过这要做具体的分析。假设一匹私马非理死亡，则可分为两种情况：一是官员自己使用，或者是自己的侍从使用该匹私马，在这种情况下，实际上就不用"征陪"；二是官员提供私马，由马子牵马送使，在这种情况下，马子就要向马的主人赔偿损失。所以，"诸因公使乘官、私马……非理死失者，征陪"亦要区别开来对待，不能一概而论。

三　私马的管理

上文已经说过，唐代的私马数量很多，而且一些王公贵族还利用特权之便不断地侵占公有马匹，扩充自家的马匹，从而使国家的马源受到了影响。马匹大量流入私家而不能为国所用，朝廷必须对此采取措施。所以在《厩牧令》的驿传条文部分，就有限制官员无度使用私马的规定。另外，同样在《厩牧令》中，还有统一加强私马管理的规定。唐朝国家试图通过执行这样的规定，达到两个目的：一是对所有的私马进行数量、特征方面的统计，从而形成系统的账簿，以便掌握私家所有马匹的数量；二是通过掌握的这些信息，对现实情况进行比对核查，严防私白侵占官马行为的发生，同

---

① 陈国灿：《斯坦因所获吐鲁番文书研究》，武汉大学出版社1995年版，第246页。文书中的"謇"指西州都督府兵曹参军程待謇，参见同书第253页。

时也便于政府征用私马。

在实际执行过程中，主要是通过私马造账和私马印记两种措施来实现这两个目的的。

（一）私马的造账

私人所有的马匹，都要汇总造账，上报尚书省。《天圣令·厩牧令》唐29条云：

> 诸官畜及私马帐，每年附朝集使送省。其诸王府官马，亦准此。太仆寺官畜帐，十一月上旬送省。其马帐勘校，讫至来年三月。

本条令文指出，各地的官畜及私马账每年都必须交付朝集使，由朝集使送至尚书省。朝集使即每年地方上向中央汇报财、政情况的使臣。①《唐六典》云：

> 凡天下朝集使皆令都督、刺史及上佐更为之；若边要州都督、刺史及诸州水旱成分，则佗官代焉。皆以十月二十五日至于京都，十一月一日户部引见讫，于尚书省与群官礼见，然后集于考堂，应考绩之事。元日，陈其贡篚于殿庭。②

---

① 《资治通鉴》卷一九七"太宗贞观十七年九月"条云："诸州长官或上佐岁首亲奉贡物入京师，谓之朝集使，亦谓之考使。"（第6205页）于赓哲指出："安史之乱爆发后，长达25年的时间里，朝集使制度一直处于瘫痪状态。其参与考课的任务已被其他制度替代，而其精神上的象征意义则被即位之初雄心勃勃的唐德宗加以利用，建中元年朝集使制度恢复，其目的在于重塑朝廷威望。但是当时藩镇割据的现实使朝集使制度无法顺利延续，终于在贞元三年最后终止。而出现于代宗时期的各道进奏院由于更契合时局而取代了朝集使制度，成为唐中后期地方与中央联系的重要渠道。"于赓哲：《从朝集使到进奏院》，《上海师范大学学报》（哲学社会科学版）2002年第5期。可见，唐后期朝集使已不存在，本条《厩牧令》中的规定也就不再适用。

② （唐）李林甫等：《唐六典》卷三《尚书户部》，"户部郎中员外郎"条，第79页。

朝集使在每年的十月二十五日到达京师，那么，各处的私马账也必须在此时到达，十一月送至尚书省。《唐六典》又云：

> 驾部郎中、员外郎掌邦国之舆辇、车乘，及天下之传、驿、厩、牧官私马牛杂畜之簿籍，辨其出入阑逸之政令，司其名数。①

可见，唐 29 条中的"送省"指的就是送尚书省兵部，由驾部郎中员外郎管理相关簿籍。

在东宫系统中，亦有关于私马的规定。由诸率府之兵曹参军"兼知公、私马及杂畜之簿帐"。② 而这些账簿，亦需要送尚书省备案。这样一来，朝廷就能掌握公私所拥有的马匹数量，在发遣驿传之时，如果有五品以上使臣动用私马，或者在驿传马不足的情况下加派私马，就能够知道他们所用私马的数量以及使用私马是否越级。这是出于管理的需要而做出的规定。

（二）私马的印记

关于唐代官马的印记管理，《天圣令·厩牧令》唐 11—15 条有详细的规定。其中与驿传有关的，比如唐 11 条云：

> 诸牧……官马赐人者，以"赐"字印；配诸军及充传送驿者，以"出"字印，并印右颊。

唐 13 条云：

> 诸驿马以"驿"字印印左膊，以州名印印项左；传送马、驴以州名印印右膊，以"传"字印印右髀。官马付百姓及募

---

① （唐）李林甫等：《唐六典》卷五《尚书兵部》，"驾部郎中员外郎"条，第162—163 页。

② （唐）李林甫等：《唐六典》卷二八《太子左右卫率府》，第 716 页。

人养者，以"官"字印印右髀，以州名印印左颊。

这些带"驿""传""官"字样的马匹印记，都是国家出于方便管理而统一规定的，是整齐划一的。与此相反，个人所拥有的私马则不能由国家整齐划一，否则就难以辨认。所以景云三年（712）正月十四日的一道敕文云："诸王、公主家马印文，宜各取本号。"①"本号"，即本节开头所引《新唐书·兵志》中的"封邑号名"。也就是说，诸王与公主要以自己的封号来给自己的私马烙印，这样一来，私马之间就不致混淆，而且与国家的官马也能区分开来。除了这道敕文，唐代对于私马的印记还有其他的规定，如《天圣令·厩牧令》唐 30 条云：

> 诸有私马五十匹以上，欲申牒造印者听，不得与官印同，
> 并印项。在余处有印者，没官。蕃马不在此例。如当官印处有
> 瘢痕者，亦括没。其官羊，任为私计，不得截耳。其私牧，皆
> 令当处州县检校。

本条令文规定了私马造印的相关事宜。② 从中可以看出，拥有私马五十匹以上，才有资格申牒造印，低于此数者则不可以。私印必须烙在马匹的项上，其形制不得与官印相同。根据上文的分析，唐代大部分王、公主都拥有私马，并且其数量基本上都超过五十匹。那么他们的这些马匹就都牵涉到加盖"私印"的问题。但令文只是说私印的形制"不得与官印同，并印项"，没有提到"各取本号"。那么，本条令文中并没有掺入上引景云三年敕文，其所针对的对象也就不是单指诸王、公主这样的特权阶层，而是泛指拥有五十匹以

---

① （宋）王溥：《唐会要》卷七二《诸监马印》，第 1546 页。
② 中田裕子「唐代西州における群牧と馬の賣買」对此条令文有介绍『敦煌寫本研究年報』第 4 号、2010 年、168 頁。

上私马的各种人群。

有两种情况，如果经检查属实的话，就要将私马没为官马。一是如果在马项以外其他地方发现有印记，就说明此马可能是官马被私家霸占，不是纯粹的私马，所以必须没官。① 二是如发现马匹身上本该加盖官印的地方有瘢痕，即原来的官印被故意破坏掉了，那么这匹马也必须没官。由此可以想见唐代对于侵占官马为私马行为的打击力度。

对于唐代给马匹加盖私印的情况，可以先看一些具体实例。吐鲁番出土的《唐开元十年西州长行坊发送、收领马驴帐一》说：

15 一匹騟驳敦九岁（次肤，脊全，两鼻决，近人耳决，腿膊蕃印，远人颊私印，西长官印）。②

《唐开元十年西州长行坊发送、收领马驴帐二》说：

9 一匹忩敦七岁（次肤，者微破，近人鼻决，耳全，远人颊私印，西长官印）。

……

11 一匹白忩敦十二岁（次肤，梁微破，两耳决，近人鼻决，腿膊蕃印，远人颊私印，西长官印）。

13 一匹赤敦八岁私印（次肤，脊全，耳鼻全，脑后一道

---

① 罗丰《规矩或率意而为？——唐帝国的马印》将"在余处有印者，没官"解释为："在马的其他地方烙印，被发现后要没官。"（载荣新江主编《唐研究》第十六卷，第 130 页）这里只道出了其中一层含义，其实本令所要重点申明的不仅是烙记私印必须合法、还指出如在私印之外发现已有其他印者，就可以认定其不是私马，应予没官处理。

② 陈国灿：《斯坦因所获吐鲁番文书研究》，第 194 页。

白，近人腿、膊蕃印。近人颊西长官印①）。

14 一头大白堂父十岁（次肤，脊全，耳鼻全，远人颊私印，近人项"左"字，西长官印）。

15 一头青黄父九岁（次肤，脊全，耳鼻全，远人颊私印，近人项"左"字，西长官印）。②

以上文书是长行坊发送、收领马驴的账簿，但其所使用的马匹身上有很多是"私印"。除一匹八岁赤敦马以外，这些马的"私印"均印在"远人颊"上，这就与《厩牧令》所说的私马印要"并印项"大相径庭。但可以推测该文书中的六匹"私印"马应是归某一人所有的"私马"，故其加印的位置全部相同。③ 但既是私马，又为何变成长行坊所属的官马，且都加盖了"西长官印"？根据《厩牧令》的规定，我们可以做出这样的解释：最大的可能就是因为这些马加盖私印时没有遵守"并印项"的规定，违反了唐代法令，经查后被没为官马。④ 也就是说，"在余处有印者，没官"。从这个意义上说，《厩牧令》的法令约束力还是比较强的。

同样是在这份文书中，十岁大白堂父和九岁青黄父两匹马在近人项上各有一"左"字，不属于唐代官马的印文范围，却符合私印"印项"的规定，应该就是某人按照规定加盖的私印。"左"字

① 根据该文书其他部分的书写格式，"西长官印"四字前均不写马匹的具体位置；又，此匹八岁赤敦于年龄之后直接书写"私印"二字，亦与其他马匹不同，故颇疑"私印"二字实在"近人颊"之后，即"近人颊私印"，其移位盖由双行夹注的书写方式引起。查阅《斯坦因所获吐鲁番文书研究》所录文书原文，即可得知此点。

② 陈国灿：《斯坦因所获吐鲁番文书研究》，第197—198页。

③ 唯八岁赤敦马的私印可能在近人颊上。

④ 有研究者称，马身上有各种官私印记，说明"这匹马最初出生于蕃地，故烙有'蕃印'，后来可能被私家购得使用，烙上了'私印'，最后转到了西州长行坊，成为长行马，因而又烙上了'长行'官印"。参见乜小红《唐五代畜牧经济研究》，第67页。又有研究者认为，"这些马匹的来源基本都反映在过去的烙印上"。参见罗丰《规矩或率意而为？——唐帝国的马印》，第133页。但二者均没有解释加盖私印的马匹进入官马系统的原因是什么。

可能与某人的家族、姓名有关，类似于诸王、公主的"本号"。它们在远人颊和项上都有私印，可见私印的加盖在现实中是很随意的。这种情况还表现在其他方面，例如《唐［开元年间］西州长行坊配兵放马簿》说：

［一］

18 一匹赤草二岁带星（未印，私印。仙）

……

24 右件马配兵杨道法放。

……

50 一匹赤草二岁玉面连鼻白（三蹄白，未印，私印。仙）

……

59　右件马配兵杨永意放。

……

［二］

12 一匹留父二岁（未印，私印。仙）

……

18 一匹赤父二岁（未印，私印。仙）

……

23　□□马配兵□□林放。

……①

这份文书中，"仙"是马匹的签押人，即西州长行坊长官。②"未印"指未加盖官印。笔者所举的四匹二岁马，均是"未印"却加盖了"私印"的马匹。它们必定是私家所有的私马，至于是如何进入长行坊中的，不能确知。但可以肯定的是，即便它们将要被加

---

① 陈国灿：《斯坦因所获吐鲁番文书研究》，第201—209页。

② 陈国灿：《斯坦因所获吐鲁番文书研究》，第192页。

盖官印，也是在加盖了私印之后。《天圣令·厩牧令》唐 11 条云：

> 诸牧，马驹以小"官"字印印右膊，以年辰印印右髀，以监名依左、右厢印印尾侧（若行容端正，拟送尚乘者，则不须印监名）。至二岁起，脊量强、弱，渐以"飞"字印印右髀、膊……

可见马驹可以烙印一些小的印记，但加盖正式官印则要等到马长到二岁以后才可以。以上四匹马均为二岁，尚未加盖官印，却已被烙上私印，可见私人印记完全在于个人的掌握，主人甚至可以不管马匹的身体状况，随意加盖。

总之，唐代对于个人所有的私马，采取了加强管理的办法，包括私马造账和私马印记两个方面。在实际的操作中虽然有的马主没有严格遵守法令的规定，导致私马的管理不能统一，但《厩牧令》的存在，减少了特权阶层侵占马匹行为的发生，加强了国家对私马的管理，使其在国家需要时，能够为国家所用。

小 结

唐朝是一个非常注重养马的时代，不仅国家的数十监牧中饲养着大量的马匹，而且民间亦存在数量庞大的私马。这种局面的出现是与当时的政治军事环境以及业已成型的国家交通运输制度分不开的。但私人手里的马匹数量愈多，国家所能掌握的马匹就愈少，这是一个不言自明的道理。所以，政府在制定《厩牧令》时，就会尽量来限制私马的使用。这表现在驿传制度之中，只能允许五品以上的使臣使用私马，其他情况则不能擅自使用。即便是允许私马用于驿传，也是为了减少官马所承受的负担。这样一来，就限定了私马在驿传中使用的范围，削弱了扩充私马的势头。另一方面，法令在统计、管理个人私马所有权方面加强了约束，防止侵占官马现象的发生。所以，唐代《厩牧令》的重要作用之一就是管理和约束马匹的使用，这种法令规范的实施，保证了国家马匹数量的稳定，使民不得与国家争利。

第二节 乘用驿传的专使

唐代在全国范围内，设置了庞大的驿传交通系统，这是国家及时有效传达政令、沟通信息的保障。但是，学术界对于驿传制度的研究，基本上都是在驿传设置的制度规定、布局规模、组织结构等层面上进行考量，而对使用驿传的人及人事系统、人事关系的关注稍显不足。然而，只有对这一制度的服务对象即人进行系统的研究，分析其使用驿传的目的、运行过程、所呈效果，才能加深对这一制度的认识，实现所谓"活的制度史"；[1] 另一方面，也能更加动态地展示唐代信息传递的过程。本节试从乘用驿传的专使的角度对这一问题进行论述。

众所周知，乘驿出使之人一般被称为使人、驿使。[2] 执行专门任务的使人或驿使被称作专使——这是与长期在驿站当中传递文书的常行驿使相对而言的。然而，大多数研究者并未特意将专使与常行驿使区分开来。对此，卢向前先生指出："文献中把递送公文者称为'常行驿使'，传达政令者称之为'专使'……前人论述唐朝之驿制，大都忽略了'常行驿使'和'专使'的区别，他们只是罗列了一大堆驿乘材料而没有加以仔细分析。我以为，唐朝驿乘中大量的活动应该是'常行驿使'的活动，'专使'的活动只不过是其中很小的一部分。"[3] 但他没有对专使的情况展开论述，同时他对专使的定性还有可商榷之

---

① 关于"活的制度史"的论述，参看邓小南《走向"活"的制度史：以宋代官僚政治制度史研究为例的点滴思考》，载邓小南《朗润学史丛稿》，中华书局 2010 年版，第 497 页。

② 参看《唐律疏议》卷一〇《职制律》，"乘驿马枉道"条、"用符节稽留不输"条、"驿使稽程"条、"驿使以书寄人"条、"驿使不依题署"条，第 208—213 页。

③ 卢向前：《唐代政治经济史综论——甘露之变研究及其他》，第 187 页。

处。谢元鲁先生的《论唐代地方信息上报制度》是较早关注到专使的一篇文章，认为"在唐代中期以前，各地的信息传递到中央，主要是通过两种途径。第一种是由各州府派出专使，第二种是通过邮驿递送"，① 他认为专使出行与"邮驿递送"是两种不同的信息传递方式。李永先生在《由 P.3547 号敦煌文书看唐中后期的贺正使》一文中，研究了以贺正专使为首的沙州贺正使团的出使目的、在京活动等情况。② 陈国灿先生的《读〈杏雨书屋藏敦煌秘笈〉札记》考证了《驿程记》产生的时间、背景和沙州使团（含专使）的进京路线等。③ 但以上成果均未对专使的类型、出行、任命等问题做进一步考察。

唐律以及《天圣令》中的一些令文，涉及了专使，是对专使派遣目的、方式等方面的规定，有助于从法律史的角度加深对专使乃至整个驿传制度的理解。

一　专使的类型与职责

市大树先生将唐代使人的类型分为"送书之使"（"付送文书之使"）与"检校事之使"（"可行事之使"）两大类，④ 即传送文书的使人和办理具体事务的使人。从史料来看，专使亦可分为这两种类型，每一种类型肩负着不同的职责。

第一类是传送文书的专使。从文献上看，这类专使的任务有两种：一是把地方上的文书、报告上报给中央，二是将地方官员所写的特殊表章上报给朝廷。

---

① 谢元鲁：《论唐代地方信息上报制度》，《四川师范大学学报》（社会科学版）1988 年第 1 期，第 39 页，后收入谢元鲁《唐代中央政权决策研究（增订本）》，北京师范大学出版社 2020 年版，第 162 页。

② 李永：《由 P.3547 号敦煌文书看唐中后期的贺正使》，《史学月刊》2012 年第 4 期，第 25—33 页。

③ 陈国灿：《读〈杏雨书屋藏敦煌秘笈〉札记》，《史学史研究》2013 年第 1 期，第 118—120 页。

④ 市大樹『日本古代都鄙間交通の研究』第 Ⅱ 部第五章「日本律令国家の都鄙間交通体系」塙書房、2017 年、220 頁。

在《唐律疏议》中，有关于传送紧急文书的专使的律文。《唐律疏议》卷一〇《职制律》"驿使以书寄人"条"疏议"云："有军务要速，或追征报告，如此之类，遣专使乘驿，赍送文书。"① 这表明，在传送"军务要速""追征报告"这样的文书的时候，需要派遣专使，并通过驿进行传送。所以这样的专使具备两个特征：一个是传送紧急文书，一个是乘驿。

关于传送特殊表章的专使，《唐会要》云：

> 天宝十载（751）十一月五日敕："比来牧守初上，准式附表申谢，或因便使，或有差官，事颇劳烦，亦资取置。自今已后，诸郡太守等谢上表，宜并附驿递进，务从省便。"至十三载十一月二十九日诏："自今已后，每载贺正及贺赦表，并宜附驿递进，不须更差专使。"②

天宝十载的敕和天宝十三载的诏，分别规定了刺史的谢上表不得使用便使和差官（即专使），地方的贺正表、贺赦表也不能使用专使，必须"附驿递进"。可见，天宝末年以前，地方官员的谢上表还有贺正表、贺赦表都是通过专使送达的。③

需要指出的是，不论专使是传递紧急文书，还是传递官员的奏表，他们都是被自下而上派遣的，他们所肩负的使命都不是卢向前

---

① 《唐律疏议》卷一〇《职制律》，"驿使以书寄人"条，第209页。

② （宋）王溥：《唐会要》卷二六《笺表例》，第589页。同书卷六一《御史台中·馆驿使》作："天宝十一载十一月五日，自今诸郡太守谢上表，并附驿递进。"（第1249页）

③ 地方官员上奏给朝廷的表章，种类有很多，但并不一定都是专门派人送至魏阙。除了谢上表、贺正表、贺赦表等以外，其他的表，可能是由驿路常使传送，也可能是由本部官员或者朝廷使臣作为"便使"递送，甚至是官员自己亲自呈上。《旧唐书》卷一二《德宗纪上》云："建中元年春正月……大赦天下……常参官，诸道节度观察防御等使、都知兵马使、刺史、少尹、畿赤令、大理司直评事等，授讫三日内，于四方馆上表让一人以自代。其外官委长吏附送其表，付中书门下。"（第325页）

先生所说的那样"传达政令"。

第二类是办理具体事务的专使，可以称为事务性专使。这类专使分为两种类型。

一是由朝廷派出，到各地办理具体事务的。如唐玄宗开元二十四年（736）正月庚寅敕："天下逃户，听尽今年内自首，有旧产者令还本贯，无者别俟进止；逾限不首，当命专使搜求，散配诸军。"① 这是负责检括逃户的专使。又，天宝十载"正月甲子，有事于南郊，合祭天地，大赦天下，制曰：'……其五岳四渎及诸镇山，宜令专使分往致祭，其名山大川及诸灵迹先有祠庙者，各令郡长官逐便致祭。'"② 这是负责到地方上祭祀山川的专使。他们全是被朝廷派出处理具体事务的，其使命随着事件的不同而有别，具有很大的随机性和临时性。在史料中，这种例子层出不穷，不胜枚举。这类专使，应该就是唐后期使职差遣背景下出现的各种使职的滥觞，但他们本身并不等同于后来各种固定的使职。③

二是在地方上的一些部门之间办理具体事务的专使。比如复原唐《赋役令》第 35 条（原宋 11 条）云：

> 诸丁匠赴役，有事故不到阙功者，与后番人同送陪功。若故作稽违及逃走者，所司即追捕决罪，仍专使送役处陪功。其合徒者免陪。④

复原唐《厩牧令》第 51 条（原宋 14 条）云：

---

① 《资治通鉴》卷二一四，"开元二十四年正月"条，第 6813 页。

② （宋）王钦若等编纂：《册府元龟》卷三三《帝王部·崇祭祀第二》，第 346 页。

③ 王洪军《唐代水利管理及其前后期兴修重心的转移》说："除上述官吏之外，唐政府在一定的时期还派出一些'专使'对全国各地的水利工程进行巡察。"（《齐鲁学刊》1999 年第 4 期，第 78 页）他把渠堰使称为专使，但这是一种差遣，与本节所说专使的内涵并不一致。

④ 李锦绣：《唐赋役令复原研究》，载《天圣令校证》下册，第 477 页。

　　　　诸官畜在道有羸病，不堪前进者，留付随近州县养饲、救疗，粟、草及药官给。差日，遣专使送还本司。其死者，并申所属官司，收纳皮角。①

这类事务性专使，负责押送、转交等任务，是属于"跑腿儿"性质的使人。他们有的是遣送人员，有的是转运官畜。

　　总之，在一些特殊的情况下，需要派出专使来负责一些具体的传递工作。派遣者通过他们，可以实现信息的快速传递，同时也保证了文书或事件的秘密性和专门性，让他们的意图得以快速实现。

二　专使的出行方式

　　不管是传送文书的专使还是事务性专使，都必然有一定的出行方式。据前引《唐律疏议》"遣专使乘驿"云云，这类专使在传递紧急文书时，就是乘驿的。但目前存在的问题是，唐代专使出行是否全部乘驿？另外，是否如有的学者所说的那样，派遣专使与乘用驿传分属两途？② 下面以《天圣令》为中心，对这一问题试做探讨。

　　《天圣令·厩牧令》唐23条云：

　　　　诸府官马及传送马、驴，每年皆刺史、折冲、果毅等检简。其有老病不堪乘骑者，府内官马更对州官简定；两京管内，送尚书省简；驾不在，依诸州例。并官为差人，随便货卖，得钱若少，官马仍依《式》府内供备，传马添当处官物市替。其马卖未售间，应饲草处，令本主备草直。若无官物及无马之处，速申省处分，市讫申省。省司封印，具录

---

① 宋家钰：《唐开元厩牧令的复原研究》，载《天圣令校证》下册，第520页。
② 如前引谢元鲁《唐代中央政权决策研究（增订木）》第三章"决策的依据和信息传达渠道"第一节"地方情况上报制度"认为，唐代前期，地方政府向上传递信息，通过邮驿或者派遣专使两种途径（第170页）。

同道应印马州名，差使人分道送付最近州，委州长官印；
无长官，次官印。其有旧马印记不明，及在外私备替者，亦
即印之。印讫，印署及具录省下州名符，以次递比州。同道
州总准此，印讫，令最远州封印，附便使送省。若三十日内
无便使，差专使送，仍给传驴。其入两京者，并于尚书省
呈印。

本条令文，规定了军府官马和传送马驴的检简办法，即如果检查出
有"老病不堪乘骑"的马驴，应如何替备的问题。主要是：

（1）各地方州范围内，由州官负责简定，两京管内，由尚书
省简定；

（2）老马病马要卖掉，得钱若少，不足以再置新马，府马
"依《式》府内供备"，传马"添当处官物市替"；

（3）"若无官物及无马之处"，须"速申省处分"，市讫再
申省；

（4）尚书省所司录下应印马各州的名字，按道来分别派送，
传到各道离京师最近的州，州长官加印；

（5）由最近州印讫后，再向其他州依次递送，各州长官加印；

（6）当最远州收到并印讫后，"附便使送省"，"若三十日内无
便使，差专使送，仍给传驴"。

在（4）（5）环节中，没有提到封印递送的手段，只说
"以次递比州"。但当各道各州加印完毕，由最后一州负责申省
的时候，主要依靠的是便使来上报，只有过了三十日而无便使
时，才能使用专使，"仍给传驴"。可见这条法令是从限制专使
派遣的角度来规定的。这里将公文"送省"的专使，是自下而
上派出的，属于传送文书专使中的第一类。他们可以使用传驴
出行，而传驴是传送马驴的一种。可见，传递文书的专使有时
也乘传。

这就涉及传送马驴的使用问题。关于唐代驿传之间的区别与联

系，学术界已经进行了很深入的探讨。①《天圣令·厩牧令》唐 22 条是对使用传送马驴的一个总的规定，该令云："诸府官马及传送马、驴，非别敕差行及供传送，并不得辄乘。"可见传送马驴主要用于临时下敕的差行及供应传送——前者即是针对自上而下派遣的专使而言的，可见专使乘传比较普遍。

又，《天圣令·厩牧令》唐 35 条云：

> 诸传送马，诸州《令》《式》外不得辄差。若领蕃客及献物入朝，如客及物得给传马者，所领送品官亦给传马（诸州除年常支料外，别敕令送入京及领送品官，亦准此）。其从京出使应须给者，皆尚书省量事差给，其马令主自饲。若应替还无马，腾过百里以外者，人粮、粟草官给。其五品以上欲乘私马者听之，并不得过合乘之数；粟草亦官给。其桂、广、交三府于管内应遣使推勘者，亦给传马。

这里规定有三种情况可以差遣传马："若领蕃客及献物入朝，如客及物得给传马者，所领送品官亦给传马（诸州除年常支料外，别敕令送入京及领送品官，亦准此）"，"从京出使应须给者"以及"其桂、广、交三府于管内应遣使推勘者，亦给传马"。下面对这三种情况稍做辨析。

首先，令文中的第三种情况可以与《天圣令·狱官令》唐 5 条相互印证：

> 诸流移人，州断讫，应申请配者，皆令专使送省司。令量配讫，还附专使报州，符至，季别一遣（若符在季末至者，听与后季人同遣）。具录所随家口、及被符告若发遣日月，便

---

① 参看孟彦弘《唐代的驿、传送与转运——以交通与运输之关系为中心》，载黄正建主编《〈天圣令〉与唐宋制度研究》，第 146—156 页。

移配处，递差防援（其援人皆取壮者充。余应防援者，皆准此）。专使部领，送达配所。若配西州、伊州者，并送凉州都督府。江北人配岭以南者，送付桂、广二都督府。其非剑南诸州人而配南宁以南及巂州界者，皆送付益州大都督府，取领即还。其凉州都督府等，各差专使，准式送配所。付领讫，速报元送处，并申省知（其使人，差部内散官充，仍申省以为使劳。若无散官，兼取勋官强干者充。又无勋官，则参军事充。其使并给传乘）。若妻、子在远，又无路便，豫为追唤，使得同发。其妻、子未至间，囚身合役者，且于随近公役，仍录已役日月下配所，即于限内听折。①

辻正博先生根据这条令文及《唐令拾遗》《唐令拾遗补》中与本条相关的令文认为，对于流刑案件的裁判手续，是靠专使往返于州与中央的刑部之间进行文书的往来的。② 这些专使将州的申请上奏尚书省，然后把省司的命令传递给州。其实除此项任务以外，各州在配送犯人时，也由专使"部领""送达配所"。只是有些地区，专使不用将流移人送至配所，只需送至都督府，由都督府再差专使，"准式送配所"。比如"江北人配岭以南者，送付桂、广二都督府"的规定。将犯人押送到配所后，专使还要传递报告，"速报元送处，并申省知"。这里的桂、广二都督府"各差专使，准式送配所"的规定，正与《天圣令・厩牧令》唐35条吻合。这种专使即属于事务性专使中的第二类，他们大多是在同级别的地方政府之间办理公务，有时则是被都督府自上而下派遣的。其出行时乘用的正是传马。

　　其次，令文所说第二种情况提及"从京出使应须给者，皆尚

---

　　① 《天圣令校证》下册，第420页。
　　② 辻正博『唐宋時代刑罰制度の研究』第二章「唐律の流刑制度」京都大学学術出版会、2010年、67頁。

书省量事差给，其马令主自饲"。但唐26条也规定了传送马驴在出使过程中的供应问题：

> 诸官人乘传送马、驴及官马出使者，所至之处，皆用正仓，准品供给。无正仓者，以官物充；又无官物者，以公廨充。其在路，即于道次驿供；无驿之处，亦于道次州县供给。其于驿供给者，年终州司总勘，以正租草填之。

之所以出现"自饲"和"用正仓"的区别，可能是因为前者是"从京出使应须给者"，而唐26条规定的"官人乘传送马、驴及官马出使"，并非"从京出使"，他们应是由地方上派遣，前往某地出使的。

总之，不论是传递公文的专使还是事务性专使，都有乘传的规定，但是在文献中，唐后期的专使出行，往往只乘驿，而不再有乘传的记载。下面以传递文书的专使为例，做一考察。

贞元四年（788）八月，吏部为了改变任官紊乱的现状，上奏：

> ……伏望委诸州府县，于界内应有出身以上，便令依样通状，限敕牒到一月内毕，务令尽出，不得遗漏。其敕令度支急递送付州府，州司待纳状毕，以州印印状尾，表缝相连，星夜送观察使。使司定判官一人，专使勾当都封印，差官给驿递驴送省。至上都五百里内，十二月上旬到；千里外，中旬到；每远校一千里外，即加一旬。虽五千里外，一切正月下旬到。①

吏部要求，各州府县在接到敕牒后，将界内的任官命令制成通状，星夜送给观察使，使司合总封印，"差官给驿递驴送省"。这里也是各州封印，然后送省的事情。所谓"差官"，其实就是

---

① （宋）王溥：《唐会要》卷七四《选部上·论选事》，第1588页。

自下而上递送文书的专使，而他们所使用的交通工具，是驿递驴。

唐宣宗大中五年（851），沙州在推翻了吐蕃的统治后，向朝廷派遣一个专使使团，献上沙州地图。杜牧在《沙州专使押衙吴安正等二十九人授官制》中云：

> 敕：沙州专使衙前左厢都知押衙吴安正等。自天宝以降，中原多故，莫大于虏，盗取西陲，男为戎臣，女为戎妾，不暇吊伐，今将百年。自朕君临，岂敢偷惰，乃命将帅，收复七关，爰披地图，实得天险，遂使朝庭声闻，闻于敦煌。尔帅议潮，果能抗忠臣之丹心，折昆夷之长角。窦融西河之故事，见于盛时；李陵教射之奇兵，无非义旅。尔等咸能竭尽肝胆，奏事长帅，将其诚命，经历艰危。言念忠劳，岂吝爵位，官我武卫，仍峻阶级，以慰皇华，用震殊俗。可依前件。①

陈国灿先生认为，此制书作于"大中五年冬十月后不久"，"制文所云沙州专使押衙吴安正等廿九人，应是指的十月抵京的使团成员，但未言及张义潭本人，张义潭乃张义潮之弟（引者按，应为兄），为此使团之领队，当另有专门敕授，吴安正等廿九人属一般性授官，故另作一制文。这廿九人，加上首领张义潭，实为三十人，这应是此使团全部成员的构成"。② 本次使团规模很大，不同于一般专使，他们是要向朝廷贡献地图、汇报情况的，其实在本次使团以前，沙州业已向朝廷派出过使团："［大中］五年，二月，壬戌，天德军奏沙州刺史张义潮、安景旻及部落使阎英达等差使上

---

① （唐）杜牧：《樊川文集》卷二〇，陈允吉点校，上海古籍出版社1978年版，第305页。

② 陈国灿：《读〈杏雨书屋藏敦煌秘笈〉札记》，《史学史研究》2013年第1期，第119页。

表，请以沙州降。"① 笔者只讨论杜牧制文所涉及的沙州使团。这次使团的出行活动，在《驿程记》中有详细记载：

（前缺）

1 ▭▭▭▭▭▭▭▭▭▭▭▭▭▭至谷南口宿，十七日

2 ▭▭▭▭▭▭▭▭▭▭▭至西受降城宿，十九日西城歇。

3 廿日发至四曲堡下宿，廿一日发至吴怀堡宿。廿三日发

4 至天德军城南馆宿，廿四日天德打球设沙州专使。至九

5 月三日发天德，发至麦泊食宿。四日发至曲②河宿。五日发

6 至中受降城宿，六日发至神山关宿。七日云迦关宿。八日歇。

7 九日发至长平驿宿。十日发至宁人驿宿。十一日发子

8 河驿宿，十二日发至振武宿，十三日发长庆驿宿。

9 十四日发至静边军宿，十五日纫葯驿宿。十六日平番驿

10 宿，十七日天宁驿宿，十八日雁门关北口驿宿，十九日

（后缺）③

根据这篇《驿程记》，沙州使团是乘驿出行的，其所经之处除个别军镇外，均是驿站。这个使团以"衙前左厢都知押衙吴安正"为专使，一行共三十人。在出行途中，专使还受到了打马球的招待。除个别日子休息外，基本都是按照乘驿应有的进度前行的，可见唐后期专使大都乘驿。

　　另有一事需要辨析，十月是张义潭使团抵京的时间，但关于其出发时间，诸书记载不一，有七月和八月两种说法：《唐会要》卷

----

① 《资治通鉴》卷二四九，"大中五年十一月"条司马光《考异》，第8049页。
② "曲"，陈国灿《读〈杏雨书屋藏敦煌秘笈〉札记》误作"西"（第118页）。
③ 日本（财）武田科学振兴财团（大阪）、馆长吉川忠夫编『杏雨書屋藏敦煌秘笈影片册一』羽032之1「駅程記断簡」はまや印刷株式会社、2009年、229頁。

七一《州县改置下·陇右道》①、《册府元龟》卷二〇《帝王部·功业第二》② 记为大中五年七月；《册府元龟》卷一七〇《帝王部·来远》③、《册府元龟》卷九七七《外臣部·降附》④ 则记为五年八月。但根据《驿程记》，沙州使团八月十八日到达西受降城，九月十八日到达雁门关，其间经历了一个月时间。而沙州到西受降城的距离，远超西受降城与雁门关之间的距离。故使团出发的时间，应为大中五年七月。

综上，根据《天圣令》，传送文书的专使和事务性专使都可以乘传，而在现实中，唐后期，专使全都乘驿。

这里面存在的问题是，为何《天圣令》中传送文书的专使使用驴，而事务性专使使用马？同时，结合《唐律疏议》，为何传送紧急文书的专使使用马，而传送一般性文书的专使使用驴？笔者认为，这种现象的出现，一是与唐代"乘传日四驿，乘驿日六驿"⑤ 的行程规定相适应——乘驿进度快，乘传进度慢，⑥ 故传送紧急文书时，必须用驿马；二是与唐代驿马的不断流失有关，⑦ 故有的时

---

① （宋）王溥：《唐会要》卷七一《州县改置下·陇右道》，第1269页。

② （宋）王钦若等编纂：《册府元龟》卷二〇《帝王部·功业第二》，第201—202页。

③ （宋）王钦若等编纂：《册府元龟》卷一七〇《帝王部·来远》，第1896页。

④ （宋）王钦若等编纂：《册府元龟》卷九七七《外臣部·降附》，第11314页。

⑤ 《资治通鉴》卷二〇四，"武后垂拱二年三月"条胡三省注，第6438页。

⑥ 这是从一般规定上来说，但通过文献中的事例看，有时乘传并不慢。参看孟彦弘《唐代的驿、传送与转运——以交通与运输之关系为中心》，载黄正建主编《〈天圣令〉与唐宋制度研究》，第152页。

⑦ 关于唐后期的驿制疲敝问题，学术界有很多研究。黄正建《唐代衣食住行研究》指出，对馆驿的骚扰"成为馆驿不堪忍受的沉重负担，这是馆驿加速败坏的一个重要原因"（第176页）。马俊民、王世平《唐代马政》第十二章"唐代马政与交通的关系"指出："唐代馆驿交通的高效率主要指唐前期而言，安史乱后则远不如前……首先是唐后期馆驿制度常被破坏……更重要的是唐后期国家和私人养马业都转入衰微期，馆驿马源大大缩小。"（第147页）

候专使乘驴而不乘马。另外，传制在唐代逐渐消亡，① 所以唐后期只有乘驿的记载，而再无乘传。

三　专使的选拔途径及其他

根据前引《天圣令·狱官令》唐 5 条，在处理流移人这一问题时，都要由专使传递信息、押送部领，而充任专使的，"差部内散官充，仍申省以为使劳。若无散官，兼取勋官强干者充。又无勋官，则参军事充。其使并给传乘"。可见这里的专使一般都是部内的散官，抑或勋官、参军事。那么，在唐代是否所有的乘用驿传的专使都是在这些人中选拔的呢？下面试做探讨。

前文说过，天宝末年以前，地方官员的谢上表、贺正表、贺赦表都是通过专使送达的。后来朝廷对此进行限制，要求全部"附驿递进"，也就是让常行驿使传送。有些官员能够遵循这样的规定，知道"差使上谢，有亏格文"，于是他的谢上表是"附本道观察使便使奉表陈谢以闻"的。② 但是，绝大多数官员，未能遵守这样的制度规定，他们的这些表章仍旧公然使用专使进行上报。以谢上表为例，③ 在《全唐文》很多地方官员（包括拔擢和贬斥的）所上的谢表中，有很多篇目交代了该表是交由谁作为专使带入京师的。④ 下面以这些谢表为考察对象，列举一下地方官谢表的呈送方式（见表 6 - 1）。

---

① 参看黄正建《唐代的"传"与"递"》，载黄正建《走进日常——唐代社会生活考论》，第 175 页。

② 常衮：《潮州刺史谢上表》，载（清）董诰等编《全唐文》卷四一七，第 4270 页。

③ 关于唐代谢上表，可参看李师孟《唐代拜官申谢研究》，硕士学位论文，北京师范大学，2018 年，第 32—39 页。但他的论文中并未涉及谢表的传送方式问题。

④ 关于唐代官员谢上表更全面的统计，可以参看张达志《唐代后期藩镇与州之关系研究》附录"唐代后期谢上表示例表"，中国社会科学出版社 2011 年版，第 233—246 页。该书对谢上表的上传方式多有措意，但并未涉及"专使"及其选拔问题。

表 6-1 官员上"谢上表"所用专使

序号	姓名	官职	篇名	专使人名	出处
1	张说	荆州大都督府长史	《荆州谢上表》	丁匠资使所部文林郎守公安县主簿封希鲁	卷223
2	张九龄	荆州大都督府长史	《荆州谢上表》	河西经略判官所部朝义郎法曹参军苏锐	卷288
3	权德舆	检校吏部尚书兼御史大夫，充东都留守判东都尚书省事	《东都留守谢上表》	押衙试殿中监成党	卷486
4	李吉甫	柳州刺史	《柳州刺史谢上表》	衙前军事虞候王国清	卷512
5	韩愈	袁州刺史	《袁州刺史谢上表》	军事副将郝泰	卷548
6	刘禹锡	使持节和州诸军事、守和州刺史	《和州刺史谢上表》	和州军事衙官章兴	卷601
7	刘禹锡	使持节汝州诸军事守汝州刺史兼御史中丞,充本道防御使	《汝州刺史谢上表》	防御押衙韦礼简	卷601
8	刘禹锡	使持节同州诸军事守同州刺史兼御史中丞充本州防御长春宫等使	《同州刺史谢上表》	防御知衙官、试殿中监杨克义	卷601
9	白居易	使持节同州诸军事守同州刺史兼本州防御使	《同州刺史谢上表》	知衙官试殿中监马宏直	卷666
10	萧仿		《蕲州谢上表》*	军事押衙某	卷747

注：＊对这份谢上表的解读，可以参看张达志《唐代后期藩镇与州之关系研究》，第89—91页。

在表 6-1 中，从张说的《荆州谢上表》到萧仿的《蕲州谢上表》，这些官员任命的专使的职务分别是：文林郎、守公安县主簿，朝义（议）郎、法曹参军，押衙、试殿中监，衙前军事虞候，军事副将，军事衙官，防御押衙，防御知衙官、试殿中监，知衙官、试殿中监，军事押衙。这些职务中，张说、张九龄所派的文林郎、朝议郎均为散官，① 这符合《天圣令·狱官令》唐 5 条的规定，但还

---

① 《唐六典》卷二《尚书吏部》"吏部郎中员外郎"条云："隋开皇六年，始置六品已下散官，并以郎为正阶，尉为从阶：正六品上为朝议郎，下为武骑尉……皇朝以郎为文职，尉为武，遂采开皇、大业之制，以为六品已下散官……从九品上曰文林郎……凡散官四品已下、九品已上，并于吏部当番上下。"（第31页）

有的是地方政府部门的中下层官员，而大部分是军队中的衙官。

由此可见，并非所有的专使都是按照《天圣令》的规定来选拔的。唐德宗贞元二年三月，河南尹充河南水陆运使薛珏奏："伏以承前格敕，非不丁宁，岁月滋深，因循久弊。今往来使客，多是武臣，逾越条流，广求供给……伏乞重降殊恩，申明前敕，绝其侥滥，俾惧章程。庶邮驿获全，职司是守。"① 他所说的"往来使客，多是武臣"，应该就是指像军事押衙这样身份的专使。他们在乘驿的时候，多无度榨取驿中资源，对驿造成侵扰。这也是长期以来限制专使出行的一个主要原因。从这个意义上讲，由押衙充任专使，以传递地方尤其是藩镇与中央之间的文书已经成为常态。

在《全唐文》中，除了谢上表，还有其他种类的表文，也是通过专使的形式传送的，如贺赦表、贺册皇太子表、贺德音表、贺改元表等。除了个人的谢表、贺表外，各道也有以官方名义派出的专使，他们把本道各州的贺表收集上来，一起传递。《唐会要》云：

> 会昌五年八月，御史台奏，应诸道管内州，合进元日冬至端午重阳等四节贺表。自今已后，其管内州并仰付当道专使发遣，仍及时催促同到；如阙事，知表状判官，罚本职一月俸料。发表讫，仍先于急递中申御史台。②

总体来说，地方上使用专使传递文书，是为了让自己的公文或表章更加方便、更加安全地到达目的地。随着专使的派遣越来越普遍，他们与常行驿使之间的差异越来越模糊，但是在法律规定中，二者还是有明确的区分。再以《唐律疏议》卷一〇《职制律》"驿使以书寄人"条"疏议"为例，由于"军务要速""追征报告"的紧迫性，派遣专使传递，但专使在传递这类文书的过程中，不能

---

① （宋）王溥：《唐会要》卷六一《御史台中·馆驿》，第 1249 页。
② （宋）王溥：《唐会要》卷二六《笺表例》，第 589—590 页。

将其随意转交给他人；专使一旦违律，受到的惩罚也要比常行驿使严重。《唐律疏议》该条又云："即为军事警急而稽留者，以驿使为首，行者为从（有所废阙者，从前条）。其非专使之书，而便寄者，勿论。""疏议"对此解释云：

> 即为军事警急，报告征讨、掩袭、救援及境外消息之类而稽留，罪在驿使，故以驿使为首，行者为从。注云"有所废阙者，从前条"，谓违一日，加役流；以故陷败户口、军人、城戍者，绞。"其非专使之书"，谓非故遣专使所赍之书，因而附之，其使人及受寄人并勿论。①

军事警急的文书，需要"遣专使乘驿，赍送文书"，如果他们把这样的文书随意交给别人来传送而导致稽程，那么专使，相比常行驿使而言，就要受到更重的处罚——"驿使为首，行者为从"。② 可见专使责任的重大。

　　相比之下，常行驿使在相同的犯罪条件下，所受到的惩罚要轻一些。《唐律疏议》同条云：

> "诸驿使无故，以书寄人行之及受寄者，徒一年。若致稽程，以行者为首，驿使为从。"《疏议》云："'无故'，谓非

---

　　① 《唐律疏议》卷一〇《职制律》，"驿使以书寄人"条，第208—209页。关于本条律文的笺证，还有一处需要辨析，该律文云："其非专使之书，而便寄者，勿论。"即如果不是专使之书，是可以交给便使来寄送的。但便寄与常行驿使"以书寄人行之"的"授寄者"不同：便使是顺路的其他驿使，而不是普通的"授寄者"。刘俊文在《唐律疏议笺解》中，把"便寄"解释作"以非专使之书附寄人行之"［见（唐）长孙无忌等《唐律疏议笺解》，第818页］，如是这样的话，就与唐律本条中"诸驿使无故，以书寄人行之及受寄者，徒一年"的规定相矛盾了。因为既然不能把文书随便交给别人寄送，为什么这里又说"勿论"呢？所以说"便寄"就是交给便使转寄，而便使是可以接受非专使之书的。

　　② 这里的"驿使"就是指专使而言。

身患及父母丧者，以所赍文书，别寄他人送之及受寄文书者，
各徒一年。'若致稽程'，谓行不充驿数，计程重于徒一年者，
即以受书行者为首，驿使为从。此谓常行驿使而立罪名。"①

对于常行驿使而言，如果"无故"将文书交给他人传递，则驿使和
接受文书的一方都要徒一年。如果稽程的话，则以"受书行者"为
首犯，原驿使为从犯。这体现了常行驿使与专使之间的区别。

小　结

根据前文的论述，可以得出以下几点认识。

在驿传交通体系中，专使是一类专门派遣的使人，既有传送文
书（包括紧急的和一般性的）的专使，也有负责处理具体事务的事务
性专使。传送文书的专使一般是自下而上派遣的，上报文书、表章。
而事务性专使则有朝廷向地方派遣和地方政府之间派遣两种类型。

专使并非全部乘驿，有的时候乘传。根据《天圣令》的规定，
自下而上派出的递送文书的专使可以使用传驴；② 在地方政府之间
办理具体事务的专使，可以乘用传马。唐后期的专使出行，往往只
乘驿。这是与传制本身在唐代前后期的发展变化相一致的。在乘驿
的时候，专使和常行驿使的区别在于，专使在传送文书时负有更为
重大的责任。

专使并不仅仅传送紧急文书，有些一般性的或者不是特别紧急
的文书，也由专使传达。可见，专使不是专门传达政令的。地方上
派遣的专使，有的从散官中选拔，与《天圣令》的规定相符，但

---

① 《唐律疏议》卷一〇《职制律》，"驿使以书寄人"条，第208—209页。

② 传驴的功能并不止于此。《天圣令·医疾令》唐11条云："诸药品族，太常年
别支料，依《本草》所出，申尚书省散下，令随时收采。若所出虽非《本草》旧时收
采地，而习用为良者，亦令采之。每一百斤给传驴一头，不满一百斤附朝集使送太常，
仍申帐尚书省。须买者豫买。"（《天圣令校证》下册，第410页）可见传驴还可运转
物资。

更多的是从军队当中选拔出的"武臣"。这样的专使非常多，他们承担着为地方官员传达表状的责任。而他们自身，是通过使用驿传系统来完成这一使命的。他们往来于驿路之上，成为驿传交通的一个重要服务对象。从这个意义上说，专使和常行驿使之间逐渐同质化，他们的活动绝不仅仅是驿传交通职责中的"很小的一部分"。①

第三节　唐代驿传制度的相关评价

严耕望先生在谈到唐代的交通问题时说："国家大事、社会人民生活，无不与当时的交通情形有关。尤其军事进行、政治控制、经济流通、文化传播，更以交通路线为基本影响因素。"② 对于拥有广袤版图的唐朝政府来说，如何调配、控制以便有效地利用交通设施，是一件非常重要的事情。本书下篇第五章及第六章第一、二节，均是试图从设置和管理的角度，深入驿传制度的细节中去，对唐代的交通体系进行的一点探究。但这种探究是点状的，或者说是片面的，不能面面俱到地展现唐代的交通全貌。本节则试图从相对比较宏观的角度来审视一下唐代的驿、传制度，探究这一制度在国家层面的特征。

一　驿传的运行规则

《天圣令·厩牧令》唐 21 条云：

> 诸州有要路之处，应置驿及传送马、驴，皆取官马驴五岁以上、十岁以下，筋骨强壮者充。如无，以当州应入京财物市充。不充，申所司市给。其传送马、驴主，于白丁、杂色

---

① 卢向前：《唐代政治经济史综论——甘露之变研究及其他》，第 187 页。

② 严耕望：《治史三书·治史经验谈》，上海人民出版社 2011 年版，第 54 页。

（邑士、驾士等色）丁内，取家富兼丁者，付之令养，以供递
送。若无付者而中男丰有者，亦得兼取，傍折一丁课役资之，
以供养饲。

从这条令文中我们可以得出以下信息：诸州要路之处所需置的驿马
驴、传送马驴均要出自官马驴，如果没有官马驴，则以当州所要入
京的财物来购买。这充分说明，驿传马驴是以国家的名义提供给诸
州以便全国交通的公共财产，不是地方自己提供的。换言之，驿传
从整体上来说是靠国家宏观调配的，并非诸州的私有财产。而充当
驿传马驴的所谓"官马驴"，则来自诸监牧。《天圣令·厩牧令》
唐 11 条云：

> 诸牧，马驹以小"官"字印印右膊，以年辰印印右髀，
> 以监名依左、右厢印印尾侧（若行容端正，拟送尚乘者，则
> 不须印监名）。至二岁起，脊量强、弱，渐以"飞"字印印右
> 髀、膊；细马、次马俱以龙形印印项左（送尚乘者，于尾侧
> 依左右闲印，印以"三花"。其余杂马送尚乘者，以"风"字
> 印印左膊；以"飞"字印印右髀）。骡、牛、驴皆以"官"字
> 印印右膊，以监名依左、右厢印印右髀；其驼、羊皆以"官"
> 字印印右颊（羊仍割耳）。经印之后，简入别所者，各以新入
> 处监名印印左颊。官马赐人者，以"赐"字印；配诸军及充
> 传送驿者，以"出"字印，并印右颊。

由此可见，凡是官马驴，均是在右膊上印"官"字印，它们全是
国家所有的公共财产。

首先来看一下唐代的驿制。《天圣令·厩牧令》唐 33 条云：

> 诸驿各置长一人，并量闲要置马。其都亭驿置马七十五匹，
> 自外第一道马六十匹，第二道马四十五匹，第三道马三十匹，第

四道马十八匹，第五道马十二匹，第六道马八匹，并官给。使稀之处，所司仍量置马，不必须足（其乘具，各准所置马数备半）。定数下知。其有山坡峻险之处，不堪乘大马者，听兼置蜀马（其江东、江西并江南有暑湿不宜大马及岭南无大马处，亦准此）。若有死阙，当驿立替，二季备讫。丁庸及粟草，依所司置大马数常给。其马死阙，限外不备者，计死日以后，除粟草及丁庸。

驿中马匹所需要的粟草都由国家提供。而驿为来往乘驿之人提供的物资（饮食、草料之类）亦由国家出资，只不过每次在驿中逗留的时间不能超过三日。[①] 同时，驿还要给来往的传送马驴提供草料。《天圣令·厩牧令》唐26条云：

> 诸官人乘传送马、驴及官马出使者，所至之处，皆用正仓，准品供给。无正仓者，以官物充；又无官物者，以公廨充。其在路，即于道次驿供；无驿之处，亦于道次州县供给。其于驿供给者，年终州司总勘，以正租草填之。

由本令可知，虽然道次之驿要给过往使人提供物资，但到年底州司要对这些支出做一结算，根据数量在上缴给国家的正租草中抽出一部分作为补偿，还给驿。也就是说，驿提供物资的一切支出还是由国家负责。《唐上元二年（761）蒲昌县界长行小作具收支饲草数请处分状》（73TAM506：4/40）云：

1　蒲昌县界长行小作　　　　状□

2　　　当县界应营易田粟总两项共得□□叁阡贰伯肆拾壹束（每粟壹束准草壹束）

---

① （宋）王溥：《唐会要》卷六一《御史台中·馆驿》，第1248—1249页。

3　　壹阡玖伯肆拾 陆 束县□□□□

4　　□□□□ 拾 捌束上（每壹束三尺三围），陆伯

肆拾捌束 □□□□

5　　陆伯伍拾束下（ 每壹 束贰尺捌围）

6　　壹阡贰伯玖 拾 伍 束山北

横 截 等 三 城 □

7　　　肆伯叁拾束上（每壹束叁尺叁围），肆伯叁拾

束（每壹束叁尺壹围）

8　　　肆伯叁拾伍束下（每壹束贰尺捌围）

9　以前都计当草叁阡贰伯肆拾壹束具破用、见在如后。

10　　　壹阡束奉县牒：令支付供萧大夫下进马食讫。

县城作

11　　　玖伯束奉 都督判命，令给维磨界游弈马食。

山北作

12　　壹 阡 叁 伯 肆 拾 壹 束 见 在。

13　　　玖伯肆拾陆束县下三城作 叁伯 □□□束

山北作

14　　　右被长行坊差行官王敬宾至场点检前件作草，

使未至已前，奉

15　　　都督判命及县牒支给、破用，见在如前，请处

分。谨状。

16　牒件状如前，谨牒。

17　　　　　上元二年正月　日作头左思训等牒

18　　　　　　　知作官别将李小仙①

---

① 国家文物局古文献研究室、新疆维吾尔自治区博物馆、武汉大学历史系编：《吐鲁番出土文书》第十册《阿斯塔那五〇六号墓文书》，文物出版社1991年版，第252—254页。

在这份文书中，蒲昌县让长行小作将从当地易田中收上来的一千束草料供给"萧大夫下进马食"，而当县还接到西州都督的判命，令给"维磨界游奕马食"九百束草料。换言之，驿所提供的粟草等物均是由政府统一支配的。

虽然在律令制度层面上，国家为驿的运转提供各种物资，但是唐代前期，地方上各州县除了要为驿提供人力以供驱使以外，管理驿的人——驿长也要对驿站的运行担负很大的责任。

笔者曾依据《天圣令·厩牧令》唐 34 条的相关规定，研究了唐代驿丁的职责，得出的结论是：驿丁分为四番上下，另外，驿丁可以纳资代役，其资课由驿家领受。关于驿家，滨口重国先生认为："差定驿侧近之户若干为驿家——如无特别的事情，限于一差之后长充驿家——以驿家中富强干事者一人作为驿长总掌一驿之事，并从各驿家出驿子担当甲乙两驿之间驿马驴的引导或渡船之役。"① 他认为，驿家就是在驿站旁边生活的人家，他们长期负责驿站的具体事务，在驿中分番服役，其中"富强干事"的还要充当驿长。但是，笔者认为，唐代的驿家实际上就是指驿长，并不是指驿侧之户。驿长就是驿将，他要为驿负主要责任。

驿长的职责比较繁重，② 比如每年须呈报驿马驴死损肥瘠的情况以及驿站经费之支出与剩存，还要负责驿马驴死损之赔填。③ 所以，很多驿家由于承担不起这一系列沉重的负担而破产，开始躲避

---

① 滨口重国「唐に于ける两税法以前の徭役劳动」第二节「驿家」、滨口重国『秦汉隋唐史の研究』上卷，转引自鲁才全《唐代前期西周宁戎驿及其相关问题——吐鲁番所出馆驿文书研究之一》，载唐长孺主编《敦煌吐鲁番文书初探》，第 374 页。

② 有的驿家由于事务繁多，还雇有帮工。《旧唐书》卷一九〇中《陈子昂传》："同州下邽人徐元庆，父为县尉赵师韫所杀。后师韫为御史，元庆变姓名于驿家佣力，候师韫，手刃杀之。"（第 5024 页）

③ 陈沅远：《唐代驿制考》，《史学年报》第 1 卷第 5 期，1933 年，第 64 页。

这种服役形式。① 至唐后期，驿制运作方式就不得不发生变化，
《通典》卷三三《乡官》云：

> 三十里置一驿（其非通途大路则曰馆），驿各有将，以州
> 里富强之家主之，以待行李（自至德之后，民贫不堪命，遂
> 以官司掌焉。凡天下水陆驿一千五百八十七）。②

又，《新唐书》云：

> 初，州县取富人督漕挽，谓之"船头"；主邮递，谓之
> "捉驿"；税外横取，谓之"白着"。人不堪命，皆去为盗贼。
> 上元、宝应间，如袁晁、陈庄、方清、许钦等乱江淮，十余年
> 乃定。晏始以官船漕，而吏主驿事。③

至德之后以"官司掌"驿的原因就是"民贫不堪命"，即所谓驿家
难以承受为驿服务的沉重负担了。然而这种情况早在神龙年间就已
经发生，神龙二年（706），李峤上书指出："又重赂贵近，补府若
史，移没籍产，以州县甲等更为下户。当道城镇，至无捉驿者，役
逮小弱，即破其家。愿许十道使访察括取，使奸猾不得而隐。"④
开元年间尤为严重。开元四年（716）闰十二月的一道诏书说：
"如闻两京间驿家，缘使命极繁，其中多有妄索供给。宜令御史刘

---

① （唐）张鷟《朝野佥载》卷三云："定州何名远大富，主官中三驿。每于驿边
起店停商，专以袭胡为业，赀财巨万，家有绫机五百张。远年老，或不从戍，即家贫
破。及如故，即复盛。"（中华书局1979年版，第75页）这是一个很值得玩味的故事。
何名远之所以能够主管三驿，是因为他"大富"。而他的巨万家资，是靠劫掠胡人的财
物得来的，他年老的时候，袭劫不动了，马上就家道中落。可见，主驿本身并不能致
富，相反还要赔上自己的家业。
② （唐）杜佑《通典》卷二二《乡官》，第921页。
③ 《新唐书》卷一四九《刘晏传》，第4797—4798页。
④ 《新唐书》卷一二三《李峤传》，第4370页。

升往南北两路简察，随事奏闻。"① 于是，到了至德年间，刘晏就开始改革驿站的掌管模式。改革之后，由官司管理驿站，换句话说，就是"吏主驿事"。

在新的制度下，从表面上看，驿的一切运作已归国家所有，不再役使百姓。但驿本身却不断出现很多问题，主驿的吏员、乘驿的使人都直接或间接地破坏了驿的正常运行，使得各种腐败现象接连发生。李商隐《戏题赠稷山驿吏王全》诗云："绛台驿吏老风尘，耽酒成仙几十春。过客不劳询甲子，惟书亥字与时人。"② 此时驿中之吏，已不再是不堪重负的驿家，而是整日无所事事，逍遥快活。另一方面，很多使臣利用职权之便无度地向驿站索取，导致驿马数量减少，不得不掠夺民间的私马。长庆元年（821），柳公绰复为京兆尹，"时幽、镇用兵，补置诸将，使驲系道。公绰奏曰：'比馆递匮乏，驿置多阙。敕使衣绯紫者，所乘至三四十骑；黄绿者，不下十数。吏不得视券，随口辄供。驿马尽，乃掠夺民马。怨嗟惊扰，行李殆绝。请着定限，以息其弊。'有诏中书条检定数，由是吏得纾罪。宦官共恶疾之"。③ 这种情况的出现使我们看到，虽然唐代前后期主驿之人发生了变化，即由驿家变成了驿吏，但是驿的供应仍然要依靠私人的财产和资源。只不过在前期是要求驿家必须自己提供，后期则是抢夺百姓的资产——"掠夺民马"。

下面再来看唐代法令中的传制。按，《天圣令·厩牧令》唐21条云：

> 诸州有要路之处，应置驿及传送马、驴，皆取官马驴五岁以上、十岁以下，筋骨强壮者充。如无，以当州应入京财物市充。不充，申所司市给。其传送马、驴主，于白丁、杂色

---

① （宋）王钦若等编纂：《册府元龟》卷六三《帝王部·发号令第二》，第674页。

② 《李商隐诗歌集解·编年诗》："戏题赠稷山驿吏王全（自注：全为驿吏五十六年，人称有道术，往来多赠诗章）。"（第448页）

③ 《新唐书》卷一六三《柳公绰传》，第5021页。

（邑士、驾士等色）丁内，取家富兼丁者，付之令养，以供递
送。若无付者而中男丰有者，亦得兼取，傍折一丁课役资之，
以供养饲。

本条令文规定了传送马驴的选取标准及其饲养方法。传送马驴不是
由国家机构统一饲养的，而是由传送马驴主专职负责。但传送马驴
主是从白丁、杂色丁中选出来的"家富兼丁者"，不是国家的专职
吏员。这种情况与驿家的性质很相似。

但传送马驴亦是来自国家的监牧系统的，并且其一旦死亡走
失，都由官家补偿替换。《天圣令·厩牧令》唐22条云：

诸府官马及传送马、驴，非别敕差行及供传送，并不得辄
乘。本主欲于村坊侧近十里内调习者听。其因公使死失者，官
为立替。在家死失及病患不堪乘骑者，军内马三十日内备替，
传送马六十日内备替，传送驴随阙立替。若马、驴主任流内九
品以上官及出军兵余事故，马、驴须转易，或家贫不堪饲养，
身死之后，并于当色回付堪养者。若先阙应须私备者，各依付
马、驴时价酬直。即身死家贫不堪备者，官为立替。

由本条令文可知，传送马驴"因公使死失"，都要"官为立替"，
而不需要传送马驴主负责。这是因为，传送马驴是寄存于传送马驴
主之家进行饲养的，由于他们承受了一定的负担，故要给以一定的
优待。即便马驴"在家死失及病患不堪乘骑"，也都由官府负责替
换。另外，还有一种情况，如果最初官府没有足够的传送马驴，而
由传送马驴主自己"私备"，那么到时候也都会得到与当时马驴价
相当的酬值。总体来说，传送马驴就是国家的公有财产，不是强行
征用百姓马驴以供传送的。

另外，传送马驴上番时所需要的饮食供应，也是由国家统一提
供的。《天圣令·厩牧令》唐27条云：

> 诸当路州县置传马处，皆量事分番，于州县承直，以应急速。仍准承直马数，每马一匹，于州县侧近给官地四亩，供种首蓿。当直之马，依例供饲。其州县跨带山泽，有草可求者，不在此例。其首蓿，常令县司检校，仰耘锄以时（手力均出养马之家），勿使荒秽，及有费损；非给传马，不得浪用。若给用不尽，亦任收苂草，拟［至］冬月，其比界传送使至，必知少乏者，亦即量给。

传马是分番服役的，称作"承直"。在承直期间，传马可以享用州县所拨官田里种的首蓿。这说明，只要传送马离开传送马驴主之家用于传送，就会得到国家的供给，不再需要传送马驴主提供饮食了。

与驿马类似，传送马驴在道途中，亦享受官府所提供的待遇。根据前引《天圣令·厩牧令》唐 26 条，出使官人乘传送马驴，除在途情形与乘驿相同外，所到之处，皆用当地正仓物资供给。如果没有正仓，就用官物充；没有官物，就以公廨钱充。可见，乘传所需之费，一律由官家支付。

由于在史料中有关传制使用的记载非常有限，故难以确知唐代乘传过程中是否有像驿制那样与法令规定相悖的情况。但根据驿制的运行可以推测，传送马驴主以及驿在为传送马驴供应时，其实很有可能也会被无度地索取和使用。

二　唐代对违规乘驿行为的控制

唐代的驿站，在设置、使用、管理、监察等方面都有严格的规定。① 但在使用过程中，出使者无度索要供给的现象十分突出，屡禁不止。黄正建先生指出，对馆驿的骚扰"成为馆驿不堪忍受的

---

① 参看陈沅远《唐代驿制考》，《史学年报》第 1 卷第 5 期，1933 年。

沉重负担，这是馆驿加速败坏的一个重要原因"。① 有鉴于此，从玄宗时期开始，唐朝皇帝不断颁布禁止扰驿行为的诏令。② 如前引唐玄宗开元四年（716）闰十二月《简察驿路妄索供给诏》就是针对驿站中存在的无度索要供给现象而做出的决定。这样做是有法律依据的，《唐律疏议》中有多条惩治违规乘驿行为的律文，如针对过多索要驿马的行为规定："诸增乘驿马者，一匹徒一年，一匹加一等（应乘驿驴而乘马者减一等）。主司知情与同罪，不知情者勿论（余条驿司准此）。"③ "增乘驿马"就是"妄索供给"的违规行为之一。

又开元十四年四月《禁断矫称敕使制》云：

> 如闻在外州多有矫称敕使，诈乘传驿：或托采药物，言将贡献；或妄云追人，肆行威福，如此等④，犹须禁断。若缘别使，皆发中使，以此参察，固易区分。宜令州县严加捉搦，勿容漏网。

玄宗颁布这条诏令的起因是："太原尹张嵩奏，有客李子峤，诈称皇子，入驿居止……帝闻之，以为矫妄，敕嵩杖杀，因下制。"⑤ 乘驿本是供使者来往、传达政令信息的，如果被一些图谋不轨的人随意使用，就会破坏驿制，并影响国家安全，所以必须严惩。可见唐代比较注意维护驿制的规范性。

但是，即便国家对扰驿行为给予了一定的重视，并且出台了相关的政令来进行约束，这类事情在唐代还是时有发生。

---

① 黄正建：《唐代衣食住行研究》，第 176 页。
② 青山定雄「唐代の驛と邮及び进奏院」对唐代的驿制进行了研究，指出驿是广泛官用的交通通信设施，玄宗时代进行了驿制改革，唐末驿废弛，成为宋递铺的先驱。载青山定雄『唐宋時代の交通と地誌地圖の研究』、51–73 页。
③ 《唐律疏议》卷一〇《职制律》，"增乘驿马"条，第 210 页。
④ 《全唐文》卷二二《禁断矫称敕使制》作"如此等色"。
⑤ （宋）王钦若等编纂：《册府元龟》卷六三《帝王部·发号令第二》，第 676 页。

首先是对驿马的侵夺。至少在开元九年以前，国家用于"邮递""军旅"的马匹已经不够使用，于是从民间有马之家中征派，贴补国用。百姓家因此不愿再养马，从而导致国家马源更加缺失。于是玄宗下诏：

> 自今已后，诸州百姓不问有荫无荫，若①能每家畜马十匹已上，缘帖驿邮递及征行，并不得偏差遣帖助。若要须供拟，任临时率户出钱市买，定户及差重色役，亦不须以马充财数。②

但这样的改革其实并没有被严格执行。不仅驿马的情况没有改观，而且驿马经常被挪作他用。比如开元十五年二月二十四日敕说："每年春秋二时，公卿巡陵，初发准式，其仪仗出城，欲至陵所十里内，还具仪仗。所须马，以当界府驿马充。"③ 竟然以驿马充仪仗马。这样损害驿马的情况一直持续下去。唐穆宗长庆二年（822）四月《禁乘驿官格外征马诏》披露："如闻官驿递马，死损转多。"同时中使任意索要驿马的现象时有发生："邮驿称不见券，则随所索尽供。既无凭由，岂有定数，方将革弊，贵在息词。自今已后，中使乘递，如不见券，及券外索马④，所由辄不得供。其常⑤参官出使，及诸道幕府军将等所合乘递，并须依格式。如有违越，或分外科人夫，并宜具名闻奏。"⑥ 这证明，到了唐中后期，使臣尤其是中使对驿制的扰乱影响很大，他们有时不持符券，有时是"券外索马"，这就使原本就不多的驿马数量更少。

其次，使臣除了索要驿马，还在其他方面骚扰驿站。比如崔羣

---

① 原误作"君"，据《全唐文》卷二八《禁差民马诏》改。
② （宋）王钦若等编纂：《册府元龟》卷六二一《卿监部·监牧》，第7197页。
③ （宋）王溥：《唐会要》卷二〇《公卿巡陵》，第466页。
④ "马"，原误为"为"，据《全唐文》卷六五《禁乘驿官格外征马诏》改。
⑤ "常"，原误为"尝"，据《全唐文》卷六五《禁乘驿官格外征马诏》改。
⑥ （宋）王钦若等编纂：《册府元龟》卷六二一《卿监部·监牧》，第7198页。

任侍御史时，"有驿使吏卒侵扰邮亭，本县令长重加笞挞，禁卫上诉，称是军人"，司法部门要惩办县令以包庇这个"军人"出身的驿使，被崔翚"移时抗论，坚执不变"，结果他"旬月受代"。① 可见，具有特权身份的人有条件和资本破坏驿制。

元稹与宦官刘士元在敷水驿中所发生的摩擦，就是一例。按，敷水驿在华州，"由华州东北行经东石桥十五里至汉沈阳故城北，又十五里至敷水店，置敷水驿，在敷水西岸"。② 元和五年（810），监察御史元稹奉召还京，宿敷水驿上厅。随后，宦官刘士元亦至该驿，与元稹争夺上厅，并"以鞭击元稹之面"，致使"稹跣而走"。这场纠纷发生以后，御史台奏："……旧例，御史到馆驿，已于上厅下了，有中使后到，即就别厅。如有中使先到上厅，御史亦就别厅。因循岁年，积为故实。访闻近日，多不遵守。中使若未谙往例，责欲逾越。御史若不守故事，惧失宪章。喧竞道途，深乖事体。伏请各令遵奉旧例，冀其守分。"于是敕旨云："其三品官及中书门下尚书省官，或出衔制命，或入赴阙庭；诸道节度使观察使赴本道，或朝觐，并前节度使观察使追赴阙庭者，亦准此例。"③《唐国史补》记载此事道："元和中，元稹为监察御史，与中使争驿厅，为其所辱。始敕节度、观察使、台官与中使，先到驿者得处上厅，因为定制。"④ 表面上，朝廷颁布此道诏书是为了整顿乘驿制度，使之先后有序，免起纠纷。其实，更深层的意图是调节外朝

---

① 周绍良、赵超主编：《唐代墓志汇编》大中090《□□□□□使持节曹州诸军事守曹州刺史赐紫金鱼袋清河崔府君墓志铭并序》，上海古籍出版社1992年版，第2319页。

② 严耕望：《唐代交通图考》卷一《京都关内区》篇二《长安洛阳驿道》，第32页。

③ （宋）王溥：《唐会要》卷六一《御史台中·馆驿》，第1251页。按，《旧唐书》卷一六六《元稹传》云中使为刘士元，《新唐书》卷一七四《元稹传》、卷二〇七《仇士良传》云中使为仇士良。《资治通鉴》卷二三八《考异》云："《实录》云'中使仇士良与稹争厅'，按稹及白居易《传》皆云'刘士元'，而实录云'仇士良'，恐误。今止云内侍。"（第7671页）《唐国史补》卷下则只云"中使"。未知孰是。

④ （唐）李肇：《唐国史补》卷下，上海古籍出版社1979年版，第52页。

与内朝之间的关系。所以从这件事中，还可以看出外朝官员与内使之间的矛盾与斗争。

类似的情况还有很多，如大中六年（852）二月汴州观察使崔龟从所奏："当管三州水陆官驿，先准敕文条流，水夫具有定制，并不许行转牒，供券外剩人。岁月滋深，仍被过客格外干求，剩索人夫，别配粮料。"唐宣宗批准了崔龟从的意见："诸道节度、观察使、刺史，及诸道监军、别敕判官赴任，及归阙庭，若有家口及参从人，即量事祇供。其本管迎送军将官健所由，诸色受雇人等，本道既各给程限，兼已受佣直，并请不供。"① 这是对在途官员使用驿站的一个约束。

到了僖宗时期，有的地方上管理驿制的官员，将馆驿的费用挪为他用，使驿制再次走向混乱。唐僖宗《南郊赦文》云：

> 邮传供须，递马数目，素有定制，合守前规。河南馆驿，钱物至多，本来别库收贮，近日被府司奏请，袞同支用，遂使递马欠阙，料粮不充。宪司又但务缘循，都不提举。宜令东台馆驿使速具条流，分析闻奏。②

"递马欠阙，料粮不充"的现象，伴随唐朝始终。

驿制的废弛，并没有因唐亡而终止，至五代时期，使臣随意使用驿站，不按时间规定，拖沓耽搁，无所不为。后梁太祖开平元年（907）九月《禁使臣逗留敕》指出："近年文武官诸道奉使，皆于所在，分外停住，逾年涉岁，未闻归阙。"于是规定："自今后，两浙福建广州南安邕容等道使到发许住一月，湖南洪鄂黔桂许住③二十日，荆襄同雍镇定青沧许住十日，其余侧近不过三五日。凡来往道路，据远近里数，日行两驿。如遇疾患，及江河阻

---

① （宋）王溥：《唐会要》卷六一《御史台中·馆驿》，第1255—1256页。

② 僖宗：《南郊赦文》，载（清）董诰等编《全唐文》卷八九，第932页上。

③ 此处及以下的"住"，原误作"任"，据《全唐文》卷一○一《禁使臣逗留敕》改。

隔，委所在长吏具事由奏闻。如或有违，当行朝典，命御史点检纠察，以儆慢官。"① 这是五代后梁时期对行驿的规定。唐代规定"乘驿日四驿"，而到了此时，朝廷为了迎合官员的需要，竟规定"日行两驿"，完全背离了驿制设置的初衷，可见驿制废弛之甚。

另外，唐代还曾对违期乘驿的行为给予整治。唐玄宗开元十五年四月十日敕："两京都亭驿，应出使人三品已上及清要官，驿马到日，不得淹留，过时不发，余并令就驿进发。左右巡御史专知访察。"② 这是对使人乘驿的一般性规定。天宝五载（746）七月六日敕又云：

> 应流贬之人，皆负谴罪，如闻在路多作逗遛，郡县阿容，许其停滞。自今以后，左降官量情状稍重者，日驰十驿以上赴任。流人押领，纲典画时，递相分付。如更因循，所由官当别有处分。③

左降官是流贬之人的一种，必须尽快赶到任上，所以规定其罪行较重的，要每日至少"驰十驿"，即至少走三百里。类似的规定被不断重申。比如唐代宗永泰元年（765）三月，京兆尹兼御史大夫第五琦奏："使人缘路，无故不得于馆驿淹留，纵然有事，经三日已上，即于主人安置，馆存其供限。如有家口相随，及自须于村店安置，不得令馆驿将什物、饭食、草料，就等彼供给拟者。"但是随着时间的推移，弊端又逐渐显现，到了唐德宗贞元二年（786）三月，河南尹充河南水陆运使薛珏又奏："伏以承前格敕，非不丁宁，岁月滋深，因循久弊。今往来使客，多是武臣，逾越条流，广求供给……伏乞重降殊恩，申明前敕，绝其傲滥，俾惧章程。"④ 可见在途多做逗留的事情屡见不鲜。

---

① （宋）王钦若等编纂：《册府元龟》卷一九一《闰位部·立法制》，第 2132 页。
② （宋）王溥·《唐会要》卷六一《御史台中·馆驿》，第 1248 页。
③ （宋）王溥：《唐会要》卷四一《左降官及流人》，第 860 页。
④ （宋）王溥：《唐会要》卷六一《御史台中·馆驿》，第 1249 页。

综上所述，唐代朝廷并没有松懈馆驿的制度建设，但收效甚微，新的违规事例层出不穷。其实，对于很多违规行为，在法律上都是有明文规定的，比如《唐律疏议》云：

> 诸诈乘驿马，加役流；驿关等知情与同罪，不知情减二等（关，谓应检问之处），有符券者不坐（谓盗得真符券及伪作，不可觉知者）。其未应乘驿马而辄乘者，徒一年（辄乘，谓有当乘之理，未得符券者）。[1]

但无故、无度侵扰驿站的行为层出不穷，不能不说唐代在这方面存在有法不依的情况。而其深层次的原因，就是权力和腐败。

三 知驿官员的变迁

唐代的驿制虽然有逐渐弛废的迹象，但是唐朝政府在设置管理驿站的官员方面，确是做了很多工作。其中，馆驿使就是一个比较重要的职务。由于知驿御史负责驿传事务，保证驿道安全，所以皇帝在出行时，对知驿的御史加以优待。如唐玄宗《巡幸东都赐赍从官敕》云："自转跸西镐，即宫东周……亲王赐物八十匹……知顿使、知营幕使各六十匹，知顿御史三十匹，知驿御史及知顿判官、知营幕官赐各加一等。"[2] 关于它的设置过程，《唐会要》卷六一《御史台中·馆驿》云：

> 开元十六年七月十九日敕："巡传驿，宜因御史出使，便令校察。"至二十五年五月，监察御史郑审检校两京馆驿，犹未称使。今驿门前十二辰堆，即审创焉。乾元元年三月，度支

---

[1] 《唐律疏议》卷二五《诈伪律》，"诈乘驿马"条，第470页。

[2] 玄宗：《巡幸东都赐赍从官敕》，载（清）董诰等编《全唐文》卷三四，第380页下。

郎中第五琦充诸道馆驿使。大历五年九月，杜济除京兆尹，充本府馆驿使，自后京兆常带使。至建中元年停。大历十四年九月，门下省奏："两京请委御史台各定知驿使御史一人，往来句当，遂称馆驿使。"谨按《六典》及《御史台记》并《杂注》，即并不言台中有馆驿使。①

以上交代了唐代馆驿使设置的过程。盖王溥认为，唐代馆驿使最早出现于乾元元年（758），这时的馆驿使是负责诸道馆驿事务的。《新唐书》失载此条，认为"大历十四年（779），两京以御史一人知馆驿"②为馆驿使之由来，而这里的馆驿使管理的范围是两京地区而非诸道。笔者认为，应以《唐会要》的说法为准。③

关于馆驿使，郁晓刚先生做了一定的研究。他接受《新唐书》的观点，认为唐代馆驿使指的就是两京馆驿使，"由两京御史台监察御史中的顺序第二人兼任"，其主要职能是"对相关钱谷、草料的收支状况亲临监督，在每个季度末，汇总核对馆驿的收支账历；在行政上，馆驿使负责监察馆驿官吏的治绩，奏报有劳者，纠弹失职者，以提供评定其考课和升黜的依据"。④两京馆驿使的设置，可以说是中央对全国馆驿的监察设置。

但根据《唐会要》引文可知，在地方上，同样"每驿皆有专知官，畿内有京兆尹，外道有观察使、刺史，迭相监临"。⑤而具体监临"外道"馆驿的，则是馆驿巡官。如《唐故朝散郎贝州宗城县令顾府君墓志铭》云："次〔子〕曰占，旁州馆驿巡官，

①　（宋）王溥：《唐会要》卷六一《御史台中·馆驿》，第1247页。
②　《新唐书》卷四八《百官志三》，第1240页。
③　松本保宣认为，唐代御史台的监察御史担任馆驿使是从唐德宗兴元元年（784）开始的。见松本保宣「唐代の館駅使と宦官使職」鷹取祐司編『古代中世東アジア関所と交通制度』汲古書院、2017年、136–146頁。
④　郁晓刚：《唐代馆驿使考略》，《兰台世界》2012年第33期，第77页。
⑤　《旧唐书》卷一七一《裴潾传》，第4446页。

试左武卫兵曹参军。"① 又如刘子嵩"三任楚州兵曹，位亚题舆，道益熊轼，馆驿事集，戎旅获安"。② 这是因为诸州兵曹参军或司兵参军本身就是"掌武官选举，兵甲器仗，门户管钥，烽候传驿之事"的，③ 不待烦言。所可论者，仍是馆驿使的设置问题。

按照郁晓刚先生的说法，馆驿使之使职，完全是由两京的监察御史充任（唐后期则多次由宦官充任），笔者认为，此说不确。至少在唐后期，地方上亦有馆驿使的设置。就在大历十四年"委御史台各定知驿使御史一人"的同时，还规定"诸道委节度观察使，各于本道判官中定一人，专知差定讫，具名衔闻奏，并牒奏"。④ 元和五年（810）正月，"考功奏，诸道节度使、观察等使各选清强判官一人，专知邮驿"。⑤《大唐故瀛州司马兼侍御史太原王府君（郅）墓志铭并序》云：

> ［王郅］起家棣州厌次尉，累至定州功曹掾……移拜本州泾邑令，自泾邑转深州安平令，自安平迁涿郡范阳令……故幽州牧大司徒朱公器重伟材，饱闻盛美，择公为牙门将，军谋戎事，多咨访焉。洎我尚书嗣守先封，恢弘盛业，表公为瀛州司马带侍御史，仍兼管内邮驿使。⑥

自他充任瀛州司马带侍御史、邮驿使后，"门无留事，宾至如归"。那么，在州这一层面上，也设置了邮（馆）驿使这一职务。由此

---

① 周绍良、赵超主编：《唐代墓志汇编》咸通109《唐故朝散郎贝州宗城县令顾府君墓志铭》，第2463页。

② 周绍良、赵超主编：《唐代墓志汇编》大和084《唐故楚州兵曹参军刘府君墓志铭并序》，第2156页。

③ （唐）李林甫等：《唐六典》卷三〇《三府督护州县官吏》，"上州中州下州官吏"条，第749页。

④ （宋）王溥：《唐会要》卷六一《御史台中·馆驿》，第1249页。

⑤ （宋）王溥：《唐会要》卷六一《御史台中·馆驿》，第1250页。

⑥ 周绍良、赵超主编：《唐代墓志汇编》贞元021《大唐故瀛州司马兼侍御史太原王府君墓志铭并序》，第1852页。

可知，唐代馆驿使不仅仅存在于两京地区。

在墓志资料中，有几位在地方上做馆驿巡官、邮驿使的官吏，详见表6-2。从中可见，不论京师地区还是地方，都有馆驿巡官的设置，体现了国家对驿传事务的重视。

表6-2　馆驿巡官

序号	姓名	职务	出处
1	马傲	馆驿巡官	《唐代墓志汇编》大和047《唐故东渭桥给纳判官试太常寺协律郎扶风马君墓志铭并序》
2	顾占	旁州馆驿巡官试左武卫兵曹参军	《唐代墓志汇编》咸通109《唐故朝散郎贝州宗城县令顾府君墓志铭》
3	王郅	瀛州司马带侍御史兼管内邮驿使	《唐代墓志汇编》贞元021《大唐故瀛州司马兼侍御史太原王府君墓志铭并序》
4	徐用宾	卫州馆驿巡官	《唐代墓志汇编续集》咸通032《唐故魏博节度开府仪同三司检校太尉兼中书令魏州大都督府长史充魏博观察处置等使上柱国楚国公食邑三千户食实封一百户赠太师庐江何公（弘敬）墓志》
5	翟建武	泰宁军节度马军都知兵马使兼馆驿都巡使	《唐代墓志汇编续集》咸通098《唐故颍川陈夫人墓志铭》
6	任佶	监察御史京畿馆驿使判官	《全唐文》卷六三九李翱《故检校工部员外郎任君墓志铭》

唐宪宗时期，任命宦官做馆驿使，后因宰相李吉甫上奏而罢之。但在讨伐淮西镇叛乱、平定蔡州时，"复以中人领使"。左补阙裴潾指出："凡驿，有官专尸之，畿内以京兆尹，道有观察使、刺史相监临，台又御史为之使，以察过阙。犹有不职，则宜明科条督责之，谁不惕惧？若复以宫闱臣领之，则内人而及外事，职分乱矣。"但宪宗没有接受他的意见。① 这件事说明，在唐后期官员如李吉甫、裴潾的心目中，馆驿之事是有专官负责的，馆驿使是由御史台中的御史所领的，② 制度俨然，不容变更。之所以会出现中官

---

① 《新唐书》卷一一八《裴潾传》，第4287页。
② 前文所引唐僖宗《南郊赦文》即云："宜令东台馆驿使速具条流，分析闻奏。"

充任馆驿使的情况，笔者认为是与宦官长期掌握军权、充当皇帝耳目的身份分不开的。在这样的情况下，皇权实际上就替代了正规的馆驿使，皇帝个人的影响就波及国家机器的正常运行，人治越过或者代替了法治。那么，设置馆驿使这一驿制改革就又变成为权力服务的工具。

小　结

在本节中，笔者讨论了唐代驿传制度的几个方面，涉及驿传的运行、规范乘驿行为的改革，以及设置馆驿使的问题。从以上讨论可以看出，唐朝政府对于驿制问题还是比较重视的，在很多方面进行了一定程度的改革。尤其是对违反驿制规定的行为给予了相当的关注。对于诸如侵夺驿马、骚扰驿站、违期乘驿等行为，都颁布了相关的诏令进行禁止或者惩处。这些诏令所收到的效果并不是理想的，有些问题屡禁不止，甚至愈演愈烈，严重破坏了驿制设置初期的状况。这也从侧面告诉我们，有些制度虽然写在了明文里面，但是与现实社会是脱节的，不能反映真实的一面。

然而在政令不行、制度逐渐弛坏的过程中，国家从行政角度进行管理的力度却在不断增强。从中央到地方均设置了相关的馆驿使和馆驿巡官，以加大对驿制的监察力度。但即便在这样的管理下，驿制依然走向了弛坏。这是一个值得我们深思的问题。不论是什么好的制度，都必须有相应的监督，但如果监督者本身就存在更大的弊端，① 那么监督也就成为虚设，制度的落实更无从谈起。

---

① 不论是在其监临力度方面，还是在其自身所代表的利益方面。

第 七 章
《厩牧令》与唐代厩牧制度

在本章中，主要利用《天圣令·厩牧令》当中的新材料，对唐代的闲厩、监牧制度的相关问题进行探究。

第一节 唐代前期的闲厩与闲厩马

马对于唐帝国的巨大作用，体现在很多方面，如军事战争、交通运输、皇室仪仗等。故唐朝特别重视马政，尤其重视马匹的饲养，[①] 设置了一系列的机构来进行管理。从制度史的角度来说，马政管理机构不仅关乎马政，还直接影响当时的政治、军事乃至经济，意义较为重大。有关它的研究，迄今为止，成果颇多。其中比较突出的有两种：一是马俊民、王世平所著《唐代马政》，系统研究了监牧以及闲厩制度；[②] 一是李锦绣所著《唐代制度史略论稿》，对马政机构内部的运转方式进行了深入

---

① （清）董诰等编《全唐文》卷三六一郗昂《岐邠泾宁四州八马坊颂碑》云："我有唐之新造国也，丁赤岸泽仅得牝牡二千匹，命太仆张万岁偕陇右辅字之。四十年间，孳息成七十万六千匹。"（第3670页下）
② 马俊民、王世平：《唐代马政》，第9—28页。

的探究。① 其他论著中涉及马政管理机构的不一而足。②

目前，涉及京师以外生产马匹的场地即监牧的研究已经比较成熟，③ 但是，正如林美希先生所说，除了监牧，"闲厩的体制及以闲厩为中心的京师马匹的实际情况必然成为无法忽视的重要课题"。④ 关于唐代闲厩的研究，除了前引两种著作以外，还有董军让先生的《唐代闲厩考》，⑤ 考察了闲厩马的来源问题。在闲厩职官制度方面，主要以宁志新先生《隋唐使职制度研究（农牧工商编）》对闲厩使的研究为代表，该书具体研究了闲厩使的设置时间、职能、设置情况、设置特点、设置原因，比较全面。⑥ 林美希先生又从闲厩与北衙禁军的关系的角度出发，探讨了闲厩体制在北衙的历史发展中所发挥的重要作用。⑦ 而她的「唐前半期の厩馬と馬印—馬の中央上納システム—」一文，则系统研究了唐代马匹

---

① 李锦绣：《唐代制度史略论稿》，第 309—338 页。李先生还有《"以数纪为名"与"以土地为名"——唐代前期诸牧监名号考》一文，指出唐代牧监中存在两种命名原则，马监"以数纪为名"，杂畜牧"以土地为名"，载《隋唐辽宋金元史论丛》第一辑，第 127—142 页。

② 如㐹小红《唐五代畜牧经济研究》，第 29—79 页。

③ 参看古怡青《从〈天圣令·厩牧令〉看唐宋监牧制度中畜牧业管理的变迁——兼论唐日令制的比较》，载古怡青《唐朝皇帝入蜀事件研究——兼论蜀道交通》，"附录"，第 291—314 页；王炳文《唐代牧监使职形成考》，《中国史研究》2015 年第 2 期，第 51—67 页；王炳文《书写马史与建构神话——唐马政起源传说的史实考辨》，《史林》2015 年第 2 期，第 74—85 页；王炳文《盛世马政——〈大唐开元十三年陇右监牧颂德碑〉的政治史解读》，载中国中古史集刊编委会编《中国中古史集刊》第四辑，商务印书馆 2017 年版，第 171—195 页；佐藤健太郎『日本古代の牧と馬政官司』第二章「古代日本と唐の牧制度」塙書房、2016 年、31 – 39 頁。

④ 林美希「唐前半期の厩馬と馬印—馬の中央上納システム—」『東方学』第 127 輯、2014 年、50 – 65 頁。

⑤ 董军让：《唐代闲厩考》，《文博》2006 年第 2 期，第 25—29 页。

⑥ 宁志新：《隋唐使职制度研究（农牧工商编）》，中华书局 2005 年版，第 158—167 页。

⑦ 参看林美希「唐代前期における北衙禁軍の展開と宮廷政變」『史学雑志』第 121 卷第 7 号、2012 年；林美希「唐前半期の閑厩体制と北衙禁軍」『東洋学報』第 94 卷第 4 号、2013 年。

从地方上纳到中央的途径，尤其是详细研究了不同种类闲厩马的选拔依据，给人以很大启发。

但是，当把闲厩作为一个完整的马政管理机构看待的时候，仍有一些问题值得继续探讨。比如当马匹进入京师成为闲厩马以后，其在闲厩中是怎样生存的，具体来说，是如何被饲养和管理的？又，闲厩作为喂养系饲马匹的地点，其组织结构及地理位置如何？等等。同时，一些研究著作中有关闲厩的现有说法，也存在可商榷之处。下面试对以上问题进行一点探讨。

一 闲厩与闲厩马

《唐六典》卷一一《殿中省》"尚乘局"条云：

> 尚乘奉御掌内外闲厩之马，辨其粗良，而率其习驭；直长为之贰。六闲：一曰飞黄，二曰吉良，三曰龙媒，四曰驹䮝，五曰駃騠，六曰天苑。左、右凡十有二闲，分为二厩：一曰祥麟，二曰凤苑，以系饲马（今仗内有飞龙、祥麟、凤苑、鹓鸾、吉良、六群等六厩，奔星、内驹等两闲；仗外有左飞、右飞、左万、右万等四闲，东南内、西南内等两厩）。[①]

治史者大都引用这段材料来研究唐代的闲厩制度。李锦绣先生认为："此条史料，实为研究唐马政前后期变化，闲厩马与八马坊、诸牧监关系的关键。"[②] 可见其具有重要的史料价值。但正因如此，学界在研究闲厩时，一般就只注意到殿中省尚乘局对闲厩的统辖职能，却忽视了太仆寺对闲厩的管理，[③] 有的学者还进一步在职能层

---

① （唐）李林甫等：《唐六典》卷一一《殿中省》，"尚乘局"条，第330页。

② 李锦绣：《唐代制度史略论稿》，第309页。

③ 如马俊民、王世平《唐代马政》，第52—53页；董军让《唐代闲厩考》，《文博》2006年第2期，第25页。

面上把太仆寺和闲厩对立起来。① 笔者认为,所谓闲厩马不可拘泥地认定为殿中省尚乘局中的马匹,太仆寺中所养的马匹亦是闲厩马。具体来说,理由有二:第一,从饲养方式上来讲,太仆寺典厩署和殿中省尚乘局是一样的,都是"系饲"。太仆寺"典厩令掌系饲马牛,给养杂畜之事",② 而殿中省尚乘局也是一样,掌管"六闲……以系饲马"。③ 又,《唐六典》云:"凡殿中、太仆所管闲厩马,两都皆五百里供其刍藁。"④ 明确指出殿中省、太仆寺中均有闲厩马,换言之,太仆寺典厩署也是闲厩马的管理机构。第二,从管理层面来讲,太仆寺、殿中省均属于闲厩使管辖范围之内,"圣历中,置闲厩使,以殿中监承恩遇者为之,分领殿中、太仆之事,而专掌舆辇牛马……开元初,闲厩马至万余匹"。⑤ 可见从圣历年间开始,太仆寺就已纳入闲厩使管辖之下,开元初的闲厩马数,既包括殿中省尚乘局的,也包括太仆寺典厩署的。

因此,所谓闲厩及闲厩马,不仅包括殿中省尚乘局所管辖的系饲,还包括太仆寺典厩署所管辖的系饲。

二 闲厩马的饲养

由于太仆寺典厩署中有系饲的闲厩马,故在《唐六典》卷一七《太仆寺》"典厩署"条下,规定了闲厩马的饲养办法,为了下面描述方便,笔者在每一条规定的前面加上史料编号:

典厩令掌系饲马牛,给养杂畜之事;丞为之贰。

① 林美希「唐前半期の厩馬と馬印—馬の中央上納システム—」『東方学』第127 辑、2014 年、54 頁。

② (唐) 李林甫等:《唐六典》卷一七《太仆寺》,"典厩署"条,第484 页。

③ (唐) 李林甫等:《唐六典》卷一一《殿中省》,"尚乘局"条,第330 页。

④ (唐) 李林甫等:《唐六典》卷七《尚书工部》,"虞部郎中员外郎"条,第225 页。

⑤ 《新唐书》卷四七《百官志二》,"殿中省"条,第1217 页。

【六1】凡象一给二丁,细马一、中马二、驽马三、驼牛骡各四、驴及纯犊各六、羊二十各给一丁(纯谓色不杂者。若饲黄禾及青草,各准运处远近,临时加给也),乳驹、乳犊十给一丁。

【六2】凡象日给藁六围,马、驼、牛各一围,羊十一共一围(每围以三尺为限也),蜀马与骡各八分其围,驴四分其围,乳驹、乳犊五共一围;青刍倍之。

【六3】凡象日给稻、菽各三斗,盐一升;马,粟一斗、盐六勺,乳者倍之;驼及牛之乳者、运者各以斗菽,田牛半之;驼盐三合,牛盐二合;羊,粟、菽各升有四合,盐六勺(象、马、骡、牛、驼饲青草日,粟、豆各减半,盐则恒给;饲禾及青豆者,粟、豆全断。若无青可饲,粟、豆依旧给。其象至冬给羊皮及故毡作衣也)。①

这是关于系饲中诸畜给丁(【六1】)、喂草料数量(【六2】)、喂豆盐药数量(【六3】)的规定。仁井田陞先生将其分别复原为唐《厩牧令》的第1、2、3条。② 在《天圣令·厩牧令》中,宋1—3条是关于宋代系饲的规定,与《唐六典》的规定互相呼应:

【宋1】诸系饲,象,各给兵士(量象数多少,临行差给)。马,以槽为率,每槽置槽头一人,兵士一人,兽医量给(诸畜须医者准此)。骡二头、驴五头,各给兵士一人。外群羊五百口,给牧子五人,群头一人。在京三栈羊千口,给牧子七人,群头一人。驼三头、牛三头,各给兵士一人。

【宋2】诸系饲,给干者,象一头,日给稿五围;马一匹,供御及带甲、递铺者,各日给稿八分,余给七分,蜀马给五分(其岁时加减之数,并从本司宣敕下。及诸畜豆、盐、药等,并

---

① (唐)李林甫等:《唐六典》卷一七《太仆寺》,"典厩署"条,第484页。
② 仁井田陞『唐令拾遺』"厩牧令第二十五"、697-698頁。

准此);羊一口,日给稿一分;骡每头,日给稿六分(运物在道者,给七分);驴每头,日给稿五分(运物在道者,给七分);驼一头,日给稿八分;牛一头,日给稿一围。

【宋3】诸系饲,给豆、盐、药者,象一头,日给大豆二斗;马一匹,供御及带甲、递铺者,日给豆八升,余给七升;蜀马日给五升;骡一头,日给豆四升、麸一升。月给盐六两、药一唤(运物在道者,日给盐五勺;冬月唤药,加白米四合)。驴一头,日给豆三升、麸五合,月给盐二两、药一唤(每七分为率,给药三分。运物在道者,日给豆四升,麸七合)。外群羊一口,日给大豆五合,每二旬一给唤,盐各半两,三月以后就牧饲青,惟给唤、盐。在京三栈羊,日给大豆一升二合,月给唤、盐二两半(其在京三栈牡羊,豆、盐皆准外群,准四月以后就牧)。驼一头,日给大豆七升,盐二合(负物在道者,豆给八升),岁二给唤药。牛一头,日给大豆五升,月给盐四两、药一唤。

宋家钰先生曾结合《唐六典》与《天圣令·厩牧令》宋1—3条的规定,复原出唐《厩牧令》1—3条。① 但其中仍留存一些问题,笔者已对其进行过修订。② 下面结合《唐六典》与《天圣令》中的相关记载,来探讨一下闲厩中的系饲问题。

1. 系饲马的饲丁分配

在【六1】中,系饲中的马被分作细、中、驽三等:细马一匹给丁一人,中马二匹给丁一人,驽马三匹给丁一人。【宋1】中,则"以槽为率,每槽置槽头一人,兵士一人"。这体现出唐宋系饲制度的两个区别,一是系饲中的马是否分等级,二是具体负责系饲工作的人员身份的变化。为了叙述方便,有关系饲马匹分等级的问题,放到下文讨论。这里先看第二个区别。

---

① 宋家钰:《唐开元厩牧令的复原研究》,载《天圣令校证》下册,第515页。
② 参看本书上篇第三章。

由上引《唐六典》可知，在太仆寺系饲中负责饲喂马匹具体工作的人，称为"丁"。而在殿中省，这类人则被称为"掌闲"。殿中省尚乘局除奉御、直长、奉乘、习驭、司库、司廪若干人外，还设掌闲五千人，"分饲养六闲之马"；典事五人，"掌六闲粟草"；兽医七十人，"掌疗左、右六闲之马"。① 可见掌闲具体负责殿中省系饲马匹的饲养工作。按，《唐六典》记载掌闲的人数是五千人，与《新唐书》同，② 而在《旧唐书》中，则记为五十人。笔者认为，应以《唐六典》和《新唐书》为是。一是因为，从史料记载来看，唐代的掌闲数量都是比较多的，一般是以数百上千计，说掌闲有五千人并不违背常规。如《旧唐书》卷八《玄宗纪上》云："〔开元八年〕六月壬寅夜，东都暴雨，谷水泛涨……许、卫等州掌闲番兵溺者千一百四十八人。"③ 溺死的掌闲番兵有一千余人，则其总人数还应超过此数。又，《新唐书》卷四九上《百官志四上》所载东宫厩牧署的掌闲人数是六百人，④ 相比来看，中央闲厩中的掌闲绝对不会是《旧唐书》所说的五十人。二是因为，《新唐书》载："开元初，闲厩马至万余匹。"⑤ 以《唐六典》中记载的平均两匹系饲马配一丁来计算，一万匹马正好需要五千掌闲。⑥ 这就是唐初殿中省掌闲的规模。掌闲在唐代属于"庶士"。⑦ 黄正建先生在《唐代"庶士"研究》中，着重研究了庶士之中的掌

---

① （唐）李林甫等：《唐六典》卷一一《殿中省》，"尚乘局"条，第 330 页。
② 《新唐书》卷四七《百官志二》，"殿中省"条，第 1217 页。
③ 《旧唐书》卷八《玄宗纪上》，第 181 页。
④ 《新唐书》卷四九上《百官志四上》，"东宫官·厩牧署"条，第 1299 页。
⑤ 《新唐书》卷四七《百官志二》，"殿中省"条，第 1217 页。
⑥ 说"万余匹"则可能除尚乘局的马匹外，还包括太仆寺的闲厩马。
⑦ 《天圣令·杂令》唐 15 条云："其习驭、掌闲、翼驭、执驭、驭士、驾士、幕士、称长、门仆、主膳、供膳、典食、主酪、兽医、典钟、典鼓、价人、大理问事，总名'庶士'。"《天圣令校证》下册，第 433 页。

闲。① 黄先生在文章中主要是对作为庶士的掌闲的含义和性质进行研究，并未特别强调其职责、处罚等问题。掌闲之人是"有军名"② 者，因为他们从身份上来说都隶属于军府。③ 所以掌闲跟军府的其他卫士一样，分番服役。《天圣令·杂令》唐 8 条即云："其幕士、习驭、掌闲、驾士隶殿中省、左春坊者，番期上下自从卫士例。"④ 总之，掌闲本身具有一定的军士属性。而宋代饲养系饲马匹的人直接被称为兵士（【宋 1】）。所以，虽然唐代与宋代系饲中的劳动者在名称上不一样，但其本质上的身份却是相通的。掌闲属于殿中省，"丁"属于太仆寺，两者都是负责系饲马匹的，从职责上来讲，没有什么区别。

《天圣令·厩牧令》唐 10 条规定了饲丁的处罚问题：

> 诸在牧失官杂畜者，并给一百日访觅，限满不获，各准失处当时估价征纳，牧子及长，各知其半（若户、奴充牧子无财者，准铜依加杖例）。如有阙及身死，唯征见在人分。其在厩失者，主帅准牧长，饲丁准牧子。失而复得，追直还之。其非理死损，准本畜征填。住居各别，不可共备，求输佣直者亦听。

本条令文是关于太仆寺管辖的监牧中丢失官杂畜的惩罚规定，"各准失处当时估价征纳，牧子及长，各知其半"；同时规定"在厩失者，主帅准牧长，饲丁准牧子"，可见闲厩中的"主帅"和"饲丁"要按同样的办法来补偿丢失的官杂畜，⑤ 即"各知其半"。在

---

① 黄正建认为，以掌闲为个案来研究"庶士"，似乎可以认为"庶士"的担当者主要是白丁，有番期，有职掌，有的还有适当报酬。他们属于"番役"（或色役），但和同属于番役的"杂匠"等稍有不同，可能具有"职役"的性质。参见黄正建主编《〈天圣令〉与唐宋制度研究》，第 536 页。

② 《唐律疏议》卷二八《捕亡律》，"丁夫杂匠亡"条"疏议"，第 535 页。

③ 黄正建主编：《〈天圣令〉与唐宋制度研究》，第 526—528 页。

④ 《天圣令校证》下册，第 432 页。

⑤ 关于唐代杂畜的含义，参看本书下篇第八章第二节。

本条令文中，厩中的"饲丁"即指《唐六典》中所说系饲"给丁"之"丁"；"主帅"一词值得注意，在《唐六典》中，涉及监牧、闲厩的地方并无"主帅"的说法，这应是太仆寺中典厩署长官的概称。至于殿中省系饲的相关处罚规定，史料则付之阙如。

2. 闲厩马的选拔与分等

林美希先生虽然在「唐前半期の厩馬と馬印—馬の中央上納システム—」中将唐代史料中马匹上纳的途径和归宿进行了详细分类，指明闲厩马并非全部是上乘良马，如进入太仆寺的有诸监牧的细马、次马，进入殿中省的有闲厩马、闲厩杂给马、尚乘局杂马。[①] 但关于闲厩马的分等问题仍未暇详论。

以下从牲畜烙印的角度，来探讨一下闲厩马的分等问题。《天圣令·厩牧令》唐11—13 条是规定各种牲畜烙印的内容。根据这些令文，需要印"官"字印的有诸牧骒、牛、驴、驼、羊，诸府官马，官马付百姓及募人养者，屯、监牛，诸州镇戍营田牛；需要印"驿"字的是驿马；需要印"传"字的是传送马、驴；需要印州名印的有驿马、传送马驴、官马付百姓及募人养者、诸州镇戍营田牛；需要印府名印的是诸府官马；需要印龙形印的有细马、次马；需要印年辰、小"官"字印的是诸牧马驹；需要印监名印的有诸牧普通马驹、骒、牛、驴；需要印"三花"印的有细马、次马送尚乘者；需要印"飞"字印的有诸牧二岁以后马驹，粗马、杂马送尚乘者；需要印"风"字印的是杂马送尚乘者；需要印"农"字印的是屯、监牛；需要印互市印的是互市马；需要印"出"字印的是"配诸军及充传送驿"者。又唐14 条云：

> 诸杂畜印，为"官"字、"驿"字、"传"字者，在尚书省；为州名者，在州；为卫名、府名者，各在府、卫；为龙

---

① 林美希「唐前半期の厩馬と馬印—馬の中央上納システム—」『東方学』第127 辑、2014 年、图 2、65 頁。

形、年辰、小"官"字印者（小，谓字形小者），在太仆寺；为监名者，在本监；为"风"字、"飞"字及"三花"者，在殿中省；为"农"字者，在司农寺；互市印在互市监。其须分道遣使送印者，听每印同一样，准道数造之。

规定了各种马印的执掌部门。为方便阅览，现将以上内容列表如下（见表7-1）。

表7-1 杂畜烙印

印名	执掌	杂畜种类												
		诸牧骡牛驴驼羊	诸府官马	官马付百姓及募人养者	屯、监牛	诸州镇戍营田牛	驿马	传送马驴	细马、次马	诸牧马（驹）	诸牧细马次马送尚乘者	诸牧粗马杂马送尚乘者	互市马	配诸军充传送驿
州名	州			•		•	•	•						
府名	府		•											
卫名	卫		•											
监名	本监	•												
官字	尚书省	•	•	•	•	•								
驿字							•							
传字								•						
农字	司农寺				•									
龙形									•					
年辰	太仆寺									•				
小官										•				
三花											•			
飞字	殿中省									•		•		
风字												•		
互市	互市监												•	
出字														•

林先生的研究指出，"只能将飞字马视作殿中省、龙形印视作太仆寺所管辖马匹的标记"，这一结论解决了表7-1中"飞"字印为什么出现两次的问题，是值得肯定的。林氏认为，尚乘局候补

马（称为 B 群马）"印上'飞字印'以示通过殿中省的检查。最后在 B 群马匹中再次进行甄选，从飞字马中选出三花马，从落选飞字马的马匹中选出飞凤马，分别成为闲厩马和尚乘局杂马"。[①]不过，虽然太仆寺、殿中省都分别掌握一定数量的马印，但《天圣令·厩牧令》在规定这一系列的马印时，都是先说"诸牧"云云。所以，笔者认为，令文中规定给马匹烙印龙形、三花、"飞"字等印的动作，其实都是在诸牧中完成的，并不是等马匹到了太仆寺或者殿中省后再进行甄别。换句话说，对诸牧中的马匹的等级进行甄别，是由太仆寺、殿中省的官员前往诸监牧进行的。就殿中省来说，是由尚乘奉御前往诸监牧去选马。由上引《唐六典》可知，尚乘奉御的职责是"掌内外闲厩之马，辨其粗良，而率其习驭"。具体来说，尚乘奉御共四人，"一人掌左六闲马；一人掌右六闲马；一人掌粟草、饲丁请受配给，及勾勘出入破用之事；一人掌鞍辔辔勒，供马调度，及疗马医药料度之事"。[②] 所谓"辨其粗良，而率其习驭"应由掌左右六闲马的两位尚乘奉御负责。

实际上，由中央的官员到诸牧中选马，是保证诸牧所上纳马匹质量的一个重要途径。否则，如果所有马匹都是由诸牧自己单向地向中央输纳，就不能对诸监牧的权力进行监督和制约。所以，在令文中，烙马印的方法被放在了对诸牧的规定中，而马印由太仆寺、殿中省掌握，这样做是为了约束管理马政的不同机构。

根据《天圣令·厩牧令》唐 11 条，"诸牧细马次马送尚乘者"印以"三花"，"诸牧粗马杂马送尚乘者"印以"飞"字印和"风"字印。这就是【六 1】中分细马、中马、驽马的来源。其中次马、粗马即中马，杂马即驽马。

3. 闲厩马的喂饲

下面来考察一下闲厩马的饲养问题。首先将【六 2】与【宋

① 林美希「唐前半期の厩馬と馬印—馬の中央上納システム—」『東方学』第127 辑、2014 年、60 頁。

② （唐）李林甫等：《唐六典》卷一一《殿中省》，"尚乘局"条，第 330 页。

2】以及宋家钰先生复原的唐《厩牧令》第 2 条①的相关内容列于表 7 - 2 中。

表 7 - 2 　牲畜给藁

牲畜	日给藁数		
	【六 2】	【宋 2】	宋先生复原 2
象	6 围	5 围	6 围
马 (供御)	—	8/10 围	—
马	1 围	7/10 围	1 围
驼	1 围	8/10 围	1 围
牛	1 围	1 围	1 围
羊	1/11 围	1/10 围	1/11 围
蜀马	8/10 围	5/10 围	8/10 围
骡	8/10 围	6/10 围	8/10 围
运骡	—	7/10 围	—
驴	4/10 围	5/10 围	4/10 围
运驴	—	7/10 围	—
乳驹	1/5 围	—	1/5 围
乳犊	1/5 围	—	1/5 围

由表 7 - 2 可知，唐代太仆寺系饲马每日喂藁一围，而宋代系饲马的供给量则低于此数。又，《唐六典》卷一一《殿中省》"尚乘局"云：

> 凡秣马给料，以时为差（春、冬日给蒿一围，粟一斗，盐二合；秋、夏日给青刍一围，粟减半）。②

这里的给盐量不同于【六 2】，详见表 7 - 3；另外，夏日给青刍的数量也不同于【六 2】中的"青刍倍之"，值得注意。可能的原因是，这里是殿中省尚乘局的马料供给量，而【六 2】则是太仆寺的马料供给量，故有所区别。至于马料的来源，《唐六典》云："凡

---

① 宋家钰：《唐开元厩牧令的复原研究》，载《天圣令校证》下册，第 515 页。
② （唐）李林甫等：《唐六典》卷一一《殿中省》，"尚乘局"条，第 331 页。

殿中、太仆所管闲厩马，两都皆五百里供其刍藁。"①

系饲马除了喂藁、青草之外，还要喂饲粮食、盐、药（见表7-3）。

表 7-3 牲畜给粟、盐、药

出处	牲畜	项目					
		稻	粟	豆（菽）	盐	药	麸
【六3】	象	三斗/日		三斗/日	一升/日		
	马		一斗/日		六勺/日		
	乳马		二斗/日		一合二勺/日		
	驼			一斗/日	三合/日		
	乳、运牛			一斗/日	二合/日		
	田牛			五升/日	二合/日		
	羊		一升四合/日	一升四合/日	六勺/日		
【宋3】	象			二斗/日			
	马（供）			八升/日			
	马			七升/日			
	蜀马			五升/日			
	骡			四升/日	六两/月	一喙/月	一升/日
	运骡			五勺/日			
	驴			三升/日	二两/月	一喙/月	五合/日
	运驴			四升/日			七合/日
	外群羊			五合/日	半两/二旬	一喙/二旬	
	三栈羊			一升二合/日	二两半/月	一喙/月	
	驼			七升/日	二合/日	一喙/半年	
	运驼			八升/日		一喙/半年	
	牛			五升/日	四两/月	一喙/月	
宋先生复原3	象	三斗/日		三斗/日	一升/日		
	马		一斗/日		六勺/日		
	乳马		二斗/日				
	驼			阙	三合/日		
	驼（运）			一斗/日	三合/日		
	乳驼			一斗/日	三合/日		
	牛			阙	二合/日		
	牛（运）			一斗/日	二合/日		
	乳牛			一斗/日	二合/日		
	田牛			五升/日	二合/日		
	羊		一升四合/日	一升四合/日	六勺/日		

① （唐）李林甫等：《唐六典》卷七《尚书工部》，"虞部郎中员外郎"条，第225页。

由表7-3可知，系饲中的马匹，每日要给粟一斗，盐六勺。结合表7-2的内容，每匹马每日一共要吃掉一围藁，一斗粟，六勺盐。李林甫曾说："君等独不见立仗马乎，终日无声，而饫三品刍豆；一鸣，则黜之矣。"[①] 闲厩马虽不全是南衙立仗马，但总体上说，闲厩马的待遇是比较高的。而宋代系饲马的待遇则远低于此标准。

在每日的喂饲中，"乳者倍之"，即怀驹或处于哺乳期的马每日粟二斗，盐一合二勺。可见进入闲厩中的马还有牝马。《册府元龟》云："德宗建中元年五月，诏市关辅之马牝牡二万匹，以实内厩。"[②] 可为佐证。换言之，诸监牧给中央上纳的马匹既有牡马也有牝马。《唐六典》云："陇右诸牧监使每年简细马五十匹进。其祥麟、凤苑厩所须杂给马，年别简粗壮敦马一百匹，与细马同进。仍令牧监使预简敦马一十匹别牧放，殿中须马，任取充。"[③] 又云："凡每岁进马粗良有差。使司每岁简细马五十匹、敦马一百匹进之。"[④] 由于敦马指被骟的马，故牝马只能出自细马之中。《天圣令·厩牧令》唐6条云："诸牧，牝马四岁游牝，五岁责课。"这是监牧之中的规定，系饲之中未见游牝的记载。故笔者认为，所谓系饲中的乳马，并不是在系饲之时完成游牝的，而是其在监牧之时已完成游牝，然后才将其以细马的"身份"上纳入闲厩。林美希先生认为上纳马大多数为三四岁，[⑤] 其实并不如此。因为有的牝马要变成乳马，必须得等到四岁游牝以后。故监牧上纳马大都应该是四岁以上的马匹。

至于闲厩马所用的草、豆等物的来源，《天圣令·厩牧令》宋4条云：

---

① 《新唐书》卷二二三上《李林甫传》，第6348页。
② （宋）王钦若等编纂：《册府元龟》卷六二一《卿监部·监牧》，第7197页。
③ （唐）李林甫等：《唐六典》卷一一《殿中省》，"尚乘局"条，第330—331页。
④ （唐）李林甫等：《唐六典》卷一七《太仆寺》，"典厩署"条，第487页。
⑤ 林美希「唐前半期の厩馬と馬印—馬の中央上納システム—」『東方学』第127輯、2014年、56頁。

> 诸系饲，官畜应请草、豆者，每年所司豫料一年须数，申三司勘校，度支处分，并于厩所贮积，用供周年以上。其州镇有官畜，草豆应出当处者，依例贮饲。[1]

这里明确指出，系饲中的草、豆都是由户部度支司分配的，一年发放一次，将其贮存在厩所。唐太宗贞观二十三年九月，"以厩马糜费，留三千匹，余并送陇右"。[2] 说明唐初的时候，曾在厩马的饲料方面发生过问题。

三 闲厩马的系饲场所

《唐故壮武将军右龙武军翊府中郎将武威郡史府君墓志铭并序》云："君讳思礼……嗣子元柬，宣节副尉、长上宿卫，仍委检校闲厩修造使。"[3] 史思礼卒于天宝三载，可见其子史元柬大概在开元天宝之际担任闲厩修造使。由于修造使一职仅此一见，故不知它是长期设置的使职，还是一种临时安排。但从"修造"二字来看，闲厩所在之处曾进行过维修。闲厩中的设施包括马匹的系饲之地，也包括饲丁等人的居坐之处，闲厩之内还可以调习马，[4] 地方不会太小。但闲厩本身是一个管理层面的概念，并不是指一个固定的场所。李锦绣和林美希二先生均对闲厩马匹的系饲场所做过研究，下面在前文论述的基础上，对闲厩场所的相关问题再做探讨。

根据前引《唐六典》的记载，在唐前期，殿中省尚乘局共统

---

① 宋家钰认为，宋4条"疑为唐令，未能复原"。《唐开元厩牧令的复原研究》，载《天圣令校证》下册，第515页。

② （宋）王钦若等编纂《册府元龟》卷六二一《卿监部·监牧》，原文误作"以厩马糜费，留三千余匹，并送陇右"（第7196页）。

③ 周绍良、赵超主编：《唐代墓志汇编续集》天宝019《唐故壮武将军右龙武军翊府中郎将武威郡史府君墓志铭并序》，上海古籍出版社2001年版，第594页。

④ 《唐六典》卷一一《殿中省》"尚乘局"条云："凡御马必敬而式之，非因调习，不得捶击（诸闲厩上细马，若欲调习，唯得厩内乘骑，不得辄出）。"（第330页）

辖两厩十二闲，至开元时期演变为仗内六厩两闲和仗外四闲两厩。李锦绣先生指出，仗内仗外闲厩的设置，肇端于武后置飞龙厩，在开元时期定型。左右六闲系饲马匹的场所是骅骝马坊，武后时期，"以殿中丞检校仗内闲厩，以中官为内飞龙使"，[①] 然仗内闲厩系饲之地依然在骅骝马坊。内飞龙使所掌之闲厩系饲之地则在禁中，开元时演变为仗外闲厩，其系饲之地，依然在宫内，即飞龙厩。[②] 质言之，仗内、仗外闲厩的系饲场所分别是骅骝马坊（宫外）与禁中骥院（宫内）。笔者服膺李先生的结论，但开元时期仗内外闲厩的场所问题仍待商榷。

开元时期，唐初的六闲二厩演变为仗内六厩两闲和仗外四闲两厩。仗内闲厩是在原来的基础上增加了飞龙、鹓鸾、吉良、六群四厩，以及奔星、内驹两闲。仗外闲厩完全是新增的，其中左飞、右飞与左右羽林军关系密切，左万、右万与左右万骑关系密切。[③] 在李锦绣先生研究的基础上，林美希先生又深入探讨了闲厩与北衙禁军的关系。[④] 笔者这里只辨析两个问题。

一是仗内外中闲与厩的统属关系。闲有栅栏的意思，即喂马的马槽之处，而厩则有房舍的含义，故厩中包括闲。这就是《唐六典》所云"左、右凡十有二闲，分为二厩：一曰祥麟，二曰凤苑，以系饲马"的含义。开元时期闲与厩的关系发生了变化，仗内是"六厩＋两闲"，仗外是"四闲＋两厩"，二者差别很大。仗外闲厩符合唐初的情况，而仗内闲厩却有所不同。具体来说，如果厩依然统辖闲的话，仗内六厩中的两厩"祥麟、凤苑"就是继承前代而来，其下是否仍设有一定数量的闲？如果有，这些闲与"奔星、内驹"两闲是什么关系？目前尚难以考证。相反，如果新的仗内

---

① 《新唐书》卷四七《百官志二》，"殿中监少监"条，第 1217 页。

② 李锦绣：《唐代制度史略论稿》，第 315—316 页。

③ 李锦绣：《唐代制度史略论稿》，第 316 页。

④ 林美希「唐前半期の閑厩体制と北衙禁軍」『東洋学報』第 94 卷第 4 号、2013 年、1－29 頁。

六厩实际就是原来的六闲，仅仅是改变了名称，则仗内闲与厩的关系正好与前代相反——闲跃居在了厩之上。《新唐书》即云："武后万岁通天元年，置仗内六闲：一曰飞龙，二曰祥麟，三曰凤苑，四曰䴔鸾，五曰吉良，六曰六群，亦号六厩。"① 说明闲与厩之间的关系并不固定。但仗内这样的新叫法可能是为了使仗内有别于仗外而做的修改。

二是仗外闲厩中的东南内、西南内两厩问题。按，仗外闲厩涉及禁军用马问题，故特为重要。首先来看一下其名称。上引《唐六典》作"东南内、西南内等两厩"，《新唐书》卷四七云："两仗内又有六厩：一曰左飞，二曰右飞，三曰左万，四曰右万，五曰东南内，六曰西南内。"② 李锦绣先生认为《新唐书》此处"文字及闲厩名称有误，今从《六典》"。③ 而她所引的《唐六典》，实际是日本近卫本《大唐六典》，其中"东南内、西南内"写作"东南内、西北内"④，她后面的结论皆由此出发。这实际上涉及《唐六典》版本的问题。按，笔者之前所引《唐六典》是以宋本《大唐六典》为底本校勘的《唐六典》原文，从资料的原始性来讲，其正确性要高于以明正德本为底本的近卫本《大唐六典》；又，宋孙逢吉《职官分纪》所引《唐六典》此处亦作"东南内、西南内"。⑤ 故综合宋本《大唐六典》、《职官分纪》、《新唐书》的记载，笔者认为，开元时仗外的情况是有左飞、右飞、左万、右万四闲，以及东南内、西南内两厩，并不存在所谓的西北内，也就不需要以东南、西北为方位来探讨仗外两厩的具体位置。其次，仗外两

---

① 《新唐书》卷四七《百官志二》，"殿中监少监"条，第1217页。
② 《新唐书》卷四七《百官志二》，"殿中监少监"条，第1217页。
③ 李锦绣：《唐代制度史略论稿》，第315页。
④ （唐）李林甫等『人唐六典』卷一一「殿中省」"尚乘局"条、241页上。
⑤ （宋）孙逢吉：《职官分纪》卷二四《殿中省》，《景印文渊阁四库全书》第923册，第519页。

厩所在地不可能与禁军驻地重合。① 因为闲厩马虽供禁军使用，但它们的饲养工作有专门的管理机构负责，这需要一大批相关的人员，他们如果与禁军驻守在一起，则是非常混乱的。因而，所谓的"东南内、西南内"两厩之地必须另做考察，下面试做讨论。

《唐两京城坊考》云：

> 西京大内凡苑三，皆在都城北。西内苑在西内之北，亦曰北苑，南北一里，东西与宫城齐……北为重玄门，其南门即宫城之定武门（按，即玄武门）也……东内苑在东内之东南隅，南北二里，东西尽一坊之地……中有龙首殿、龙首池。池东有灵符应圣院、承晖殿、看乐殿、小儿坊、内教坊、御马坊、球场亭子殿。②

此为宫城中东西两内苑的情况。从方位上来讲，它们分别位于大明宫的东南与西南，有别于宫城北面的禁苑，故称为东南内、西南内合乎情理。又西内苑亦称北苑，也许正是由于这个原因，西南内在文献中容易被混淆成西北苑。从其功能来讲，西内苑南接宫城之玄武门，是禁军驻守之地，位置很重要；东内苑中有御马坊，它虽是文宗时期设置的，但必然与此地有养马的物质基础、传统习惯有关。因此，笔者认为，仗外东南内实即大明宫东南部的东内苑，而仗外西南内则指大明宫西边、太极宫宫城北边的西苑。这就是仗外闲厩马的系饲场所。这两处离李先生所说的禁军驻地并不远，正符合仗外闲厩马是供禁军使用的管理制度。

---

① 李锦绣以仗外分"东南内、西北内"为基础，考察了其闲厩的地点，认为东南内即大明宫东墙太和门外左羽林军、左龙武军、左神策军驻地，西北内即大明宫西墙九仙门外右羽林军、右龙武军、右神策军驻地。参见李锦绣《唐代制度史略论稿》，第315—316页。

② （清）徐松：《增订唐两京城坊考（修订版）》卷一《三苑》，李健超增订，三秦出版社2006年版，第34—37页。

　　另外，根据前面的论述，太仆寺也是管理闲厩马的机构，关于其饲养马匹的场所，也需要考察清楚。除了驲骝马坊这样的系饲之地以外，这里从沙苑监的角度再做探讨。《天圣令·厩牧令》唐28条云：

> 　　诸赃马、驴及杂畜，事未分决，在京者，付太仆寺，于随近牧放。在外者，于推断之所，随近牧放。断定之日，若合没官，在京者，送牧；在外者，准前条估。

此条令文是对未决的赃马等问题马匹的寄存规定，其中提到"事未分决，在京者，付太仆寺，于随近牧放"，这就为探讨太仆寺的放牧场所提供了线索，而"随近"二字最值得注意。牛来颖先生认为，"随近"之处包括沙苑监。① 下面首先来辨析此说。《唐六典》卷一七《太仆寺》"沙苑监"条云：

> 　　沙苑监：监一人，从六品下（沙苑在同州）；副监一人，正七品下；丞一人，正九品上，主簿一人，从九品下。沙苑监掌牧养陇右诸牧牛、羊，以供其宴会、祭祀及尚食所用，每岁与典牧分月以供之；丞为之贰……若百司应供者，则以时皆供之。凡羊毛及杂畜皮、角皆具数申送所由焉。（□本云："太仆属官有沙苑监，开元二十三年省。"）②

《唐代马政》一书认为，"沙苑监是一个早就存在，但又未见归入某个系统的特殊监牧"，"该监是由隋之羊牧，变为杂畜之牧，而后又进一步以马为主"。③ 在开元天宝时期，沙苑监就以马牧为主

---

　　① 牛来颖：《大谷马政文书与〈厩牧令〉研究——以进马文书为切入点》，载《隋唐辽宋金元史论丛》第六辑，第117页。

　　② （唐）李林甫等：《唐六典》卷一七《太仆寺》，"沙苑监"条，第488页。

　　③ 马俊民、王世平：《唐代马政》，第37页。

了，并形成"监—马坊"的管理体制。① 杜甫的《沙苑行》写到了沙苑监的地理位置和面积大小（君不见左辅白沙如白水，缭以周墙百余里）、苑中的马匹数量（苑中騋牝三千匹，丰草青青寒不死）、苑中马匹何时归入闲厩（骕骦一骨独当御，春秋二时归至尊）等。② 尤其是安史乱后陇右监牧丢失以后，沙苑监的地位更加凸显。《册府元龟》载："［文宗太和三年］三月，以沙苑楼烦马共五百匹赐幽州行营将士。"③ 问题是，马匹由太仆寺运到同州的沙苑监牧放算不算"随近"？按，《资治通鉴》卷二二〇至德二载十月癸酉条胡三省注云："沙苑，在冯翊渭曲。李吉甫《郡国图》：'沙苑，一名沙阜，在同州冯翊县南十二里，东西八十里，南北三十里。'"④ 沙苑监地处同州冯翊县，其地在洛水、渭水交汇处。同州冯翊"在京师东北二百五十五里"，⑤ 可以说，沙苑监与长安的距离在二百里开外。如果将尚未决断的赃马放置在离京师这么远的沙苑监，那么对以后的决断来说并不方便。所以，太仆寺把赃马、驴及杂畜放到沙苑监牧放，是不太可能的。另外，还有一旁证，《册府元龟》卷六二一《卿监部·监牧》云：

> 贞元八年（792），裴延龄为户部侍郎，判度支。京西有污地卑湿处，时有卢苇生，不过数亩，延龄忽奏云："厩马冬月，合在槽枥秣饲，夏中即须有牧放处，臣近寻访得长安、咸阳两县界有陂池数百顷，请以为内厩牧马之地。且去京城数十里，亦与厩苑中无别。"帝初信之，言于宰臣，宰臣坚执云：

---

① 牛来颖：《大谷马政文书与〈厩牧令〉研究——以进马文书为切入点》，载《隋唐辽宋金元史论丛》第六辑，第117页。

② （唐）杜甫：《杜工部集》卷一《沙苑行》，辽宁教育出版社1997年版，第15页。

③ （宋）王钦若等编纂：《册府元龟》卷六二一《卿监部·监牧》，第7198页。

④ 《资治通鉴》卷二二〇，"至德二载十月癸酉"条，第7043页。

⑤ 《旧唐书》卷三八《地理志一》，"同州上辅"条，第1400页。

"恐必无此。"及差官阅视，事皆虚妄，延龄既惭且怒。

虽然裴延龄所说的京西陂池之地属于子虚乌有，但他选择这里的理由是"去京城数十里，亦与厩苑中无别"，体现了在京外选择厩马放牧之地的原则，即不会超过数十里的距离。对比来看，把太仆寺赃马放置在沙苑监是不太可能的。

其实，所谓"随近牧放"，还应该是在京师范围内。笔者在此做一推测。《唐会要》卷四八《寺》云："昭成寺 道光坊。本沙苑监之地。景龙元年，韦庶人立为安乐寺，韦氏诛，改为景云寺。寻又为昭成皇后追福，改为昭成寺。"① 道光坊在东都洛阳北部，西边紧邻含嘉仓城、东城。② 此地是沙苑监之地，可见沙苑监在洛阳有一定的私有土地。虽然这是东都的情况，但在武周时期，这里就是京师，这样的地理空间正合"随近牧放"的规定。同理，沙苑监在京师长安也应该有相应的土地，其地也不会离宫城、皇城太远。这样才能与唐28条的规定相符。但沙苑监归太仆寺管辖，沙苑监在京师的土地其实也可以说是太仆寺的土地。那么，太仆寺除了骅骝马坊以外，应该还有别的牧饲场所。

四 闲厩马与进马官

在唐代的史料中，有很多关于进马的记载，其内容基本上都是官员向朝廷进献马匹，这种进马，是被作为礼物送给皇帝的，然后被送入闲厩，成为闲厩马。③ 至于进马的形式和过程，也有学者进行了详细的研究。④ 但笔者这里并不打算研究进马行为，而是主要研究一下与殿中省、太仆寺、闲厩马关系密切的进马官职。

---

① （宋）王溥：《唐会要》卷四八《寺》，第994页。

② （清）徐松：《增订唐两京城坊考（修订版）》卷五《东京》，第397页。

③ 马俊民、王世平：《唐代马政》，第55—56页。

④ 牛来颖：《大谷马政文书与〈厩牧令〉研究——以进马文书为切入点》，载《隋唐辽宋金元史论丛》第六辑，第111—115页。

《旧唐书》卷四四《职官志三》"殿中省尚乘局"云：

> 进马六人（七品下）……（进马旧仪，每日尚乘以厩马八匹，分为左右厢，立于正殿侧宫门外，候仗下即散。若大陈设，即马在乐悬之北，与大象相次。进马二人，戎服执鞭，侍立于马之左，随马进退。虽名管殿中，其实武职，用资荫简择，一如千牛备身。天宝八载，李林甫用事，罢立仗马，亦省进马官。十二载，杨国忠当政，复立仗马及进马官，乾元复省，上元复置也）。①

《新唐书》卷四七《百官志二》"殿中监"：

> 进马五人，正七品上。掌大陈设，戎服执鞭，居立仗马之左，视马进退（天宝八载，罢南衙立仗马，因省进马；十二载复置，乾元后又省，大历十四年复）。②

这是关于殿中监进马的规定。综合以上新旧《唐书》信息相同的部分可知，进马官一职，于天宝八载，因罢立仗马，被省；至天宝十二载，复立仗马及进马官；③ 乾元年间（758—759）复省；上元年间（760—761）复置；大约代宗即位后，又罢进马官；至大历十四年（779）又复置。④ 进马的职责是每日以闲厩马八匹，分左右各四匹，立于正殿侧宫门外。在"大陈设"时，将马立在乐悬

---

① 《旧唐书》卷四四《职官志三》，"殿中省尚乘局"条，第1865—1866页。
② 《新唐书》卷四七《百官志二》，"殿中监"条，第1218页。
③ （宋）王溥《唐会要》卷六五《殿中省》"进马"云："天宝八载七月二十五日敕：'自今南衙立仗马宜停，其进马官亦省。'十二载正月，杨国忠奏置立仗马及进马官。"（第1333页）
④ 《册府元龟》卷六二一《卿监部·监牧》云："代宗大历十四年七月，复置厩马，随仗于月华门。"（第7197页）

之北。进马二人，戎服执鞭，站在仗马的左边，视马进退。换言之，进马负责的是将闲厩马立在殿门外，以作仪式。

但上引两条史料的出入之处在于，一说进马六人，七品下，一说五人，正七品上。按《唐会要》云："太和八年三月，殿中省奏：'千牛元额四十八员，左右仗各二十四员。准敕，每仗各减一十四员讫。又进马元额一十八员，当司六员，今准敕减一员；仆寺准减一员。'敕旨：'宜依。'"① 可见殿中省进马一共是十八人，新旧《唐书》所说的进马数其实是当司进马的人数，并非全部。《唐六典》即云："殿中省进马……分为三番上下。"② 可知每番是六人。《旧唐书》所说"进马六人"是大和八年以前当司的人数，大和八年以后，变为《新唐书》所载的五人。

另外，太子东宫官属中的太子仆寺中，也有进马官，人数为十一人。③ 按照殿中省进马官司的规定，这十一人应该也是轮流当值（当司）。

凡进马，实属"武职，用资荫简择，一如千牛备身"。④ 其选拔的方法是，"殿中省进马取左、右卫三卫高荫，简仪容可观者补充，分为三番上下，考第、简试同千牛例；仆寺进马亦如之"。而所谓三卫，即"左、右卫亲卫、勋卫、翊卫，及左、右率府亲、勋、翊卫，及诸卫之翊卫，通谓之三卫"。⑤ 爱宕元先生曾论述过进马的选拔方式，并列举了三个通过官荫成为进马的例子。⑥ 笔者

---

① （宋）王溥：《唐会要》卷六五《殿中省·进马》，第1333页。

② （唐）李林甫等：《唐六典》卷五《尚书兵部》，"兵部郎中员外郎"条，第154页。

③ 《新唐书》卷四九上《百官志上》，第1299页。

④ 《旧唐书》卷四四《职官志三》，"殿中省尚乘局"条，第1866页。

⑤ （唐）李林甫等：《唐六典》卷五《尚书兵部》，"兵部郎中员外郎"条，第154页。

⑥ 爱宕元「唐代における官蔭入仕について」『東洋史研究』35—2、1976年、77-78页。爱宕先生所举权怀恩之例有误，权怀恩实起家为太子洗马，并非进马；而所举李珍之例，史料原作"以荫任进路马"，故笔者存疑。

在此基础上，搜集出土和传世文献中的进马官资料，统计了以下几名做过进马的人物（见表7-4）。

表7-4 进马官

姓名	任职年	卒年	享年	父辈官职		出处
独孤思贞	龙朔元年（661，20岁）太子进马	万岁通天二年（697）	56岁	祖	右光禄大夫，太仆卿，凉州都督，虞、植、简三州刺史	《唐代墓志汇编》神功012《大周故朝议大夫行干陵令上护军公士独孤府君墓志铭并序》
				父	左金吾郎将、右卫中郎、左清道率	
王泰	上元初（674，22岁）东宫进马	开元十年（722）	70岁	父	自神尧皇帝挽郎，授密王府典签，太子舍人，兵、吏部员外郎、郎中，干封令，中书舍人，户部、中书二侍郎，同中书门下三品，太常卿，金紫光禄大夫，加侍中，上柱国，乐平县开国男，赠尚书左仆射	《大唐西市博物馆藏墓志》一八七《大唐故云麾将军右监门卫将军上柱国乐平县开国侯京兆王公墓志铭并序》
张延晖	长安三年（703，20岁）起家补进马	开元元年	30岁	曾祖	银青光禄大夫，深州刺史，转左监门卫大将军	《大唐西市博物馆藏墓志》二九一《唐故进马南阳张公志铭并序》
				祖	金坛县令，鄠县令	
宋应	天宝十三载（754，18岁）殿中省进马	天宝十四载	19岁	祖	临淮郡太守	《唐代墓志汇编续集》天宝104《唐故殿中省进马宋公墓志铭并序》
				父	朝议大夫，中书舍人	
权顺孙	元和十年（815）以前，仆寺进马	元和十年	13岁	祖	刑部尚书	《全唐文》卷五〇六权德舆《歼孙进马墓志铭（并序）》
				父	渭南县尉	
崔纾	进马	咸通十三年（872）	49岁	曾祖	中书侍郎同平章事	《唐代墓志汇编》咸通104《唐故承奉郎汝州临汝县令博陵崔府君墓志铭并序》
				祖	华州刺史	
				父	河南府陆浑县令	

这六人中，独孤思贞、王泰、权顺孙三人都是起家为太子仆寺进马，只有宋应为殿中省进马；张延晖、崔纾只说补为进马，而不

知具体是在太子仆寺还是殿中省。另外，搜集墓志资料，做过太子仆寺进马的还有湖南都团练观察处置使吕公次子吕俭①、赠兵部尚书孙景商（大中十年卒，享年64岁）第五子孙伾②，做过殿中省进马的还有冠军大将军左羽林军大将军臧怀亮（卒于开元十七年）第五子③、右卫亲府右郎将鄂州刺史卢翊（开元十九年卒，享年62岁）第四子卢晏④、德宗时礼部侍郎鲍防之子鲍参⑤、韩愈之子韩估⑥等。

在以上十二个例子中，五人是殿中省进马，五人是太子仆寺进马，比例相当。因此，不管是文献中的殿中省进马还是太子仆寺进马，都应同等对待。根据表7-4可知，除了权德舆之孙（13岁）以外，大部分人充任进马的时间都是在20岁左右。然而就其门荫来讲，则各有不同。其中，独孤思贞的父亲独孤元康是"左金吾郎将、右卫中郎、左清道率"，张延晖的曾祖张善见是"左监门卫大将军"；另外臧怀亮是冠军大将军、左羽林军大将军，卢翊是右

① 周绍良、赵超主编：《唐代墓志汇编续集》贞元059《唐故湖南都团练观察处置使通议大夫使持节都督潭州诸军事守潭州刺史兼御史中丞赐紫金鱼袋赠陕州大都督吕府君夫人河东郡君柳氏墓志铭并序》，第776页。

② 周绍良、赵超主编：《唐代墓志汇编》大中120《唐故天平军节度郓曹濮等州观察处置等使朝请大夫检校礼部尚书使持节郓州诸军事兼郓州刺史御史大夫上柱国赐紫金鱼袋赠兵部尚书孙府君墓志铭并序》，第2345页。

③ 周绍良、赵超主编：《唐代墓志汇编续集》开元098《大唐故冠军大将军左羽林军大将军上柱国东莞郡开国公臧府君墓志并序》，第521页；李邕：《羽林大将军臧公墓志铭》，载（清）董诰等编《全唐文》卷二六五。

④ 周绍良、赵超主编：《唐代墓志汇编》开元379《唐故通议大夫鄂州刺史上柱国卢府君墓志铭并序》，第1418页；大和022《唐故滑州司法参军范阳卢君墓志铭并序》，第2112页；开成049《唐故知盐铁转运盐城监事殿中侍御史内供奉范阳卢府君墓铭并序》，第2204页。

⑤ 穆员：《鲍防碑》，载（清）董诰等编《全唐文》卷七八三，第8191页上。按《鲍防碑》云，鲍防死时已69岁，鲍参作为"二孤"之一，依然被称为"前殿中省进马"，可见其在做了殿中省进马后并未再做过其他官职。

⑥ 《韩昌黎文集校注》卷五《祭侯主簿文》，马伯通校注，古典文学出版社1957年版，第190页。但韩愈之子史载只有韩昶，只此处见韩估。

卫亲府右郎将。他们的子孙充任进马，完全符合"取左、右卫三卫高荫，简仪容可观者补充"的规定。所谓"三卫高荫"，是指其祖上在三卫中担任较高的职务，进马本人并非三卫中的卫士，因为有的人从一开始就是进马，并没有在某卫中任职的经历。

但是这种选拔途径大约只维持到唐玄宗前期，自天宝年间开始，进马的"荫资"则发生了变化。从充任进马之人的祖、父的官职来看，与"三卫高荫"并没有直接的联系。如宋应之祖是临淮郡太守，父是朝议大夫、中书舍人；权顺孙之祖是刑部尚书，父是渭南县尉；崔纾之祖是华州刺史，父是河南府陆浑县令；孙佸之父是兵部尚书；鲍参之父是礼部侍郎；等等。可见，在现实中，进马的选拔途径已经发生了变化。《唐会要》云："贞元七年十二月五日，兵部奏：'进马所用荫同千牛，仍兼取任御史中丞、给事中、中书舍人子。余条例及简试，并用千牛例。'"① 说明自贞元七年以后，朝廷已经允许御史中丞、给事中、中书舍人之子充任进马了。如上面的宋应就是如此。至此，进马的选拔条件放宽了，这可能是唐代后期赋予"清官"的特殊待遇。② 总之，新旧《唐书》所载的进马选拔完全是唐前期的制度。

进马官的任职期限是五年，五年一更。③ 但是对其还要进行一定的考核，"开元十一年三月二十八日，准令，千牛二中上考，始进一阶。既是卫官，又须简试，全依职事，颇亦伤淹滞。若五考满者，折为四考；四考满者，折为三考；三考折为二考；二考折为一考；更有剩考，亦准此通折。出经一考，不在折成。其进马考既称第，宜倍折"。④ 可见进马的考核难度要低于千牛。进马的俸钱是，

---

① （宋）王溥：《唐会要》卷六五《殿中省·进马》，第 1333 页。

② 此点承蒙日本国学院大学速水大教授提示，特致谢忱。

③ 《全唐文》卷八九僖宗《南郊赦文》云："准咸通十一年条流……其进马千牛，本限五年方满，近者旋替year深，致使入仕多门，三铨无阙。从今后如或用年深阙补人，兵部郎官必议贬降。"（第 934 页下）

④ （宋）王溥：《唐会要》卷七一《十二卫·进马》，第 1522—1523 页。

"殿中省进马，准开元十七年五月十四日敕置，每人准一月纳料钱一千九百一十七文。仆寺进马，与殿中进马同"。[1] 这是开元年间进马官的选拔与待遇规定。

小 结

在以上内容中，笔者探讨了唐代前期闲厩马匹的饲养等相关问题，以明确马匹从监牧被选拔进中央以后的情况，得出的主要认识有以下几点。

（1）所谓闲厩马不仅包括上纳到殿中省尚乘局中的马匹，也包括上纳到太仆寺典厩署中的马匹。

（2）闲厩马的饲养称为系饲。负责饲养工作的，在太仆寺为饲丁，殿中省为掌闲。如果在饲养的过程中，闲厩马丢失，饲丁和其主帅要受到处罚，处罚标准参照对监牧中牧长和牧子的规定。

（3）系饲中的马匹分为三等，即细马、中马、驽马。在令文规定中，除细马外，次马、粗马对应中马，杂马对应驽马。马匹等级的甄别，是由太仆寺、殿中监的官员前往诸监牧完成的。

（4）系饲马除了喂藁、青草之外，还要喂饲粮食、盐、药。所需刍藁是从两京五百里内征集的。草、豆等都是由户部度支司分配，一年发放一次，将其贮存在厩所。

（5）开元时仗外闲厩中并无东南内、西北内两厩，而是有东南内、西南内两厩。从方位上来讲，它们分别位于大明宫的东南与西南。而太仆寺掌管仗内闲厩，除了骅骝马坊以外，应该还有别的牧饲场所。

（6）进马官负责闲厩马的仪仗，唐代前期，是从左、右卫三卫高荫的子孙中选拔的，自天宝年间开始，进马的选拔条件放宽了，可以从御史中丞、给事中、中书舍人之子中进行选拔。

---

① （宋）王溥：《唐会要》卷九一《内外官料钱上》，第 1969 页。

第二节　唐代监牧基层劳动者的身份问题

在唐代前期的诸监牧和马坊里，有大量的畜群，包括马、牛、驼、骡、驴、羊等，唐朝政府详细设置了一系列的职务，来负责它们的饲养工作。其中，最基层的职务就是牧长和牧子。对于这两个职务，前辈学者的论著多有涉及。专著如唐长孺先生《唐书兵志笺正》①、马俊民、王世平先生《唐代马政》②、乜小红先生《唐五代畜牧经济研究》③ 等，单篇论文如陆离先生《吐蕃统治敦煌时期的官府牧人》④ 等。这些论著有的对牧长与牧子一笔带过，有的论述相对较详，但是均没有从法令制度的角度对这两个职务的内涵进行严格的辨析。同时还遗留了不少问题，如牧长与群头的关系、牧子的身份特征等；有的研究结论尚待商榷，如牧子的服役形式、牧子的待遇等。在本节中，笔者依据《天圣令》中的新资料，对以上问题进行重新的梳理。

一　牧长与群头的关系

对于牧长的设置，《唐六典》卷一七《太仆寺》"诸牧监"条云：

> 凡马、牛之群以百二十，驼、骡、驴之群以七十，羊之群以六百二十，群有牧长、牧尉。⑤

---

① 唐长孺：《唐书兵志笺正（外二种）》，中华书局 2011 年版。
② 马俊民、王世平：《唐代马政》。
③ 乜小红：《唐五代畜牧经济研究》。
④ 陆离：《吐蕃统治敦煌时期的官府牧人》，《西藏研究》2006 年第 4 期。
⑤ （唐）李林甫等：《唐六典》卷一七《太仆寺》，"诸牧监"条，第 486 页。

《旧唐书》卷四四《职官志三》"太仆寺诸牧监"条云：

> 凡马之群，有牧长、尉。①

《新唐书》卷四八《百官志三》"太仆寺诸牧监"条云：

> 上牧监：监各一人，从五品下；副监各二人，正六品下；丞各二人，正八品上；主簿各一人，正九品下……马牛之群，有牧长，有尉。②

《新唐书》卷五〇《兵志》云：

> 其官领以太仆；其属有监牧、副监；监有丞，有主簿、直司、团官、牧尉、排马、牧长、群头，有正，有副；凡群置长一人，十五长置尉一人，岁课功，进排马。③

根据前三条史料可知，监牧中一群的长官为牧长，十五长置一尉。但《新唐书·兵志》中除了"牧长"以外，还有"群头"一职。顾名思义，"群头"应是"一群之头"，但这样一来它的职责就与牧长的管辖范围重合，《新唐书》将其与牧长并举，实在令人费解。故唐长孺先生在《唐书兵志笺正》中说："《兵志》之群头疑即牧长，又所云'群置长一人'即牧长也，'十五长置尉一人'即牧尉也。《新书》以省字自诩，而重复如此，可怪。"④ 唐先生一针见血地指出了问题所在，但《新唐书》明言"牧尉、排马、牧长、群头"云云，可见牧长、群头应非同一职务，怀疑群头即牧长似乎理由不足。

---

① 《旧唐书》卷四四《职官志三》，"太仆寺诸牧监"条，第1883页。
② 《新唐书》卷四八《百官志三》，"太仆寺诸牧监"条，第1255页。
③ 《新唐书》卷五〇《兵志》，第1337页。
④ 唐长孺：《唐书兵志笺正（外二种）》卷四，第120页。

又，乜小红先生在《唐五代畜牧经济研究》中，一则认为唐代的"牧长即是群头，群头直接管理畜群，其下还有牧子"；[①] 二则说，敦煌文书中有"驼官""知驼官""知马官""牧牛人""牧羊人"等称谓，这些人"均可称为'牧子'……他们都属于群头，是监牧系统下属最基层管理牲畜的'官'员"。[②] 也就是说，牧子是一个总称，"属于群头"。所以她总结道，在唐末五代归义军时期，"牧子即是群头，也就是牧长……似乎牧子与牧长这两种称号便合二为一了"。[③]

对于这样的分歧，笔者认为，唐代的群头既不是牧长，也不是牧子。首先，群头不可能是牧子，即便在宋代人的其他表述中，二者也是分开的。《天圣令·厩牧令》宋1条云：

> 诸系饲，象，各给兵士（量象数多少，临行差给）。马，以槽为率，每槽置槽头一人，兵士一人，兽医量给（诸畜须医者准此）。骡二头、驴五头，各给兵士一人。外群羊五百口，给牧子五人，群头一人。在京三栈羊千口，给牧子七人，群头一人。驼三头、牛三头，各给兵士一人。

可见直到北宋时期，牧子与群头仍是两个不同的身份，且群头是牧子的上级。

其次，充当群头之人的身份与牧长有很大区别。笔者在此做一点考察。《新唐书》云：

> 凡反逆相坐，没其家配官曹，长役为官奴婢。一免者，一岁三番役。再免为杂户，亦曰官户，二岁五番役。每番皆一月。三免为良人。六十以上及废疾者，为官户；七十为良人。每岁

① 乜小红：《唐五代畜牧经济研究》，第44页。

② 乜小红：《唐五代畜牧经济研究》，第74页。

③ 乜小红：《唐五代畜牧经济研究》，第78—79页。

孟春上其籍，自黄口以上印臂，仲冬送于都官，条其生息而按比之。乐工、兽医、骟马、调马、群头、栽接之人皆取焉。①

据此，唐代的乐工、兽医、骟马、调马、群头和栽接之人皆是从官户奴中选拔的。其中与畜牧业相关的，有兽医、骟马、调马和群头，他们是同一类型的人。那么，如果想知道群头的身份地位，只要先了解与其处于同一等级的兽医、调马等人的相关情况就行了。《天圣令·厩牧令》唐 3 条云：

> 诸系饲，马、驼、骡、牛、驴一百以上，各给兽医一人；每五百加一人。州军镇有官畜处亦准此。太仆等兽医应须之人，量事分配（于百姓、军人内，各取解医杂畜者为之。其殿中省、太仆寺兽医，皆从本司，准此取人。补讫，各申所司，并分番上下。军内取者，仍各隶军府）。其牧户、奴中男，亦令于牧所分番教习，并使能解。

根据令文，系饲中的兽医，是从普通百姓和军人中选拔的，他们要"分番上下"。但是对于监牧而言，并没有专业兽医前去服役，而是指派系饲中的兽医轮番到牧所，把相关知识教授给监牧中的户、奴中男，然后由这些人负责监牧中的牲畜医疗事务。换言之，监牧中做兽医的人出身非常低，是从官户奴中选拔的。那么群头的身份地位可想其仿佛。

又，《唐律疏议》引《太仆式》云：

> 在牧马，二岁即令调习。每一尉配调习马人十人，分为五番上下，每年三月一日上，四月三十日下。②

---

① 《新唐书》卷四六《百官志一》，"都官郎中员外郎"条，第1200页。
② 《唐律疏议》卷一五《厩库律》，"官马不调习"条"疏议"，第282页。

按，唐代诸牧中的马以一百二十匹为一群，设牧长一人，十五群设一牧尉。以每尉配调习马人十名计算，每人负责的马数是一百八十匹，调习其中的二岁马。但他们分为五番上下，每次共同调习的人数就是两人。由此可知，从官户奴中选拔出来的群头也应是分番上下的。而牧长则不会分番上任。

另外，《天圣令·厩牧令》唐1条云：

> 诸牧，马、牛皆以百二十为群，驼、骡、驴各以七十头为群，羊六百二十口为群，别配牧子四人（二以丁充，二以户、奴充）。其有数少不成群者，均入诸长。

群头既然也是从户奴中选出的，那么他很有可能就是两个充当牧子的户奴中的一个，选拔出来后作为牧长的副手。① 而牧长是由什么样的人充任的呢？《天圣令·厩牧令》唐2条云：

> 诸牧畜，群别置长一人，率十五长置尉一人、史一人……长，取六品以下及勋官三品以下子、白丁、杂色人等，简堪牧养者为之。

可见，充当牧长之人的身份地位远高于群头。所以除了《新唐书》外，其他唐代文献中均未提及群头，可能正是因为群头的地位不高而将其忽略。随着时间的推移，该职位发生了变化，宋代则以群头代替牧长。

二　牧子的服役形式与待遇

马俊民、王世平先生认为："《六典》中把饲丁和牧人并列，

---

① 由前引《新唐书》中"其属有牧监、副监。监有丞，有主簿、直司、团官、牧尉、排马、牧长、群头，有正，有副"可知，这里所交代的种种职务实有正副之分，即：主簿是丞之副，团官是直司之副，排马是牧尉之副，群头是牧长之副。

除了表明二者有相同点，即身份地位一样外，也表明二者有不同点，即劳役形式不同。《六典》对上番者称丁，不上番者不称丁，表明'丁'这一称谓同番上制、也就是征发制的联系。牧人们'长上专当'，并且是通过雇佣而不是征发进入牧场，所以就不称丁了。"① 他们从力役征发形式的角度比较了系饲中的饲丁与监牧中牧子的区别，同时认为，牧子（笔者按，包括丁和官户奴）与监牧之间是雇用与被雇用的关系。

这种观点被乜小红先生承袭，说："牧子受雇于官府，给以佣值……关于雇价，由于文书中无明确记载，不敢臆测。至于佣食，即口粮一项，一般按月供给。"② 但是笔者认为，唐代监牧中的"牧子"也就是马、王二先生所说的"牧人"，并不是通过雇用形式进入牧场的。

其实，牧子对于监牧来说，属于力役征发的范畴。在《天圣令》发现以前，研究监牧中劳动者身份的依据主要是《唐六典》卷一七《太仆寺》"诸牧监"条：

> 凡马、牛之群以百二十，驼、骡、驴之群以七十，羊之群以六百二十，群有牧长、牧尉（补长，以六品已下子、白丁、杂色人等为之；补尉，以散官八品已下子为之。品子八考，白丁十考，随文、武简试与资也）。③

但其中并无《天圣令·厩牧令》唐1条中"别配牧子四人（二以丁充，二以户、奴充）"的规定，故此，前贤并未涉足和辨析牧子的来源问题。根据前文的论述可知，充当牧子的人一共有丁、官户、官奴三种身份，这就需要区别对待。《天圣令·厩牧令》唐8条说：

---

① 马俊民、王世平：《唐代马政》，第85页。
② 乜小红：《唐五代畜牧经济研究》，第76页。
③ （唐）李林甫等：《唐六典》卷一七《太仆寺》，"诸牧监"条，第486页。

　　　　诸牧，马剩驹一匹，赏绢一匹。驼、骡剩驹二头，赏绢一
　　　　匹……每有所剩，各依上法累加。其赏物，二分入长，一分入
　　　　牧子（牧子，谓长上专当者）。

对于牧子而言，既有"长上专当者"，那么就会有非"长上专当
者"。对照牧子的身份来源，可知"长上专当者"只有官奴。前揭
书所说"牧人们'长上专当'"是不确切的，因为并非所有的牧人
都长役无番，有的人比如丁、官户就是分番服役的。这样一来，
"牧子受雇于官府，给以佣值"的观点也就不攻自破了。

　　对于牧子在监牧中的生活情况，只能从一些残存的文书中窥探
只鳞片爪。陆离先生认为，归义军时期的"牧子身份自由，为官
府从事辛苦的劳作，可以从主管部门领取相应的报酬"。[①] 由上文
可知，这个结论并不适合整个唐代的情况。同时，即便是归义军时
期，牧子的生活待遇情况仍值得继续考察。

　　与陆先生相似，乜小红先生在《唐五代畜牧经济研究》中，
也引用 P.4525（8）号文书《壬申年（972 或 912）官布籍》第 7
至 15 行，认为牧子拥有土地，且不用缴纳官布，从而得出结论云：
"牧子的身份不仅是自由的，而且在享有少量土地耕作的同时，还
享受着政府的免税优待。"[②] 为此，我们先来分析一下她所引的这
份文书。该文书第 1 至 6 行云：

　　　　1　张定长拾捌亩，菜丑奴捌拾伍亩，张王三叁拾亩，张
　　回德贰拾□□□□□□

　　　　2□拾捌亩，杨千子拾陆亩半，张保定肆拾贰亩，计地贰
　　顷伍拾亩，共布壹匹

　　　　3 布头索员宗陆亩，曹闰成柒拾叁亩，阴彦思捌拾玖亩，

---

①　陆离：《吐蕃统治敦煌时期的官府牧人》，《西藏研究》2006 年第 4 期，第 14 页。
②　乜小红：《唐五代畜牧经济研究》，第 75—76 页。

张闰国柒拾叁亩

　　4□保定壹拾壹亩，计地贰顷伍拾亩，共布壹匹。

　　5□索安住肆拾陆亩半，王再盈拾柒亩，武愿昌叁拾肆亩半，张会兴

　　6□拾亩，索铁子叁拾亩，张再住肆亩半，计地壹顷伍拾贰亩半□□□□□□①

　　按，这份"官布籍"是记录敦煌乡课户向政府缴纳布匹的籍账，其中的"布"与 P. 3236 号《敦煌乡官布籍》②及 ДХ1405、1406号《官布籍》③中的"布"一样，都是政府向丁男征收的税。但是，在缴纳布匹时，由于各户所拥有的土地大小不一，有的所需缴纳量不足一匹布，所以就由多户人家凑在一起，共同缴纳整数的布匹。这就是文书中所说的"计地贰顷伍拾亩，共布壹匹"及"计地贰顷伍拾亩，共布壹匹"的用意。在合在一起时，有的户主的名字要被写在布匹的两头上，称为"布头"。李锦绣先生复原唐《赋役令》第2条云：

　　　　诸课户，一丁租粟二斛。其调各随乡土所出，绢、绝各二丈，布则二丈五尺……若当户不成匹、端、屯、绶者，皆随近合成。并于绢、绝、布两头各令户人具注州县乡里、户主姓名及年月日。④

　　这就是上引文书中书写"布头某某"的由来。

　　但是，有的户主并不需要与他人一起凑成一匹布，其自身应缴

---

　　①　唐耕耦、陆宏基：《敦煌社会经济文献真迹释录》第二辑，全国图书馆文献缩微复制中心 1990 年版，第 454 页。

　　②　唐耕耦、陆宏基：《敦煌社会经济文献真迹释录》第二辑，第 452—453 页。

　　③　唐耕耦、陆宏基：《敦煌社会经济文献真迹释录》第二辑，第 455 页。

　　④　《天圣令校证》下册，第 474 页。

的数量就可能远远超过了一匹之数。如 ДХ1405、1406 号文书第 3 行中说："承宗郎君地叁顷，造布壹匹。"承宗郎君一人有地三顷，他独自就须造布一匹，无须与他人合成。由此可知，记录官布的格式并不是整齐划一的：一是拥有土地的数量与缴纳布匹的比例有所变动，出现 2.5∶1 和 3∶1 两种情况，这可能与不同时期的政令变化有关；二是根据土地所有者拥有土地数量的不同，该与他人合成的则合成，不须合成的则均独自承担。苟明于此，我们再来审视 P. 4525（8）号文书的第 11—15 行：

    11 ⬜⬜亩。吹角泛富德贰拾亩，索再住贰拾亩，牧子李富德贰拾亩，张⬜

    12 ⬜⬜亩。赵阿朵贰拾亩，张憨儿贰拾亩，邓富通贰拾亩，张员松贰拾亩，

    13 ⬜⬜⬜贰拾亩。打窟阴骨子叁拾贰亩，索阿朵子叁拾肆亩，有⬜张⬜

    14 陆亩半。

    15 已前都头及音声、牧子、打窟、吹角都共并地贰拾叁顷贰拾伍亩半，

    （后缺）①

从表面上看，这几行文书只是罗列了土地的数量，并未表露出"都头及音声、牧子、打窟、吹角"等人所需缴纳布匹的数量。但既然这些记录出现于《官布籍》中，他们必定都是要缴纳布匹的，此处绝对不会只记录他们的土地数目，好像是专门为了给他们分配土地一样。另一方面，第 15 行后所缺的文字估计是"共布若干匹"，这批人的土地总数超过了通常的"贰顷伍拾亩"或者"叁顷"，必定会缴纳更多的布匹，就像承宗郎君一人就须缴纳一匹布

---

① 唐耕耦、陆宏基：《敦煌社会经济文献真迹释录》第二辑，第 454 页。

一样。所以，根据这件文书得不出牧子不用缴纳地税的结论。

虽然这份文书是五代归义军时期的籍账，不能直接拿来解释《天圣令》的相关规定。但是，如果唐代牧子是有土地的，那么他们依然要向政府缴纳租调。另外，根据《厩牧令》的规定，唐代的牧子分为两类，一是由丁男充当的牧子，一是由户、奴充当的牧子。对于前者而言，就要按照丁男的标准授受土地，缴纳租课。

另外，乜小红先生论述牧子口粮的史料依据亦值得商榷。她认为，在敦煌文书中，有关于支给牧人粮食的记载。如 S. 6185 号文书《公元十世纪归义军衙内破用粗面历》云：

（前缺）

1 _____

2 拽锯人粗面壹斗捌升，拔草渠头粗面贰斗，支牧牛人杨阿

3 律丹等叁群各粗面柒斗，共粗面两硕壹斗。六日都头令狐

4 万达传　处分支薅园人夫粗面叁斗，支托壁匠粗面贰升，

5 拽锯人夫粗面人夫肆升，拔草渠头粗面贰斗，七日拔草渠头粗面

6 贰斗，支牧羊厮儿粗面陆斗。八日支酿□皮粗面壹斗伍升。

（后缺）①

其中第 2 行出现了"牧牛人"，第 6 行出现了"牧羊厮儿"，大概因此乜先生就将这份文书作为牧子口粮的史料依据。但这份文书中

---

① 唐耕耦、陆宏基：《敦煌社会经济文献真迹释录》第三辑，全国图书馆文献缩微复制中心 1990 年版，第 288 页。

还出现了"拽锯人""拔草渠头""薅园人夫""托壁匠"等各色杂役，他们均应是所谓"归义军衙内"的服役人员。那么，"牧牛人""牧羊厮儿"就不是专职在监牧中服役的牧子。所以，不能用这份文书来讨论监牧中牧子的待遇问题，此其一。其二，文书中所说给各色人等支取粗面，实际上是给他们口粮。在归义军时期，这些人可能是受雇用而来从事劳动的，但即便如此，口粮以外估计还会有其他补偿，这些粗面也不会是整个雇价。我们不能就此认为整个唐代监牧中的牧子都是被雇用而进入牧场的。

其实，在监牧中服役的官户、官奴是要享受一定的待遇的，具体情况可以从《天圣令》中窥见一斑。《天圣令·田令》唐29条云：

> 诸官户受田，随乡宽狭，各减百姓口分之半。其在牧官户、奴，并于牧所各给田十亩。即配戍、镇者，亦于配所准在牧官户、奴例。[1]

由本条可知，官户、官奴虽无永业田，但普通的官户基本上能受四十亩口分田，在牧的官户、官奴可受十亩口分田。这就是他们在牧场上劳动时口粮的来源。《仓库令》唐8条云：

> 诸官奴婢皆给公粮。其官户上番充役者亦如之。并季别一给，有剩随季折。

除了口分田，对于官户在上番之日，是要给公粮的，而官奴婢由于长役无番，则要长期领受公粮。又《厩牧令》唐16条云：

> 诸官户、奴充牧子，在牧十年，频得赏者，放免为良，仍充牧户。

---

[1] 《天圣令校证》下册，第387页。

这条令文规定了官户、官奴摆脱贱民身份、转换为良人的途径，即在监牧十年，多次得到赏赐的，就可以跨越杂户这一等级，直接变为良人。但良人就是"丁"，他们依然要留在监牧中，即所谓"仍充牧户"。而"得赏"是与监牧中牲畜繁殖数量增长的情况紧密相连的。《天圣令·厩牧令》唐8条即是关于这种赏罚的详细规定：

> 诸牧，马剩驹一匹，赏绢一匹。驼、骡剩驹二头，赏绢一匹。牛、驴剩驹、犊三头，赏绢一匹。白羊剩羔七口，赏绢一匹。羖羊剩羔十口，赏绢一匹。每有所剩，各依上法累加。其赏物，二分入长，一分入牧子（牧子，谓长上专当者）。

另外，在牧的牧子可能还会得到一些胡饼、酒的赏赐。[1] 但唐10条云：

> 诸在牧失官杂畜者，并给一百日访觅，限满不获，各准失处当时估价征纳，牧子及长，各知其半（若户、奴充牧子无财者，准铜依加杖例）。如有阙及身死，唯征见在人分。其在厩失者，主帅准牧长，饲丁准牧子。失而复得，追直还之。其非理死损，准本畜理征填。住居各别，不可共备，求输佣直者亦听。

可见，如果牧场上走失牲畜，还要惩罚牧子，而无财的官户、奴则要受到杖罚，这说明他们的地位依然是很低的。这正是唐代"奴婢贱人，律比畜产"[2] 观念的体现。

---

① 乜小红：《唐五代畜牧经济研究》，第77页。
② 《唐律疏议》卷六《名例律》，"诸官户、部曲、官私奴婢有犯"条"疏议"，第132页。

三　牧子的身份及贱民问题

唐代监牧中牲畜的饲养，是由牧子来具体负责的。由前引
《天圣令·厩牧令》唐 1 条可知，每群共有牧子四人，由两个丁、
两个户奴充当，这是《天圣令》给我们的新的启示。其中，丁即
丁男，易于理解。户奴，则指官户、官奴，① 属于唐代的贱民阶
层。《厩牧令》中有五条令文涉及户奴，但在其中的唐 1、3、10、
19 条中，均是直接称"户、奴"，唯独唐 16 条作"官户、奴"。笔
者认为，令文中的户奴乃是官户奴的简称。《新唐书》云：

> ［司农寺］丞六人，从六品上。总判寺事。凡租及薁秸至
> 京都者，阅而纳焉。官户奴婢有技能者配诸司，妇人入掖庭，
> 以类相偶，行宫、监牧及赐王公、公主皆取之。凡孳生鸡豚，
> 以户奴婢课养。②

这里的"官户奴婢"实际上就是"官户"与"官奴婢"，其中
"官奴婢"又包括"官奴"和"官婢"两个群体。换言之，在说
"官奴婢"时，其实已经包括了"官奴"在内。那么，上面引文中
的"官户奴婢"在后文中即被直接称为"户奴婢"，可证户奴是官
户奴的简称。同样的例子还见于《天圣令·杂令》，该令唐 22
条云：

> 诸杂户、官户、奴婢主（居？）作者，每十人给一人充火
> 头，不在功课之限。每旬放休假一日。元日、冬至、腊、寒食，

---

① 宋家钰在《天圣令校证·厩牧令》的校录本与清本中，凡有"户奴"之处，
均标点作"户、奴"。但是在以往的研究中，很多学者均认为"户奴"其实是一种身
份，指某一个人群。如《唐代马政》说："在牧场上的劳动者当中还有奴隶，即户
奴。"参见马俊民、王世平《唐代马政》，第 89 页。

② 《新唐书》卷四八《百官志三》，"司农寺"条，第 1259 页。

各放三日。产后及父母丧，各给假一月。服丧，给假七日。即［官？］户奴婢老疾，准杂户例。应侍者，本司每听一人免役扶持（侍？），先尽当家男女。其官户妇女及婢，夫、子见执作，生儿女周年，并免役（男女三岁以下，仍从轻役）。①

令文先说"官户、奴婢"，后说"户奴婢"，点校者黄正建先生认为后者缺了一个"官"字，② 其实这里应是一种省称。

唐代的官户奴婢受刑部的都官司管辖，而主要放遣于司农寺。③《唐六典》云："凡诸行宫与监、牧及诸王、公主应给者，则割司农之户以配。"④ 司农寺所辖的官户奴婢，出路之一就是被分配到监牧之中，亦可与《天圣令·厩牧令》相互印证。⑤

牧子的出身，与唐代的贱民制度有关，对此问题，学术界虽已基本达成共识，但仍有遗留问题。比如榎本淳一先生提出了一则说法，涉及唐代贱民的转化问题，笔者认为此说值得商榷。下面试做探讨。如果搞清了唐代贱民的阶层状况，就更利于了解牧子这类人的真实一面了。

唐代的贱民，基本上都是由犯重罪之人的后代或家属没官之后形成的。关于这一阶层，前贤已做过很多研究。⑥ 这里不再赘述。所可论者，是诸史料之间尚存矛盾之处，影响了对相关制度以及法令的认识，需要将其进一步廓清。

① 《天圣令校证》下册，第 433 页。
② 《天圣令校证》下册，第 379 页。
③ 张泽咸：《唐代阶级结构研究》，中州古籍出版社 1996 年版，第 79 页。
④ （唐）李林甫等：《唐六典》卷六《尚书刑部》，"都官郎中"条，第 193 页。
⑤ 参见《天圣令·厩牧令》唐 1、16 条。
⑥ 如张泽咸《唐代阶级结构研究》；王永兴编著《隋唐五代经济史料汇编校注》第一编，中华书局 1987 年版；李季平《唐代奴婢制度》，上海人民出版社 1986 年版；李大石《唐代的官奴婢制度及其变化》，《兰州学刊》1988 年第 3 期；滨口重国「唐賤民制度雑考」『山梨大学学藝部研究報告』（7）、1956 年；榎本淳一「唐代前期官賤制」『东洋文化』（68）、1988 年；戴建国《唐宋变革时期的法律与社会》，上海古籍出版社 2010 年版，第 293—305 页；等等。

《唐六典》云：

> 凡反逆相坐，没其家为官奴婢（反逆家男女及奴婢没官，皆谓之官奴婢。男年十四以下者，配司农；十五巳上者，以其年长，命远京邑，配岭南为城奴）。一免为番户，再免为杂户，三免为良人，皆因赦宥所及则免之（凡免皆因恩言之，得降一等、二等，或直入良人。诸《律》《令》《格》《式》有言官户者，是番户之总号，非谓别有一色）。①

按，武英殿本《唐会要》卷八六《奴婢》②及《旧唐书》卷四三《职官志二》"刑部都官郎中员外郎"条③与《唐六典》之说法完全一致。这三则资料表明了官奴婢、番户、杂户与良人之间的关系，它们从低到高见图7−1。

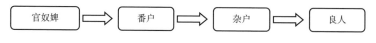

图7−1　官奴婢、番户、杂户、良人关系

一般认为，番户又称官户。《新唐书》则是另一种说法："凡反逆相坐，没其家配官曹，长役为官奴婢。一免者，一岁三番役。再免为杂户，亦曰官户，二岁五番役。每番皆一月。三免为良人。"④ 其将杂户称为官户，与前三则史料不同，⑤ 但与南宋费衮《梁溪漫志》卷九"官户杂户"条却有异曲同工之妙：

---

① （唐）李林甫等：《唐六典》卷六《尚书刑部》，"都官郎中"条，第193页。
② （宋）王溥：《唐会要》卷八六《奴婢》，第1569页。
③ 《旧唐书》卷四三《职官志二》，"刑部都官郎中员外郎"条，第1838—1839页。
④ 《新唐书》卷四六《百官志一》，"刑部都官郎中员外郎"条，第1200页。
⑤ 故很多学者否定了《新唐书》的这条记载，如李天石《唐代的官奴婢制度及其变化》，《兰州学刊》1988年第3期，第84页。

律文有官户、杂户、良人之名，今固无此色人，谳议者已不用此律，然人罕知其故。按唐制，凡反逆相坐没其家为官奴婢，反逆家男女及奴婢没家皆谓之官奴婢，男年十四以下者配司农，十五以上者以其年长，令远京邑，配岭南为城奴也。一免为番户，再免为杂户，三免为良人，皆因赦宥所及则免之。凡免皆因恩言之，得降一等、二等或直入良人，诸律令格式有言官户者，是番户、杂户之总号，非谓别有一色，盖本于此。[①]

如此，官户就是番户与杂户的合称，而不再仅仅是番户的代称。榎本淳一先生对《梁溪漫志》这条史料进行研究，认为它与静嘉堂文库所藏抄本《唐会要》卷八六《奴婢》的说法一致，所以在官户、番户与杂户的关系上，应以它们的说法为准——官户是番户和杂户的总称。但同时，他并没有因此认为其他史书的记载就是错误的，而是认为上引《唐六典》中的说法其来有自，即便《梁溪漫志》等书中的记载如彼，亦不影响《唐六典》和《旧唐书》文字的正确性。由此得出结论，《唐六典》《旧唐书》所记载的制度与其他诸书出现差异的根本原因就是唐代的国家制度在不同时期发生了变化。从而他认为《新唐书》和《唐会要》中的记录很可能是基于贞观令，《唐六典》则是"基于开元七年令之物"。[②]

笔者认为榎本先生的论证和结论值得商榷。

首先看一下《梁溪漫志》的这段材料。这是费衮为了解释"官户、杂户、良人"三个名词的含义而写的。其中"按唐制"之后至"盖本于此"，显系其抄撮唐代文献而进行的引证。这就不能排除书写错误的可能性。另外，既然他明言"律文有官户、杂户、

---

① （宋）费衮：《梁溪漫志》卷九，"官户杂户"条，上海古籍出版社 2012 年版，第144 页。

② 〔日〕榎本淳一：《〈新唐书·百官志〉中的官贱民记载》，载戴建国主编《唐宋法律史论集》，上海辞书出版社 2007 年版，第28—30 页。

良人之名"，那么也就是说，至南宋时仍存在这三种叫法，只是人们"罕知其故"，但官户、杂户、良人这三个人群的排列次序还是尽人皆知的。所以，即便真如费衮所写的那样，官户包括番户和杂户，当时也不可能再有官户与杂户、良人并列之说了。故《梁溪漫志》的这段材料是自相矛盾的。苟明于此，这段材料就不足以推翻通行本《唐六典》、《唐会要》及《旧唐书》的说法了。

其次，榎本先生认为"官户＝番户"（《唐六典》说）是开元年间的制度，而永徽年间的规定亦是如此，故只能把"官户＝番户＋杂户"的规定提前到贞观年间。这实际上是一种臆测，是一种排除法，没有正面的证据。因为并无明确的资料证明贞观年间有此制度。另外，如果笔者上面的反驳意见成立的话，那么他的这一推论的前提就是子虚乌有的，遑论他考证其存在的时间。总之，把"官户包含番户和杂户"的规定追溯到永徽以前，将其定为是贞观年间的制度，十分欠妥。

关于唐代贱民等级的转化问题，还有一桩公案。《旧唐书》卷一八八《裴子余传》云：

> 景龙中，为左台监察御史。时泾、岐二州有隋代蕃户（引者按，"蕃户"，《新唐书》卷一二九《裴子余传》及《唐会要》卷八六《奴婢》均作"番户"）子孙数千家，司农卿赵履温奏，悉没为官户奴婢（引者按，"官户奴婢"，《新唐书》卷一二九《裴子余传》称奴婢，《唐会要》卷八六《奴婢》称官奴婢），仍充赐口，以给贵幸。子余以为官户承恩，始为蕃户，又是子孙，不可抑之为贱，奏劾其事。时履温依附宗楚客等，与子余廷对曲直。子余词色不挠，履温等词屈，从子余奏为定。①

---

① 《旧唐书》卷一八八《裴子余传》，第 4926 页。

从裴子余口中可知，在景龙年间，官户的级别很低，需要"承恩"才能变为番户。但不论官户到底是专指番户还是包括番户和杂户，都与此条记载相矛盾。对于这一矛盾，张泽咸先生解释说："此事发生在《唐六典》编撰前 20 多年，大概是玄宗开元以前，官户地位比番户低，由番户转为官户乃是抑之为贱。"[1] 另外，可能还有两种原因：一是文献中所谓"隋代蕃户"其实质即是唐代的"杂户"，所以比官户的等级要高；二是赵履温奏没隋代蕃户为官户奴婢这一事件，在《新唐书》和《唐会要》中均被记载成没为"奴婢"或"官奴婢"，那么"子余以为官户承恩"很可能应为"子余以为官奴承恩"之误。这样一来，裴子余的说法就顺理成章了。

小 结

在本节中，笔者对唐代监牧中的两个基层职务牧长和牧子进行了考察。其中，牧长是群的负责人，但是，唐史文献中出现的群头并不等同于牧长，也不等于牧子。而牧子的出身则是多元化的，包括丁、官户、官奴三种身份。官户、官奴都是唐代的贱民，但在考察其在牧场上的劳作及生存情况时，必须区别对待。如在服役的形式上，丁、官户是分番的，而官奴则长上无番。凡是牧子，即有授田，但唐朝政府不会因为他们在监牧中服役就免去他们的课税（牧长则免除），同时，稍有违反监牧规定，还要受到责罚。这种情况，对于监牧来说，有利于加强管理，促进牧监的生产。但是监牧中严格的法令制度，都是以牲畜为重，这对于监牧中的人来说，并不能调动其生产的积极性。牲畜比人重要，一方面反映出唐代对于官养畜牧业的重视，另一方面也反映了唐代的良贱制度渗透到了社会的各个方面。

---

[1] 张泽咸：《唐代阶级结构研究》，第 479 页。

第三节 唐代监牧的蜕变——江南监牧兴衰考

唐代后期，在江南地区新出现了三个养马的监牧，虽然它们存在的时间并不长，但是在唐代马政史上却有着特殊的意义。本节在前人研究的基础上，① 进一步分析这几个监牧设置的背景、职官，停废原因及其与当时社会的联系。

一 江南监牧设置始末

众所周知，唐代养马的地区主要在陇右一带，即如《新唐书》卷五〇《兵志》所云：

> 其始置四十八监也，据陇西、金城、平凉、天水，员广千里，骚京度陇，置八坊为会计都领，其间善水草、腴田皆隶之。②

《玉海》"唐监牧"条亦云：

> 唐世，牧地与马性相宜，西起陇右、金城、平凉、天水，外暨河曲之野，内则岐、豳、泾（引者按，应为泾）、宁，东接银夏，又东至楼烦。此唐养马之地也。③

按，唐四十八监，在陇右（治今青海省海东市乐都区）、金城（治今甘肃兰州市）、平凉（治今甘肃华亭县）、天水（治今甘肃天水

市）四郡之地。八马坊（保乐、甘露、南普闰、北普闰、岐阳、太平、宜禄、安定）则在岐州（治今陕西凤翔县）、豳州（治今陕西彬县）、泾州（治今甘肃泾川县）、宁州（治今甘肃宁县）的千里土地上。马性喜干而恶湿，适宜在高寒地区生长。① 西北地区气候干燥寒冷，适宜马匹的生存和繁衍。故唐前期的监牧均在陇右地区。李锦绣先生指出："陇右诸牧监为唐前期马政的一部分，它不仅担负着对六闲马的供给任务，而且是唐帝国军马与驿马之源。"②

但是陇右与西北少数民族地区相近，经常受到少数民族的侵扰，大量马匹被掠夺，流失严重。唐高宗永隆二年（681），夏州（治今陕西省靖边县）群牧使安元寿奏："自调露元年（679）九月以来，丧马一十八万余匹，监牧吏卒为虏所杀掠者八百余人。"③ 武则天久视元年（700），"掠陇右诸监马万余匹而去"。神龙元年（705）唐中宗即位时，又"掠陇右群牧马万余匹而去"。④ 到唐玄宗开元元年（713），国马只剩下二十四万匹。安史乱中，防备吐蕃内犯的驻河西、陇右防秋兵被调入内地平叛，吐蕃乘机占据河陇地区。这里的唐马全部丧失。⑤

西北地区业已沦陷，牧场只有向内地发展。于是在唐后期，就出现了一些内地的监牧。如宪宗元和十三年（818）曾在蔡州（今

---

① （明）徐春甫《古今医统大全》卷九八《诸用通方》"牧养类第九"云："养马，马性恶湿，而宜居高地。"（第1365页）

② 李锦绣：《唐代制度史略论稿》，第328页。

③ 《资治通鉴》卷二〇二，"永隆二年七月"条，第6402页。

④ 《旧唐书》卷一九四上《突厥传上》，第5170页。

⑤ 唐宪宗元和十二年（817），闲厩使张茂宗把麟游县（今陕西省麟游县）的私人土地三百四十七顷说成是原岐阳马坊的土地，强行收归闲厩。百姓纷纷上告，监察御史孙革前往调查，证明岐阳马坊故地实际在别的地方，"与今岐阳所指百姓侵占处不相接，皆有明验"。但张茂宗凭借自己的势力，诬告孙革所奏不实，并指使侍御史范传式重新调查，推翻孙革采集的证据，导致孙革罢官，这些土地仍归闲厩所有。唐穆宗即位后，百姓继续上告，于是又让御史调查，证明原孙革所奏属实，长庆元年（821），"复以其地还百姓，贬传式官"。参见《旧唐书》卷一四一《张孝忠传附张茂宗传》，第3861页。这样，西北地区的国家牧地不复存在。

河南漯河、上蔡等市县）置龙陂监，文宗大和七年（833）又于银州（约今陕北米脂、佳县、榆林等县）置银州监，至开成二年（837）牧地扩至绥州（治今陕西绥德县）境。① 江南地区的监牧就是在这样的背景下出现的。

唐后期在江南地区共产生了三个监牧，即万安监、临汉监和临海监。

（一）万安监

唐德宗贞元二十年（804）七月辛卯，"福建观察使柳冕奏置万安监牧，于泉州界置群牧五，悉索部内马牛羊近万头匹，监吏主之"。② 之所以设置这个监牧，是由于福建观察使柳冕久在外任，不得升迁，想以此作为业绩，博得朝廷嘉奖，以便升为京官。③ 对于这一监牧，不同史籍的记载略有出入。《新唐书》云："［柳］冕奏闽中本南朝畜牧地，可息羊马，置牧区于东越（引者按，闽东地区），名万安监，又置五区于泉州，悉索部内马驴牛羊合万余游畜之。不经时，死耗略尽，复调充之，民间怨苦。"④ 《旧唐书》云："［柳］冕在福州，奏置万安监牧，于泉州界置群牧五，悉索

---

① 《新唐书》卷五〇《兵志》云："元和……十三年，以蔡州牧地为龙陂监……大和七年，度支盐铁使言：'银州水甘草丰，请诏刺史刘源市马三千，河西置银川监，以源为使。'……开成二年，刘源奏：'银川马已七千，若水草乏，则徙牧绥州境。今绥南二百里，四隅险绝，寇路不能通，以数十人守要，畜牧无它患。'乃以隶银川监。"（第1339页）

② 《旧唐书》卷一三《德宗纪下》，原标点作："福建观察使柳冕奏置万安监牧于泉州界，置群牧五。"（第399页）误。

③ 柳冕多次向朝廷上表，表达自己愿意回到京师为官的心情。《新唐书》卷一三二《柳冕传》云："十三年，兼御史中丞、福建观察使。自以久疏斥，又性躁狷，不能无恨，乃上表乞代，且推明朝觐之意，曰：'……臣限一切之制，例无朝集，目不睹朝廷之礼，耳不闻宗庙之乐，足不践轩墀之地，十有二年于兹矣……臣忝牧圉之寄，愤不朝之臣，思一入觐，率先天下，使君臣之义，亲而不疏；朝觐之礼，废而复举。诚恐负薪，溘先朝露，觐礼不展，臣之忧也。比闻诸将帅亡殁者众，臣自惮何德以堪久长。乡国，人情之不忘也；阙庭，臣子所恋也；朝觐，国家大礼也。三者，臣之大愿。'表累上，其辞哀切，德宗许还。"（第4537—4538页）

④ 《新唐书》卷一三二《柳冕传》，第4538页。

部内马五千七百匹、驴骡牛八百头、羊三千口，以为监牧之资。人情大扰，期年，无所滋息，诏罢之。"① 概括来讲，柳冕除了在福州设置万安监，另外还在泉州设置了五个牧区。根据《旧唐书》柳冕本传，万安监加上泉州五区所养的牲畜一共不足一万头，《新唐书》本传说超过一万头，应是该监刚建立时饲养牲畜的数量。对于这些牲畜的饲养情况，韩愈说："收境中畜产，令吏牧其中。羊大者不过十斤，马之良者，估不过数千。不经时辄死，又敛，百姓苦之，远近以为笑。"可见万安监牧所饲养的牲畜质量很差，所以第二年四月丙寅，由福建观察使阎济美"奏罢之"。②

（二）临汉监

唐宪宗元和十四年（819）八月甲寅，"于襄州谷城县（引者按，今湖北襄阳谷城县）置临汉监以牧马，仍令山南东道节度使兼充监牧使"。③ 此时的山南东道节度使是孟简，他就是临汉监的第一任监牧使。这个监的规模是"马三千二百匹，废百姓田四百余顷"，大和七年（833）正月甲午，"襄州裴度奏请停临汉监牧，从之"。④ 该监一共存在了十四年。

（三）临海监

元和十四年五月己亥，"置临海监牧，命淮南节度使兼之"。⑤ 此临海监，设置于扬州海陵县，故又称海陵监。至大和二年十月丁

---

① 《旧唐书》卷一四九《柳冕传》，原标点作："冕在福州奏置万安监牧于泉州界，置群牧五。"（第4032页）误。

② 《韩昌黎文集校注·文外集》卷下《顺宗实录》，第412页。阎济美在柳冕卒后接任福建观察使，参见《元稹集》卷五三《唐故越州刺史兼御史中丞浙江东道观察等使赠左散骑常侍河东薛公（戎）神道碑文铭》，第572页。

③ 《旧唐书》卷一五《宪宗纪下》，第469页。《册府元龟》卷六二一《卿监部·监牧》云："［元和十四年］八月，襄州谷城县置群牧，赐名临汉监，以山南东道节度使孟简兼充监牧使。"（第7198页）

④ 《旧唐书》卷一七下《文宗纪下》，第548页。《玉海》卷一四九《兵制·马政下》"唐龙陂监临汉监银川监"条作"牧马二千二百"（第2731页）。

⑤ 《旧唐书》卷一五《宪宗纪下》，第469页。

已，"罢扬州海陵监牧"。① 临海监一共存在了九年。唐文宗在《罢海陵监牧敕》中说：

> 海陵是扬州大县，土田饶沃，人户众多。自置监牧已来，或闻有所妨废。又计每年马数甚少，若以所用钱收市，则必有余。其临海监牧宜停。令度支每年供送飞龙使见钱八千贯文，仍春秋两季各送四千贯，充市进马及养马、饲见在马等用。其监牧见在马，仍令飞龙使割付诸群牧收管讫，分析闻奏。②

可见，至大和二年，临海监（即海陵监）所产马匹数量已经很少，花费却多。于是文宗将其目前所饲养的马匹，全部转移到其他的牧群之中。此时，负责国家监牧、闲厩中马匹饲养与管理的是飞龙使。

但直到唐末期，海陵监依然存在，其依据是《唐故淮南进奉使检校尚书工部郎中兼御史中丞赐绯鱼袋会稽骆公墓志铭》。该墓志铭交代了墓主人骆潜的生平事迹，他曾做过扬州海陵监事。据墓志所载：

> 今广陵渤海王承天休命，镇抚坤维，一睹风仪，再兴嘉□。辍强明于外邑，委纠正于都曹，式序化莜，察除苛弊，爰兴版筑，须督吏民，集畚锸以先登，浚城池而最固，庭无诤讼，里有弦歌，虽考秩之未深，且攀留而预切。渤海王节制淮浙，统慑铜盐，长怀似鹗之姿，果召如鹰之吏，才无阻滞，术有变通，知可付于牢盆，仨来仪于铁瓮，署扬州海陵监事。监乃务之大者，公实处之暇□财货充盈，课输集办，加侍御史内供奉，赐绯鱼袋，寻转检校尚书工部员外郎。③

---

① 《旧唐书》卷一七上《文宗纪上》，第530页。
② （宋）王钦若等编纂：《册府元龟》卷六二一《卿监部·监牧》，第7198页。
③ 周绍良、赵超主编：《唐代墓志汇编》中和013《唐故淮南进奉使检校尚书工部郎中兼御史中丞赐绯鱼袋会稽骆公墓志铭》，第2515页。

其中，"广陵渤海王"指淮南节度使高骈。乾符年间，王仙芝兵起，高骈被任命为"诸道兵马都统、江淮盐铁转运等使"，乾符六年（879），"进位检校司徒、扬州大都督府长史、淮南节度副大使知节度事，兵马都统、盐铁转运使如故"。① 据《唐方镇年表》的统计，他在淮南节度使任上的时间是乾符六年至光启三年（887）。② "淮南节度副大使知节度事""盐铁转运使"分别与墓志中的"节制淮浙""统慁（摄）铜盐"相对应。那么，骆潜任职海陵监事的时间就是在 879 年之后。

但此海陵监并非饲养牲畜的监牧，而是"管榷鬻盐"③ 的盐监。所以墓志在赞誉骆潜对于该监所做的贡献时说："财货充盈，课输集办。"可见在临海监牧被废除以后，海陵县依旧发挥当地的特长，成为专门的榷盐区域。

在唐代，"凡马五千匹为上监，三千匹已上为中监，已下为下监"。④ 根据上文，万安监养马五千七百匹，临汉监养马三千二百匹，临海监马匹数量失载。那么，这几个江南监牧基本上是规模比较大的监，但由于它们布局分散，存在时间较短，且在各地都只是一枝独秀，与唐前期陇右群监牧的规模不可同日而语。

二　江南监牧使的设置

《唐会要》卷六六《群牧使》云：

> 贞观十五年（641），尚乘奉御张万岁除太仆少卿，勾当群牧，不入官衔。至麟德元年（664）十二月，免官。三年正月，太仆少卿鲜于正俗检校陇右群牧监，虽入衔，未置使。上

---

① 《旧唐书》卷一八二《高骈传》，第 4704 页。
② 吴廷燮：《唐方镇年表》卷五《淮南道》，中华书局 1980 年版，第 737—738 页。
③ 《资治通鉴》卷二五七，"光启三年四月"条胡三省注，第 8355 页。
④ （唐）李林甫等：《唐六典》卷一七《太仆寺》，"诸牧监"条，第 486 页。

元五年四月，右卫中郎将邱义除检校陇右群牧监。仪凤三年（678）十月，太仆少卿李思文检校陇右诸牧监使，自兹始有使号。……暨至德后，西戎陷陇右，国马尽没，监牧使与七马坊名额皆废。今又有楼烦监牧使、龙陂监牧使等（检校起置年月未获）。①

这里总结了唐代群牧使的设置起源及其沿革。群牧使负责的是陇右诸监牧的事务，自陇右地区丢失之后，"群牧"已不存在，转而在内地各处设置各监，从而也就开始设置监牧使。宁志新先生认为，监牧使的设置，"是因为唐朝原设的主掌畜牧生产的机构很不健全，根本无法履行其职责……可见监牧使的设置绝非一时权宜之举，而是唐朝政府为了适应畜牧业生产的不断发展而采取的重大措施。正因为如此，监牧使自产生之后，才长期设置，成为唐朝的重要使职之一"。② 监牧使是唐代管理牧群的重要使职，所谓"勾当群牧"，是饲养牲畜牧地的直接负责人。但唐后期的监牧使，并不是一个独立的常设职务，而是由当地的负责长官临时兼任的，这是唐后期出现的一个特殊情况。至于为什么是临时兼任监牧使，清人给出的解释是：

> 牧马宜于秦陇，万安、临海设监，非其所也。故设监之始，亦第以节度观察兼摄其事而不置使，以其旋设旋废，制有未定不及置使也。③

意思是说，牧马之地适宜选在陇右地区，而万安、临海等地，根本不适合养马，即便在当地设监，也是暂时的，旋设旋废，没有必要

---

① （宋）王溥：《唐会要》卷六六《群牧使》，第 1353—1354 页。
② 宁志新：《隋唐使职制度研究（农牧工商编）》，第 179—180 页。
③ （清）永瑢、纪昀等奉敕撰：《钦定历代职官表》卷三一《太仆寺·唐》，《景印文渊阁四库全书》第 601 册，第 595 页。

专门设使，故而由当地长官代理。按照宁志新先生的分类，唐代监牧使共有"诸牧监使、道置监牧使、州置监牧使和军置监牧使"四类。① 其中，道置监牧使由该道节度使兼任，州置监牧使（盐州监、岚州监、银州监、蔡州龙陂监等）由所在州的刺史兼任。唐代后期江南监牧的负责人是该监所处的道的节度使，即临汉监由山南东道节度使管辖，临海监由淮南道节度使管辖。在临汉监和临海监存在的时间之内，出现过多位节度使，均兼任该监的监牧使。

长庆二年（822）二月丙寅，"制以前成德军节度、镇冀深赵等州观察处置等使、金紫光禄大夫、检校工部尚书、兼镇州大都督府长史、御史大夫、上柱国、陇西县开国男、食邑三百户牛元翼为检校工部尚书，兼襄州刺史，御史大夫，充山南东道节度观察处置、临汉监牧等使"。② 宝历二年（826）十一月甲申，"以右仆射、同平章事李逢吉检校司空、同平章事，兼襄州刺史，充山南东道节度使、临汉监牧使"。③ 大和二年十月癸酉，"以尚书右仆射、同平章事窦易直检校左仆射、同平章事，充山南东道节度使、临汉监牧等使，代李逢吉；以逢吉为宣武军节度使，代令狐楚；以楚为户部尚书"。④ 据统计，从元和十四年开始，至大和七年，做过山南东道节度使的有：孟简（元和十四年）、李逢吉（元和十五年正月至长庆二年三月）、牛元翼（长庆二年二月至长庆三年五月卒）、柳公绰（长庆三年五月至宝历二年十二月）、李逢吉（宝历二年十一月至大和二年十月）、窦易直（大和二年十月至大和四年九月）、裴度（大和四年九月起）。⑤ 他们同时也是临汉监监牧使。

临汉监除了由山南东道节度使兼任监牧使以外，还设有监牧副

---

① 宁志新：《隋唐使职制度研究（农牧工商编）》，第 173 页。

② （宋）王钦若等编纂：《册府元龟》卷一七七《帝王部·姑息第二》，第 1967 页。

③ 《旧唐书》卷一七上《敬宗纪》，第 521—522 页。

④ 《旧唐书》卷一七上《文宗纪上》，第 530 页。

⑤ 吴廷燮：《唐方镇年表》卷四《山南东道》，第 633—635 页。元和十四年"孟简"条中说孟简于充使当年十二月卒，误，应为长庆三年十二月卒。

使一职，凤翔节度押衙兼知排衙右二将杨赡之父杨孝直，曾做过"邓州长史，兼山南东道团练使，临汉监牧副使，兼侍御史"。① 笔者认为，监牧副使才是真正负责临汉监日常运转的长官，山南东道节度使由于要处理很多本道的军政大事，对于监牧事务，仅是挂名而已。

长庆二年至大和元年，王播任淮南节度使，兼临海监牧使。大和元年六月癸巳，"以淮南节度副大使、知节度事、管内营田观察处置临海监牧等使，兼诸道盐铁转运等使、银青光禄大夫、检校司空、同中书门下平章事、扬州大都督府长史、上柱国、太原县开国伯、食邑七百户王播可尚书左仆射、同中书门下平章事，依前充诸道盐铁转运使。以御史大夫段文昌代播为淮南节度使"。② 从元和十四年开始，到大和二年，做过淮南道节度使的有：李夷简（元和十三年七月至长庆二年三月甲寅）、裴度（长庆二年三月壬子至戊午）、王播（长庆二年三月戊午至大和元年六月）、段文昌（大和元年六月起）。③ 同理，他们也都是临海监的监牧使。

三 江南监牧停废的原因

有学者认为，唐后期江南监牧的停废是"由于监牧广占农田，侵农扰民所致"。具体来说，"由于周边各族的不断侵扰，境内方镇的争斗，使中央官府畜牧业惨遭破坏，虽曾一度将监牧地向东南

---

① 周绍良、赵超主编：《唐代墓志汇编》宝历 017《唐故凤翔节度押衙兼知排衙右二将银青光禄大夫兼太子宾客弘农杨公墓志铭并序》，第 2091 页。

② 《旧唐书》卷一七上《文宗纪上》，第 526 页。又见（宋）宋敏求编《唐大诏令集》卷四八《宰相·命相五·王播平章事制》，中华书局 2008 年版，第 243 页。《全唐文》卷六九文宗《加王播尚书左仆射制》所载文字略有差异，作："淮南节度副大使、知节度事，管内营田观察处置、临海监牧等使，兼诸道盐铁转运等使，银青光禄大夫，检校司徒，同中书门下平章事，扬州大都督府长史，上柱国、太原县开国男，食邑七百户王播……可尚书左仆射，同中书门下平章事，依前充诸道盐铁转运等使，散官勋封如故。"（第 727 页）

③ 吴廷燮：《唐方镇年表》卷五《淮南道》，第 727—728 页。大和元年"王播"条中将"临海监"误作"临汉监"。

面移徙，却多因农牧矛盾太尖锐而未果，故终唐之世，中央官府的畜牧业生产，始终未得兴复"。① 此观点把监牧的停废归咎于牧地侵夺农田，农牧矛盾加剧。比如临汉监"废百姓田四百余顷"，于是被废除。

另外一种原因即如上引韩愈文所说："［万安监］收境中畜产，令吏牧其中。羊大者不过十斤，马之良者，估不过数千。不经时辄死，又敛，百姓苦之，远近以为笑。"② 这是说万安监本身没有多少牲畜，而且这些牲畜的质量都非常差，死亡率也高，后来又不断向周边地区搜刮，给百姓带来了极大的困苦，因而走向灭亡。

总之，论者都认为这些监牧的设置和管理都存在极大的问题，是一种"远近以为笑"的弊政，政府为了减轻百姓的负担，废除了它们。但这些是不是最主要的原因？

这里不妨先从江南监牧本身来看一下。虽然南方尤其是福建地区不太适合养马，但是闽中地区本就是南朝的牧地，直到北宋真宗景德年间（1004—1007），在福建依然有监牧的设置，只不过所养马匹的质量不高：

> 凡马以府州为最，盖生于子河汉有善种，次环、庆，次秦、渭，虽骨格稍大，而蹄薄多病，文、雅诸州为下，止给本处兵。契丹马骨格颇多河北孳生，谓之本群马，盖因其水土服习而少疾焉。又泉福州、兴化军亦有洲屿马，皆低弱不胜具装，第以给本道厢军及江浙驿置之用（福州四牧：曰水峭、龙胡、沥崎、海澶。泉州二牧：曰浯州、列屿。兴化军二牧：曰东越、侯屿。旧十一牧。大中祥符二年废湄州、透屿、南匦三牧，每牧置群头、牧户以主之，每岁孳育，本县籍其数，以

---

① 乜小红：《唐五代畜牧经济研究》，第50页。
② 韩愈：《顺宗实录三（起四月，尽五月）》，载（清）董诰等编《全唐文》卷五六，第5665页。

使臣一人提点）。①

由此可见，宋代也在江南地区设置监牧饲养马匹。但这里所饲养的马，不能用作战马，基本上被作为"驿置之用"，即作为交通用马。那么，在唐代，这些地区饲养的马匹，很有可能也是被用在驿传交通上。而在战争中使用的大型战马，则大都是通过与少数民族的互市得到的。②

假设笔者的推论正确，那么，唐后期江南马政的萧条与驿传制度的废弛就是一种唇亡齿寒的关系。

其实，江南监牧的停废不仅仅是一个管理不当和朝廷为百姓减轻负担的结果，在其停废的背后，应有更深的直接或间接原因。实际上，监牧的停废与负责人的职务调动有直接关系。不论是万安监还是临汉监，都是在节度使换届之后，由新任节度使向朝廷奏罢的。这种形式是自下而上的，是由下面官员反映到朝廷，然后才下制停废的。

福建万安监是贞元二十一年四月，由新任福建观察使阎济美奏罢的。其前任柳冕为了回京任职，多次向朝廷上书，并建立万安监牧，以作为自己的行政业绩。后来终于达成心愿，但回京之后，不久即卒。而他在福建时，政多无状，③ 离任后，万安监由"监观察使阎济美奏罢之"。④

---

① （元）马端临：《文献通考》卷一六〇《兵考十二·马政》，上海师范大学古籍研究所、华东师范大学古籍研究所点校，中华书局 2011 年版，第 4781 页。

② 唐后期，与吐蕃、回纥等民族进行了长期的和大规模的绢马贸易。参看马俊民、王世平《唐代马政》，第 71—77 页。

③ 这可以从柳冕对待朝廷法度及同僚关系的做法中窥见一斑。《元稹集》卷五三《唐故越州刺史兼御史中丞浙江东道观察等使赠左散骑常侍河东薛公神道碑文铭》云："福建观察使柳冕奏署书下，诏公（薛戎）判冕观察府中事，累迁殿中侍御史。冕俾公摄行泉州刺史事，时贞元中，宠重方镇，方镇喜自用，不用朝廷法。公在郡用朝廷法，不用冕所自用者，冕恶之。先是宦者薛盈珍潜马总为泉州别驾，冕谕公陷总，总无罪，公不忍陷，冕怒，并囚之。值冕病，俱得脱，公由总以义闻。冕卒，阎济美代冕使福建，复请公副团练事，始受五品服。"（第 572 页）

④ （宋）王溥：《唐会要》卷七二《马》，第 1304 页。

临汉监是大和七年裴度在山南东道节度使任上废除的。裴度晚年，任司徒、侍中，入职中书省。但因功高受到排挤，牛僧孺、李宗闵执政，向敬宗诋毁裴度之短，[①] 裴度被出为山南东道节度观察使、临汉监牧使，于是"白罢元和所置临汉监，数千马纳之校，以善田四百顷还襄人"，并且除其使名。[②] 裴度与前任山南东道节度使李逢吉有隙，穆宗即位后，"徐州王智兴逐崔群，诸军盘互河北，进退未一。议者交口请相度，乃以本官兼中书侍郎、平章事。权佞侧目，谓李逢吉险贼善谋，可以构度，共讽帝自襄阳召逢吉还，拜兵部尚书。度居位再阅月，果为逢吉所间，罢为左仆射"。[③] 故裴度奏罢临汉监，或许与修正李逢吉之政有关。

从结果上看，江南监牧被废，全国的监牧并没有完全停废。唐文宗开成四年十月，飞龙使仍"进诸监牧二岁马二千七百匹"。[④] 飞龙厩本为内闲厩之一，由宦官充使，随着宦官权力的膨胀，飞龙使逐渐取代了闲厩使，掌握马政。全国的监牧都要通过飞龙使进贡马匹。前文提到的唐文宗《罢海陵监牧敕》说明，临海监停废后，国家需要的马匹由飞龙使用钱购买，这笔钱由度支每年支付。《唐代马政》认为，临海监"在废前虽不直属飞龙使和宦官掌握，但每年要上缴其成马，所以在停办时要由度支补偿购马等款项，剩余的马也由飞龙使处理，其他臣服中央的由节度使兼领的国家监牧，大概都同此监"。[⑤] 那么，这些监牧停废后，养马的权利和责任都落到了飞龙使的身上。

---

① 《旧唐书》卷一七〇《裴度传》云："初，度支盐铁使王播，广事进奉以希宠，度亦掇拾羡余以效播，士君子少之。复引韦厚叔、南卓为补阙拾遗，俾弥缝结纳，为目安之计。而后进宰相李宗闵、牛僧孺等不悦其所为，故因度谢病罢相位，复出为襄阳节度。"（第 4431—4432 页）

② 《新唐书》卷一七三《裴度传》，第 5217 页。

③ 《新唐书》卷一七三《裴庶传》，第 5215 页。

④ （宋）王钦若等编纂：《册府元龟》卷六二一《卿监部·监牧》，第 7198 页。

⑤ 马俊民、王世平：《唐代马政》，第 30 页。

小 结

综上所述，唐代后期在江南不同地区出现的三个监牧，反映出唐代后期的马政有一定的发展。这几个监牧，其监牧使均是由该监所在的道的节度使兼任，对于节度使而言，监牧使是一种临时性的职务，在监牧中真正负责的应是监牧副使。虽是这样，以节度使兼任监牧使，体现了朝廷对马政事业的重视。这些地区的自然环境不适合养马，同时由于管理不善，设立的监牧存在时间十分短暂。但监牧旋立旋废，皆与节度使的调动有关，所以在停废监牧是为了还牧地、牲畜于百姓这种官方理由之下，应该还有更深层次的背景。

第 八 章

《天圣令·厩牧令》用语杂考

在《天圣令·厩牧令》中，有一些较难理解的字词。如何对它们进行解读，直接影响到对《天圣令·厩牧令》相关令文的理解。特别是一些看似清楚的字词，往往因为习而不察而被研究者错误地认识和使用，故而很有将其搞清楚的必要。在本章中，笔者对这类词句予以考察，以期收到探微知著的效果。

第一节　关于一些疑难字词的解读

一　啖（啗）

《天圣令·厩牧令》宋3条云：

诸系饲，给豆、盐、药者，象一头，日给大豆二斗；马一匹，供御及带甲、递铺者，日给豆八升，余给七升；蜀马日给五升；骡一头，日给豆四升、麸一升。月给盐六两、药一啖（运物在道者，日给盐五勺；冬月啖药，加白米四合）。驴一头，日给豆三升、麸五合，月给盐二两、药一啖（每七分为率，给药三分。运物在道者，日给豆四升，麸七合）。外群羊一口，日给大豆五合，每二旬一给啖，盐各半两，三月以后就牧饲青，惟给啖、盐。在京三栈羊，日给大豆一升二合，月给啖、盐二两半（其在京三栈牡羊，豆、盐皆准外群，准四月以后就牧）。驼一头，日给大豆七升，盐二合（负物在道者，豆给八升），岁二给啖药。牛一头，日给大豆五升，月给盐四两、药一啖。

本条令文中，"啖"字出现八次，直接影响到对令文含义的理解，因此比较重要，需要把它搞清楚。

在《天圣令》的明代钞本中，"啖"字均被写作"啗"。①《汉语大字典》对"啗"字解释说，《韩非子·说难》："〔弥子瑕〕异日，与君游于果园，食桃而甘，不尽，以其半啗君。"陈奇猷集释："啗，啖之俗字。"那么，本令"校录本"直接写作"啖"字是无误的。按，"啗"同"啖"，指吃或给吃，是动词，引申为赠送、利诱。②

但赖亮郡先生在《栈法与宋〈天圣令·厩牧令〉"三栈羊"考释》一文中认为，"啖"是一种动物的药名，并引用《古今医统大全》卷九八《诸用通方》"牧养第九"所说"养马，马性恶湿，而宜居高地。仲春放淫，顺其性也。季春必啖药。盛夏浸之水，啖以猪脂及犬胆汁，煮粥与食则肥"认为，啖是猪脂及犬的胆汁，用以避免下痢便秘。③ 按，下痢实应作下利，在中医上是泄泻和痢疾的统称。所以赖先生所说"用以避免下痢便秘"，实在不能成立，一种药怎能同时治疗两种截然相反的病？况且从药理上讲，猪脂是只能用来治疗便秘的，根本不会治疗下利，反而会加速下利。又，引文此处明言"啖以猪脂及犬胆汁"，可知啖仍是吃的意思，

---

① 《天圣令校证》下册，第90—91页。
② 如《旧唐书》卷九三《王晙传》云："望至秋冬之际，令朔方军盛陈兵马，告其祸福，啖以缯帛之利，示以麋鹿之饶，说其鱼米之乡，陈其畜牧之地。并分配淮南、河南宽乡安置，仍给程粮，送至配所。"（第2987页）
③ 赖亮郡：《栈法与宋〈天圣令·厩牧令〉"三栈羊"考释》，载《中国法制史研究》第15期，2009年6月。

不是一种药物。

其实，在本令中，"唋"的组词很多，八个"唋"字共有以下三种用法。

（1）作量词用，"药一唋"：月给盐六两、药一唋；月给盐二两、药一唋；月给盐四两、药一唋。

（2）吃，"唋药"：冬月唋药；岁二给唋药。

（3）唋盐：每二旬一给唋，盐各半两；惟给唋、盐；月给唋、盐二两半。

第一种用法比较特殊。按，"唋"字从来没有像"两"一样作为一种量词使用。那么，令文中的"月给盐六两、药一唋""月给盐二两、药一唋""月给盐四两、药一唋"到底应怎样理解呢？本令又云："驴一头，日给豆三升、麸五合，月给盐二两、药一唋（每七分为率，给药三分。运物在道者，日给豆四升，麸七合）。"按，"以几分为率"的说法，在唐宋都很常见。《新唐书》卷四六《百官志一》"考功郎中员外郎"条云：

> 监领之官，以能抚养役使者为功；有耗亡者，以十分为率，一分为一殿。①

《宋史》卷一八一《食货志下三》云：

> 政和元年（1111），户部言成都漕司奏："昨令输官之引，以十分为率，三分用民户所有，而七分赴官场买纳，由是人以七分为疑。"②

《宋史》卷一五六《选举志二》云：

---

① 《新唐书》卷四六《百官志一》，第1191页。
② 《宋史》卷一八一《食货志下三》，第4405页。

　　［建炎三十一年（1161），］建议者以为两科既分，解额未定，宜以国学及诸州解额三分为率，二取经义，一取诗赋。①

可见，以几分为率就是分为几份的意思。那么，"每七分为率，给药三分"就是说，对于盐和药而言，将其总量分为七份，而药须占三份。换句话说，给药的数量是不确定的，需要根据实际情况来定，但是药和盐的比例是3∶4。由此，"药一唅"就是"吃药一次"或者"喂药一顿"的意思，并不含有具体量的因素在内，唅在这里依然是"吃"。这就与第二种用法统一了起来。

　　第三种意思最为复杂，牵涉到"唅"与"盐"之间应否断开的问题。② 细审此令文，宋先生在"每二旬一给唅"之后加了逗号，而在"月给唅"之后加了顿号。这样一来，前者与后者的含义就有了很大不同。前者是说，每二旬给喂一次药，并给盐半两；后者是说，每月给唅和盐二两半。那么，这就又回到"唅"是名词还是动词的问题上了。如果是一个名词，并且其数量单位是"两"的话，那么这就与第一、二两种意思自相矛盾，故其不可能是名词。

　　再看令文，除了关于羊的规定以外，在规定其他牲畜给药的情况时，令文都说"给……药一唅""给唅药"云云，唯独在说羊的时候，改变了说法："外群羊一口，日给大豆五合，每二旬一给唅，盐各半两，三月以后就牧饲青，惟给唅、盐。在京三栈羊，日

---

　　① 《宋史》卷一五六《选举志二》，第3631页。
　　② 爬梳史料，各种"唅盐"连用的用法，均是喂盐的意思。如（晋）葛洪撰《肘后备急方校注》卷八《治牛马六畜水谷疫疠诸病方第七十三》云："唅盐法：盐须干，天须晴七日，大马一唅一升，小马半升，用长柄杓子深内咽中，令下，肥而强水草也。"（沈澍农校注，人民卫生出版社2016年版，第304页）由此可见，给马喂盐时必须得用特殊的方法，不是放进马槽中直接喂，那么在"盐"前加上一个"唅"字，就可能是有专门意图的。另外，《元史》卷三五《文宗纪四》云："［至顺二年］（1331）十一月……云南行省言：'亦乞不薛之地所牧国马，岁给盐，以每月上寅日唅之，则马健无病。比因伯忽叛乱，去南盐不可到，马多病死。'诏令四川行省以盐给之。"（中华书局1976年版，第792—793页）也是喂盐的意思。

给大豆一升二合，月给啖、盐二两半。”如果我们承认啖是吃的意思，并且其与“盐”是并列关系①的话，那么，此处的“啖”应是“啖药”之省称。“月给啖、盐二两半”，即是说每口羊每月给喂一次药，并给盐二两半。②

至此，第三种用法与前两种就能统一起来。啖在令文中，就是吃的意思，同时，它又特指喂药。易言之，有时令文中只说“啖”，其实就是喂药的意思。

二　髀

《天圣令·厩牧令》唐 11—13 条是关于牲畜用印的规定。根据令文，有一些印是要烙在牲畜的左右“髀”上的。按，“髀”字有两种含义。一是指测量日影的表，如“周髀”；二是指股部，即大腿，不待烦言。然而罗丰先生在其论文《规矩或率意而为？——唐帝国的马印》（以下简称《马印》）中，却将马匹印髀的含义和位置弄错了，笔者试以更正。

在《马印》中，《厩牧令》中规定的所有该烙记在髀部的马印，全部被标识在马前腿的上半截上。③ 如唐 11 条中的“诸牧，马驹……以年辰印印右髀……至二岁起，脊量强、弱，渐以‘飞’

---

① 令文明言：“牛一头，日给大豆五升，月给盐四两、药一啖。”

② 在 2012 年 2 月 16 日的《天圣令》读书班上，笔者给出了自己关于“啖”字的解释。笔者最初认为，“啖盐”即是“吃的盐”之意，但孟彦弘、吴丽娱以及黄正建老师对笔者所说的结论提出了不同看法，认为其间依然需要断开，“啖”在这里是专指喂药。但随之而来另外一种疑惑，即“啖药”是本无固定数量的，不能用“两”来衡量，为何令文说“每二旬一给啖，盐各半两”？笔者认为，此处的“各”字不是指“啖”和“盐”来说的，而是针对前面所说的“外群羊一口”的“一口”而言的，即每一口羊各半两盐。而“在京三栈羊”后面没有说“一口”云云，故仅说“月给啖、盐二两半”而已，没有“各”字。

③ 罗丰：《规矩或率意而为？——唐帝国的马印》图二之 2、3、6、7、10，载荣新江主编《唐研究》第十六卷，第 122—123 页。其中，第 6 幅图中的“传”字被标记在左膊位置上，没有像其他四幅图一样，与唐 13 条“传送马、驴……以‘传’字印印右髀”的规定保持一致，推测应为罗丰先生的笔误。

字印印右髀……其余杂马送尚乘者……以'飞'字印印右髀……",唐 12 条中的"诸府官马……以'官'字印印右髀……",以及唐 13 条中的"传送马、驴……以'传'字印印右髀。官马付百姓及募人养者,以'官'字印印右髀……"。罗先生为什么会这样标识,盖其认为:"按照唐人所指马的位置名称,膊是指前腿上部,有的文献称'肘';髀是指前腿关节以上的地方。"这种说法言之凿凿,其依据则是中华书局版《司牧安骥集》中所绘的"唐代马的部位名称"图。① 按,《司牧安骥集》是不是唐人首创之书,暂且不论,② 笔者此处权以罗丰先生的观点为准,即认为其所引《骨名图》为唐人所绘,代表了唐人对马匹身体结构的认识(见图 8-1)。

---

① 罗丰:《规矩或率意而为?——唐帝国的马印》图二之 2、3、6、7、10,载荣新江主编《唐研究》第十六卷,第 124 页,出自(唐)李石等《司牧安骥集》卷一《骨名图》,谢成侠校勘,中华书局 1957 年版,第 27 页。

② 《四库全书总目提要》未能考出该书作者是谁,卷一〇五云:"《安骥集》三卷(永乐大典本),不著撰人名氏,前有伪齐刘豫时刊书序曰:'尚书兵部,阜昌五年[十一月二十四日],准内降付下都省奏朝散大夫、尚书户部郎中、[兼权侍郎、权兵部侍郎]冯长宁等札子,成忠郎皇城司、准备差遣[权大总管府都辖官,兼权帐前统领军马]卢元宾,进呈《司牧安骥集方》四册。奉齐旨可,看详开印施行……国家乘宋[乱亡之]后……不得已而用兵……故遣官市马于陇右……诏修马政,始命有司看详《司牧安骥集方》开印,以广其传'云云。详其序意,则旧有此书,伪齐刊之耳。凡病各有图,药方附末。其所载《王良百一歌》及《伯乐画烙图》《十二经络图》《马师皇五脏论》《八邪论》大抵方技依托之言,然其来则已久矣。"谢成侠通过分析认为:"书中未载作者姓名,而有阜昌五年新刊校正《安骥集》序。阜昌是南宋初年北方刘齐的年号,时在公元 1135 年。既说是新刊校正本,显然原书是北宋(引者按,应为南宋)以前的著作。按《宋史·艺文志》载有李石《司牧安骥集》三卷,又《司牧安骥集方》一卷;而《四库全书总目提要》说有五卷(引者按,《提要》本作三卷);惜均未注明李石是何时人。据《唐书》所载,唐宗室有李石;《陕西经籍志》且说是唐宗室司马李石所著。再证诸这书的附图,均具有唐代马像的风格,内容上又与唐代医学有相仿之处,因此这书应予追认原是唐代的著作。"但是,"此书内容,包罗诸家著述,但每卷所冠书名均不一致。由此看来,此书已非一人所作,而是经过后代的人陆续增补而成的"。以上内容参看谢成侠《司牧安骥集跋》,载(唐)李石等《司牧安骥集》,第 209—210 页。

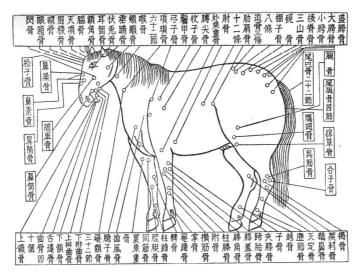

图 8 - 1 马骨名

可以看出，图 8 - 1 是一幅马匹骨名示意图，但图中所绘不是马匹解剖后的骨架，而是一匹完整的马，仅在马身上的大致部位标识出该处有哪些骨骼而已。例如，在马的前额，从上至下依次标出"脑骨"、"天顶骨"、"眉棱骨"、"额骨"、"眼箱骨"和"闪骨"，但每一种骨的形状大小不得而知。此图中的马骨共有 71 种，仅在右腿上半截内侧就有三种骨："里乘重骨"、"同筋骨"、"髀骨"（亦名桡骨，见下文）。而左腿上半截外侧有五种骨："外乘重骨""夹膝骨""膝盖骨""膝角骨""柱膝骨"。又因为图中将内侧、外侧加以区分无非为了标识方便，所以马的前腿上半部总共应有八种骨。也就是说，如果这些都是"唐人所指马的位置名称"的话，那么在唐人眼里，马的每条前腿上半截就是由这八种骨组成的，"髀骨"也仅是其中的一种。问题是，"髀骨"能不能等同于"髀"？

实际上，以上所举的八种骨名，其中每一个名称都无法代指"马的前腿上半截"这一整体部位，它们都只是腿骨的一部分。所以，即便是在马的前腿里出现了"髀骨"这一名称，我们也不能以偏概全地将前腿骨称为髀骨，更不能就此推断该部位就是"髀"，亦不能得出诸如"唐人所说的马髀就在此处"这样的结论。况且，此图仅是马匹骨名图，并非全身解剖图，根本无法与马匹的各种器官画等号。可见，以图中的"髀骨"位置来推断"髀"的位置是不能成立的。

苟明于此，我们再来考察唐人对于"髀"字含义的认识。上文已说过，髀指大腿，如《三国志》裴松之注引《九州春秋》云："备住荆州数年，尝于表坐起至厕，见髀里肉生，慨然流涕。还坐，表怪问备，备曰：'吾常身不离鞍，髀肉皆消。今不复骑，髀里肉生。日月若驰，老将至矣，而功业不建，是以悲耳。'"① 此处的"髀里"就是指接触马匹鞍鞯的大腿内侧。白居易《题裴晋公女几山刻石诗后》诗云："战袍破犹在，髀肉生欲圆。"② 张祜《观宋州田大夫打球》诗云："自言无战伐，髀肉已曾生。"③ 二诗借用刘备的典故，旨在说明没有战争，很少临阵冲杀了，生活过得十分安逸，以致髀肉生长。可见唐人眼中的"髀"就是大腿。

由此，《厩牧令》中的印记凡在左右髀处的，均是指在马的大腿处，具体位置见图8-2。

总之，《马印》在标注马印印在左右髀时，标错位置了。造成这种错误的主要原因就是没有分清楚髀骨和髀。其实，髀骨有多种含义。（1）股骨，乾隆《御撰医宗金鉴》卷八九《正骨心法要旨》云："髀骨，上端如杵，入于髀枢之臼，下端如槌，接于骱骨，统名曰股，乃下身两大支之通称也，俗名大腿骨。"（2）胯骨，宋欧阳修《岁暮书事》诗云："跨鞍惊髀骨，数带减腰围。"明朱橚《普济方》云："尻骨空在髀骨之后，相去四寸。"

① 《三国志》卷三二《蜀书二·先主传》，中华书局1959年版，第876页。
② 白居易：《题裴晋公女几山刻石诗后》，载（清）彭定求等编《全唐诗》卷四五三，第5121页。
③ 张祜：《观宋州田大夫打球》，载（清）彭定求等编《全唐诗》卷五一〇，第5807页。

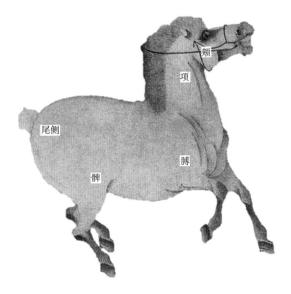

图 8 - 2 马印位置

说明：图中骏马为唐韩干所绘"照夜白"。

（3）桡骨，明孙一奎《医旨绪余》云："辅臂骨者，髀骨。"
（4）锁骨，《医旨绪余》又云："肩髃之前者，髃骨，髃骨之前，
髀骨。"此外，还可以指腓骨、肩胛骨。但最常见和常用的是前两
种含义。至于第三种含义，大概就是《司牧安骥集·骨名图》把
本应是桡骨的地方标记为髀骨的依据，但该处又名桡骨，并不独名
髀骨却是不言而喻的。

三　定数下知

《天圣令·厩牧令》唐 33 条云：

> 诸驿各置长一人，并量闲要置马。其都亭驿置马七十五
> 匹，自外第一道马六十四，第二道马四十五匹，第三道马三十
> 匹，第四道马十八匹，第五道马十二匹，第六道马八匹，并官
> 绐。使稀之处，所司仍量置马，不必须足（其乘贝，各准所
> 置马数备半）。定数下知。其有山坡峻险之处，不堪乘大马

者，听兼置蜀马（其江东、江西并江南有暑湿不宜大马及岭南无大马处，亦准此）。若有死阙，当驿立替，二季备讫。丁庸及粟草，依所司置大马数常给。其马死阙，限外不备者，计死日以后，除粟草及丁庸。

对于令文中的"定数下知"，宋家钰先生在校勘记中说："此四字费解，疑钞写有误，待考。"① 笔者在此试对此四字做一简单探讨。

其实，在明钞本北宋《天圣令》残卷中，很多令文里都有"下"字，除"以下"之"下"外，还有很多用法，其含义有以下两种。

（1）作动词，意为"下行""下发"，如《田令》唐 25 条"符下案记"；《赋役令》宋 16 条"每年度支豫于畿内诸县斟量科下"，宋 22 条"令所司量定须数行下"，唐 1 条"不得即科下"；《仓库令》宋 6 条"申三司下给"，唐 13 条"下寺领纳"，唐 19 条"随至下纳"②；《厩牧令》宋 2 条"从本司宣敕下"；《捕亡令》宋 1 条"下其乡里村保"；《医疾令》唐 11 条"申尚书省散下"，唐 21 条"下太常寺"；《狱官令》宋 2 条"下大理寺检断"，宋 3 条"下刑部审覆"，宋 5 条"下刑部详覆"，宋 6 条"马递行下"，宋 46 条"奏下尚书省议"，宋 47 条"依程颁下"，唐 4 条"仍下本属"，唐 5 条"录已役日月下配所"；《营缮令》宋 11 条"奏定颁下"；《丧葬令》宋 22 条"下太常礼院拟"；《杂令》唐 2 条"申户部下科"。

---

① 《天圣令校证》下册，第 304 页。
② 对于最后一句"随至下纳"，点校者李锦绣先生说："下，疑为'即'之误。'即纳'为唐人公文习惯用语，如《唐律疏议》卷一〇《职制律》用符节事讫条《疏议》曰：'即无限日，行至即纳。'但将'下纳'理解为'下寺领纳'，亦可。"见《天圣令校证》下册，第 286 页。中国社会科学院历史研究所《天圣令》读书班成员认为，"下纳"无误，即下太府寺领纳之意。

以上例子虽既有宋令亦有唐令，但其中的"下"字，意思是指下发符牒，三司下发禄米，尚书省将解下发至太府寺，尚书省将诸赃赎及杂附物等下发至太府寺，下发敕文，承告官司下发牒至乡里村保，尚书省下发命令至太常寺、大理寺、刑部，皇帝旨意下发尚书省，下发通知给囚犯家人，下发囚犯劳役记录至配所，等等。所以，这里的"下"字，作动词用。

（2）作名词，意为"下面"，如《赋役令》宋22条"不得令在下有疑"。这里的"下"，指下面的官司或百姓，是名词。

苟明于此，再反观《厩牧令》唐33条中的"定数下知"。这里的"下"字，即是前面所引大多数令文中的含义，作动词用。具体来说，"定数"是指确定诸驿所应设置的马匹数量，"下知"即指下发通知给"各驿"，使其知悉的意思。这种用法，与《捕亡令》宋1条中的"下其乡里村保，令加访捉"极为相似。

以上是就《天圣令》本身的令文而言，在唐代的其他史料中，还有"下知"一词的用法，如《唐律疏议》卷三〇《断狱律》"辄自决断"条云：

> 诸断罪应言上而不言上，应待报而不待报，辄自决断者，各减故失三等。
>
> 【疏】议曰：依《狱官令》："杖罪以下，县决之。徒以上，县断定，送州覆审讫，徒罪及流应决杖、笞若应赎者，即决配征赎。其大理寺及京兆、河南府断徒及官人罪，并后有雪减，并申省，省司覆审无失，速即下知；如有不当者，随事驳正。若大理寺及诸州断流以上，若除、免、官当者，皆连写案状申省，大理寺及京兆、河南府即封案送。若驾行幸，即准诸州例，案覆理尽申奏。"①

---

① 《唐律疏议》卷三〇《断狱律》，"辄自决断"条，第561—562页。

《唐律疏议》所引《狱官令》中的"速即下知",是指大理寺、京兆府、河南府所断定的徒及官人罪,如果发生变化,就申报尚书省,由尚书省复审,然后随即下发通知,使下面知悉。其含义与"定数下知"中的"下知"一致。由此可知,"下知"是唐代一个比较通用的词。至此,宋先生的"此四字费解,疑钞写有误,待考"的疑问,或可以解决。

第二节 杂畜考
——《天圣令·厩牧令》的语言规范

杂畜本是古代对于某一类牲畜的总称,这种称呼由来已久,最早出现于西晋陈寿撰的《三国志》中,[①] 说明"杂畜"在当时已经成为一个专有名词。这一词的生命力很强,从被创造之日起,就被后人长期地使用下去。注重牲畜饲养的唐朝更是继承了这一术语,在政治经济生活尤其是畜牧业管理中频繁地使用着。但杂畜具体指什么?它与常见的马、牛、驴、羊等牲畜到底有什么关系?现行的语言工具书均没有对此做出解释,其含义一直不明。目前,学术界通行的观点认为,杂畜是除马以外的牲畜的总称。例如,贾志刚先生说,"隋朝不仅有巨大的养马规模,也有相当数量的杂畜牧监","所养之畜除马匹外,还有牛、羊、驼、驴、骡等杂畜,且马牧与牛羊杂畜分开饲养,既是因地制宜,也是因畜制宜,体现出明显的专业化特点"。[②] 乜小红先生认为:"所谓'杂畜牧',当是指牛、羊、驴、骡、驼之类,均归入下监。作这样的区分,也是为

---

① 《三国志》卷六《魏书六·董卓传》云:"董卓,字仲颖,陇西临洮人也。少好侠,尝游羌中,尽与诸豪帅相结。后归耕于野,而豪帅有来从之者,卓与俱还,杀耕牛与相宴乐。诸豪帅感其意,归相敛,得杂畜千余头以赠卓。"(第 171 页)

② 贾志刚:《隋朝畜牧成毁初探》,《西北农林科技大学学报》(社会科学版) 2009 年第 5 期,第 136 页。

了便于管理、放牧和上贡。"① 张显运先生则明确指出："驼、驴在大牲畜中属于杂畜。"② 另外，张苏、李三谋等先生③亦持类似观点。相似的观点不一而足，而其他的研究者在引用相关史料时，并没有对该词做任何辨析，仅仅是一带而过，兹不赘述。

以上说法或言之凿凿，或仅是推测，其正确与否，难以判定，主要是因为传世文献没有对"杂畜"做出明确的规定，无法直接领会到古人的真正用意。而《天圣令·厩牧令》的发现，则为我们解决这个问题提供了参考。

一　杂畜中包括马

要考察唐人眼中的杂畜，就要先看一下唐代关于杂畜的一些规定。《唐六典》卷五"驾部郎中员外郎"条云："驾部郎中、员外郎掌邦国之舆辇、车乘，及天下之传、驿、厩、牧官私马牛杂畜之簿籍，辨其出入阑逸之政令，司其名数。"④ 而杂畜的饲养与管理则由太仆寺的典厩署与典牧署负责，具体执行者是中央的闲厩和地方的监牧。⑤ 另外，内侍省内仆局⑥、太子仆寺⑦、太子左右卫率府

---

① 乜小红：《唐代官营畜牧业中的监牧制度》，《中国经济史研究》2005 年第 4 期，第 120 页。

② 张显运：《试论北宋时期西北地区的畜牧业》，《中国社会经济史研究》2009 年第 1 期，第 26 页。

③ 张苏、李三谋：《汉唐之间曲折行进的河套畜牧业》，《中国农史》2009 年第 3 期，第 9 页。

④ （唐）李林甫等：《唐六典》卷五《尚书兵部》，"驾部郎中员外郎"条，第 162—163 页。

⑤ 《唐六典》卷一七《太仆寺》"典厩署"条云："典厩令掌系饲马牛，给养杂畜之事；丞为之贰。""典牧署"条云："典牧令掌诸牧杂畜给纳之事；丞为之贰。"（第 484 页）

⑥ 《唐六典》卷一二《内官宫官内侍省》"内仆局"条云："典事掌检校车乘。驾士掌调习马，兼知内御车舆杂畜。"（第 361 页）

⑦ 《唐六典》卷二七《家令率更仆寺》"太子仆寺"条云："丞掌判寺事……凡马及杂畜之料应供于外司者，每岁季夏，上于詹事。"（第 702 页）

兵曹、太子左右监门率府胄曹①也参掌杂畜的供应与管理。但在这些规定中，杂畜仅仅是被提及而已，它的具体定义并不清楚。②

下面就以《天圣令·厩牧令》所附的唐令为基础，考察一下唐代"杂畜"的含义。《天圣令·厩牧令》唐3条云："马、驼、骡、牛、驴一百以上，各给兽医一人。"而兽医是"于百姓、军人内，各取解医杂畜者为之"，可见马、驼、骡、牛、驴均属于杂畜范围之内。

又唐4条云：

> 诸系饲，杂畜皆起十月一日，羊起十一月一日，饲干；四月一日给青。

按，从此条来看，羊和杂畜的关系有两种可能：一是羊不属于杂畜，所以分开来说；二是羊是杂畜的一种，不过其饲干时间比较特殊，故要单独说明。从常理来看，第二种可能比较准确。但这条令文里没有单独提出马的饲干情况，可能杂畜之内包含着马。

又唐9条云：

> 诸牧，杂畜死耗者，每年率一百头论，驼除七头，骡除六头，马、牛、驴、羖羊除十，白羊除十五。从外蕃新来者，马、牛、驴、羖羊皆听除二十，第二年除十五；驼除十四，第二年除十；骡除十二，第二年除九；白羊除二十五，第二年除二十；第三年皆与旧同。其疫死者，与牧侧私畜相准，死数同者，听以疫除（马不在疫除之限。即马、牛二十一岁以上，不入耗限。若非时霜雪，缘此死多者，录奏）。

---

① 《唐六典》卷二八《太子左右卫及诸率府》"太子左右卫率府"条云："兵曹……兼知公、私马及杂畜之簿帐。"（第716页）"太子左右监门率府"条云："胄曹掌器械及公私马、驴、杂畜，土木缮造之事。"（第720页）

② 所可注意的是，《唐六典》的这些表述中出现了"马牛""马驴"与"杂畜"连用的情况，是我们考察杂畜含义的一个线索。

按，从本条令文可以明确地看出，驼、骡、马、牛、驴、羖羊、白羊均属于杂畜的范围之内。

又唐 14 条云：

> 诸杂畜印，为"官"字、"驿"字、"传"字者，在尚书省；为州名者，在州；为卫名、府名者，各在府、卫；为龙形、年辰、小"官"字印者（小，谓字形小者），在太仆寺；为监名者，在本监；为"风"字、"飞"字及"三花"者，在殿中省；为"农"字者，在司农寺；互市印在互市监。其须分道遣使送印者，听每印同一样，准道数造之。

按，本条规定的是杂畜印鉴的执掌问题。那么这些印都是给什么牲畜烙记的呢？唐 11—13 条给我们做出了详细的解释：

> 唐 11 诸牧，马驹以小"官"字印印右膊，以年辰印印右髀，以监名依左、右厢印印尾侧（若行容端正，拟送尚乘者，则不须印监名）。至二岁起，脊量强、弱，渐以"飞"字印印右髀、膊；细马、次马俱以龙形印印项左（送尚乘者，于尾侧依左右闲印，印以"三花"。其余杂马送尚乘者，以"风"字印印左膊；以"飞"字印印右髀）。骡、牛、驴皆以"官"字印印右膊，以监名依左、右厢印印右髀；其驼、羊皆以"官"字印印右颊（羊仍割耳）。经印之后，简入别所者，各以新入处监名印印左颊。官马赐人者，以"赐"字印；配诸军及充传送驿者，以"出"字印，并印右颊。
>
> 唐 12 诸府官马，以本卫名印印右膊，以"官"字印印右髀，以本府名印印左颊。
>
> 唐 13 诸驿马以"驿"字印印左膊，以州名印印项左；传送马、驴以州名印印右膊，以"传"字印印右髀。官马付百姓及募人养者，以"官"字印印右髀，以州名印印左颊。

屯、监牛以"官"字印印左颊,以"农"字印印左髆。诸州
镇戍营田牛以"官"字印印右髆,以州名印印右髀。其互市
马,官市者,以互市印印右髆;私市者,印左髆。

根据上引三条令文,需要印"官"字印的有诸牧骒、牛、驴、驼、
羊,诸府官马,官马付百姓及募人养者,屯、监牛,诸州镇戍营田
牛;需要印"驿"字的是驿马;需要印"传"字的是传送马、驴;
需要印州名印的有驿马、传送马驴、官马付百姓及募人养者、诸州
镇戍营田牛;需要印府名印的是诸府官马;需要印龙形印的有细
马、次马;需要印年辰、小"官"字印的是诸牧马驹;需要印监名
印的有诸牧普通马驹、骒、牛、驴;需要印"三花"印的有细马、
次马送尚乘者;需要印"飞"字印的有诸牧二岁以后马驹,粗马、
杂马送尚乘者;需要印"风"字印的是杂马送尚乘者;需要印
"农"字印的是屯、监牛;需要印互市印的是互市马。可见这些印鉴
的范围涵盖了马、驼、骒、牛、驴、羊等牧监制度中的全部牲畜,
而它们都属于"杂畜印",那么马也毫无疑问地属于杂畜类。

　　根据以上对《天圣令·厩牧令》唐3、4、9、14条的分析,
可以得出这样的结论:杂畜是包括马在内所有牲畜的总称。

　　用这一结论来对应《天圣令》中的其他相关令文,均可圆融
无碍。比如《厩牧令》唐10条云:

　　　　诸在牧失官杂畜者,并给一百日访觅,限满不获,各准失
处当时估价征纳,牧子及长,各知其半(若户、奴充牧子无财
者,准铜依加杖例)。如有阙及身死,唯征见在人分。其在厩失
者,主帅准牧长,饲丁准牧子。失而复得,追直还之。其非理
死损,准本畜征填。住居各别,不可共备,求输佣直者亦听。

按,本条令文中没有出现具体的牲畜而仅仅用杂畜来指称,如果按
照通行的理解,就会认为:只有在除马以外的官畜丢失时,才会认

真地寻访、包赔和惩戒，而对于马丢失，却没有相关规定。但是，像唐代这样重视马匹的朝廷，怎会漏掉丢马的相关规定？这里之所以没有体现马，正是因为杂畜本身就包含马。

唐代的官养畜牧业非常兴盛，"自贞观至麟德中，国马四十万匹，皆牧河陇。开元中，尚有二十七万，杂以牛羊等，不啻百万"。又天宝十三载（754）六月一日，殿中侍御史张通儒和陇右群牧副使、平原太守郑遵意等汇报了陇右群牧牲畜的数量，说："总六十万五千六百三头匹口，马三十二万五千七百九十二匹，内二十万八十四驹；牛七万五千一百一十五头，内一百四十三头牦牛；驼五百六十三头，羊二十万四千一百三十四口，骡一头。"① 这说明唐代的马、牛、驼、羊、骡等牲畜的饲养都是杂而牧之的，尤其是骡仅一头，根本无法单独放牧。这在《天圣令·厩牧令》中也有反映，对于不同种类牲畜的别群、游牝、责课、死耗等都是在同一条令文中规定的。② 这也从另一方面说明，杂畜就是所有牲畜的总称。另外，《法苑珠林》云："皇帝闻喜，敕给驿马内使及弟子官佐二十余人，在处供给。诸官人弟子等，并乘官马。唯长年一人，少小已来，精诚苦行，不乘杂畜。既到代州清凉山，即便肘行膝步而上。"③ 将乘官马与不乘杂畜对举，更是马属于杂畜的明证。

如果明确了这一概念，研究者在叙述相关史实的时候就能够做到更加严谨了。比如前揭乜小红文称"所谓'杂畜牧'，当是指牛、羊、驴、骡、驼之类，均归入下监"，但在同一篇文章中，她又做了这样的论述："从对一些游牧民族的斗争中，唐获得了大量的牲畜，如贞观四年（630）对突厥颉利的追击战中，'获杂畜数十万'；贞观九年（635）在青海追击吐谷浑伏允的战役中，又'获杂畜二十余万'……战争中和纳贡中获得的这巨大数量的杂

① （宋）王溥：《唐会要》卷七二《马》，第 1543 页。

② 见《天圣令·厩牧令》唐 5、6、7、9 条。

③ （唐）释道世：《法苑珠林校注》卷一四《唐故净业寺天人感应缘》，周叔迦、苏晋仁校注，中华书局 2003 年版，第 496 页。

畜，自然都会充实到监牧中去。由此可见，40 年间，马增 70.6 万的数额中，有相当部分是来自民族地区的战利品。但唐代官牧孳息的马匹，数量也很大。"① 如果杂畜是马以外的牲畜的话，"战争中和纳贡中获得的这巨大数量的杂畜" 如何能让马匹的数量增加呢？所以这样的论述是前后矛盾的。但如果能修正前面关于杂畜的认识，即承认马就是杂畜中的一种，那么得出这样的结论也就顺理成章了。

二 "马不属于杂畜"

同样是在唐《厩牧令》中，却出现了不支持上面结论的两条令文。这两条令文正好代表了两种与笔者观点不符的论据，因此分别讨论如下。

第一个反面论据即唐 18 条，其云：

> 诸牧，细马、次马监称左监，粗马监称右监。仍各起第一，以次为名。马满五千匹以上为上（数外孳生，计草父三岁以上，满五千匹，即申所司，别置监）。三千匹以上为中，不满三千匹为下。其杂畜牧，皆同下监（其监仍以土地为名）。即应别置监，官牧监与私牧相妨者，并移私牧于诸处给替。其有屋宇，勿令毁剔，即给在牧人坐，仍令州县量酬功力及价直。

本条令文主要是对监牧级别的规定。对于马牧而言，五千匹以上是上监，三千匹以上是中监，不满三千匹是下监。而杂畜牧，"皆同下监"，并且 "其监仍以土地为名"。② 从字面意思看，所谓杂畜牧是完全有别于马牧监的，并且其级别只与马牧下监相同。换言之，

---

① 乜小红：《唐代官营畜牧业中的监牧制度》，《中国经济史研究》2005 年第 4 期，第 125 页。

② 《唐六典》卷一七《太仆寺》"诸牧监" 条亦云："凡马有左、右监以别其粗良，以数纪为名，而着其簿籍；细马之监称左，粗马之监称右（其杂畜牧皆同下监，仍以土地为其监名）。"（第 486 页）

杂畜是马以外的牲畜。

"其监仍以土地为名"中的"监"就是指"杂畜牧"。如果认为杂畜牧与马牧是两种牧的话,那么马牧的命名原则是"各起第一,以次为名",也就是《唐六典》所说的"以数纪为名";而杂畜牧的命名原则是"以土地为名",即以牧监所处的地名为监名。实际上是不是如此呢?宋人为我们提供了说法。宋真宗景德二年(1005),"秋七月……庚戌,群牧使赵安仁言,按唐制,马有左右监,各以土地为名"。①《职官分纪》卷一九"诸州监务"条亦云:"唐凡马有左右监,仍以土地为名。"② 可见,他们认为唐代"以土地为名"的就是马牧监,而不是所谓的杂畜牧监。那么,是不是他们没有区分开马与杂畜,从而误读了唐代的制度呢?笔者认为,他们不但没有误读,反而更加清晰地指出了杂畜包括马这一事实。实际上,唐代很多"以土地为名"的牧监都是马监。李锦绣先生统计唐代墓志中所出现的监名,指出唐代存在过统万、长泽、玉亭、兰池、乌城、楼烦、玄池、天池、广城、天马、飞骐等十一个以地名命名的监,而这些监"显然都是马监"。③ 这就充分说明,唐代的"杂畜"与"马以外的牲畜"之间根本无法画等号,而马就是包括在杂畜之内的。

但是,这样的理解仍不能解释"其杂畜牧,皆同下监"这样

① (宋)李焘:《续资治通鉴长编》卷六〇《真宗》,中华书局1980年版,第1349页。按,(宋)王应麟《玉海》卷一四九《兵制·马政》"景德诸监"条作:"景德二年七月四日庚戌,群牧使赵安仁言,按《唐六典》,凡马有左右监,以土地为名。"(第2733页上)可见《续资治通鉴长编》中所谓"唐制"即出自《唐六典》。

② (宋)孙逢吉:《职官分纪》卷一九《太仆》"诸州监务"条,《景印文渊阁四库全书》第923册,第458页。

③ 李锦绣:《"以数纪为名"与"以土地为名"——唐代前期诸牧监名号考》,载《隋唐辽宋金元史论丛》第一辑,第127—142页。李先生以杂畜指马以外的牲畜为已知条件,得出结论云:"唐代牧监究竟是'以数纪为名'还是'以土地为名',主要不是看牧监是马牧还是牧杂畜,而是看牧监分布在何处。"这一观点具有很大的启发意义,使唐代牧监的命名原则更加清晰。但是如果马与杂畜之间的关系是别一种情况的话,李先生所假设的论证前提就是不存在的。

的表述。唐令是唐代的法典，其用词本应该是十分考究、严谨的。既然杂畜牧可以比拟于马牧的下监，那么杂畜必定与马有别，所以，用笔者上文所得的结论来照应这句话，就成为不可能。

第二个反面论据是唐 28 条，其云：

> 诸赃马、驴及杂畜，事未分决，在京者，付太仆寺，于随近牧放。在外者，于推断之所，随近牧放。断定之日，若合没官，在京者，送牧；在外者，准前条估。

本条与前述《唐六典》中的现象一致，"马驴"与"杂畜"连用，而且中间有一个"及"字。由此很容易得出这样的结论：杂畜是指马、驴以外的牲畜，而且它在当时一定有着固定的含义，是与其他不同类的牲畜判若鸿沟的。

如何解释本条与前文得出的结论之间的分歧？笔者认为，这应从唐及唐以前的其他史籍中寻找答案。通过检索电子文献，笔者发现，在史籍中"杂畜"一词与牲畜连用的时候，有两种情况：一种是与包含马的牲畜连用，如"马牛杂畜"（见《魏书》卷一一〇，《唐六典》卷五，《旧唐书》卷四三，《新唐书》卷四六、一七〇，《册府元龟》卷一一六、六二一）、"牛马杂畜"（见《魏书》卷九三、一一二上，《北史》卷九二、《旧唐书》卷四、一六一，《新唐书》卷一一〇）、"橐驼马牛杂畜"（见《魏书》卷一〇二、《北史》卷九七）、"驼马杂畜"（见《魏书》卷一一〇、《册府元龟》卷一一六）、"口马杂畜"（见《北史》卷七五、《隋书》卷六二、《册府元龟》卷三八四）、"兵马及科（诸）税杂畜"（见《北史》卷九九、《周书》卷五〇、《通典》卷一九七）、"马驴杂畜"（见《唐六典》卷二八、《旧唐书》卷四二）等；另一种是与不包含马的牲畜连用，如"杂畜橐它（驼）"（见《新唐书》卷二一八）、"耕牛杂畜"（见《册府元龟》卷一六七）、"牛羊杂畜"（见《旧唐书》卷一四一、《册府元龟》卷四三四）、"犬及杂畜"

（见《唐律疏议》卷一五）、"羊毛及杂畜毛皮角"（见《旧唐书》卷四四）等。在有的史籍中这几种说法兼而用之。那么，"某某"牲畜与"杂畜"并列时，二者是并列的关系，还是其他的什么关系呢？

假设古代所谓的大牲畜包括马、牛、驼、骡、驴、羊这几种，而且以上词条的类别都是并列关系，那么就可以得出下面的结论。

（1）马牛杂畜/牛马杂畜：杂畜指驼、骡、驴、羊。

（2）橐驼马牛杂畜：杂畜指骡、驴、羊。

（3）驼马杂畜：杂畜指牛、骡、驴、羊。

（4）口马杂畜/兵马及科（诸）税杂畜：杂畜指驼、牛、骡、驴、羊。

（5）马驴杂畜：杂畜指驼、牛、骡、羊。

（6）杂畜橐它（驼）：杂畜指马、牛、骡、驴、羊。

（7）耕牛杂畜：杂畜指马、驼、骡、驴、羊。

（8）牛羊杂畜：杂畜指马、驼、骡、驴。

（9）犬及杂畜：杂畜指马、驼、牛、骡、驴、羊。

（10）羊毛及杂畜毛皮角：杂畜指马、驼、牛、骡、驴。

这就出现了一个很奇怪的现象，除骡、驴基本固定外，马、驼、牛、羊都时而归属于杂畜之内，时而被排除于杂畜之外。换言之，杂畜并不具备特定的含义。所以笔者认为，"某某"牲畜与"杂畜"并列时，二者不是并列关系，而是以类相从的关系，前者实际上即是杂畜的一部分。在说"马牛杂畜"这类词汇的时候，其所要表达的意思就是"马牛之类的杂畜"或者"马牛等杂畜"，而马、牛均属于杂畜。

其实，用"杂"字以类相从地称呼人群、物种，是唐代通行的修辞方式。《旧唐书·食货志上》说："工商杂类，不得预于士伍。"① 士农工商为古之四民，这里唯独没有说"农"，那么，"杂

---

① 《旧唐书》卷四八《食货志上》，第2089页。

类"就是指的"工商"自己，因为工种不同，制造器物不同，经营商品种类不同，所以统称之为"杂"。唐懿宗想要授予优人李可及威卫将军官衔，遭到兵部侍郎曹确的反对，说唐太宗曾对房玄龄言道："工商杂流，假使技出等夷，正当厚给以财，不可假以官，与贤者比肩立、同坐食也。"① 可见"工商杂流"既包括工商，又包括艺人。古代又有"诸侯""诸生"之称，那么"杂畜"也就相当于"诸畜"，即牲畜的总称。

但是在唐28条令文中，明确写作"马、驴及杂畜"，这是什么原因呢？

以上所引的包含"杂畜"的词句，大多数都出自普通史籍，只有"犬及杂畜"和"马、驴及杂畜"出现于唐代的法律文献中。② 换言之，唐《厩库律》以及唐《厩牧令》第28条在使用此词的时候，其所要表达的含义是与其他文献不同的。在它们看来，杂畜是一个独立的范畴，是有别于前面所列牲畜的种类的。那么，在"犬及杂畜""马、驴及杂畜"的语境下，杂畜中绝不会包含犬、马和驴。但这样一来，既与通行的杂畜含义不同，也与唐《厩牧令》其他令文中的杂畜含义不同。

小　结

唐代的"杂畜"不是单指某一种牲畜，而是对所有牲畜的总体称谓。在唐人的语言习惯中，一般没有把除马或个别牲畜之外的牲畜取名为"杂畜"的做法。但唐人使用这一词的同时，还是赋予了它另外一种含义，即杂畜是独立于马或马、驴之外的。当然，这是在某种特定条件下的狭义用法。

之所以会出现这两种相反的观念，笔者认为，其原因首先是

---

① 《新唐书》卷一八一《曹确传》，第5352页。

② 《旧唐书》卷四四中有"羊毛及杂畜毛皮角"，是唯一一个与法律文献用语相同的例子，但它重在指牲畜的副产品，不指牲畜本身，因此笔者不对其展开论述。

"杂畜"一词在唐代的含义并不是单一的。由上文所引《唐六典》相关诸条可知，杂畜是唐代的一个习惯用语，其含义并不受时人重视。而在《厩牧令》中，为了规定各个层面的不同事宜，杂畜的含义被一再地模糊，可见在唐代，这一词的内涵与外延不是一成不变的。其次，由于叙事场合的不同，其所要表达的杂畜的含义也不尽相同。就上引《厩牧令》中的几条令文而言，在叙述杂畜兽医、杂畜饲养、杂畜死耗、杂畜印鉴等监牧运作层面的内容时，杂畜一词就包括所有的牲畜；而在叙述监牧等级、追究责任等监牧管理层面的内容时，杂畜就被单独提了出来，以示与其他种类的牲畜有别。这样做，或许是为了管理上的方便。易言之，牲畜在饲养、死耗等方面有很多都是相同的，不须加以区分，故而冠之以"杂畜"的总名；而在划分监牧、追究责任时，面向的则是牧长、牧尉等负责人，这就要把问题交代清楚，使马或其他个别牲畜得到足够重视，剩下的牲畜则可总称"杂畜"而已，于是，就出现了"马、驴及杂畜"等说法。比如唐《厩牧令》第18条，在规定了马牧分为上、中、下三监之后，还要规定其他牲畜监牧的分类法，而这些牲畜不可能一种一种地分别说明，于是就用了一个所有牲畜的总称——"杂畜"来代替，其实它所要表达的仅仅是"马以外的牲畜"而已。同理，"马、驴及杂畜"中的杂畜亦当作如是观，而它所要表达的与"马驴杂畜"一般不二。所以，与其说唐令在使用此词时是前后矛盾的，显示了一定的不规范性，毋宁说是为了使令文叙述得更加分明。至此，我们关于"杂畜"一词的困惑，或可得以消释。

总体而言，唐令中的杂畜出现了含义前后不一致的情况，这就要根据立法者在彼时彼地不同的所指加以辨析，不能用单一的解释去套用不同的规定。在辨析相关史料时，应再做新的考察，不要望文生义。这或许就是杂畜一词给予我们的如何看待唐令用词的启示吧。

附　录　日本静嘉堂文库藏松下见林《唐令（集文）》考述

　　日本东京静嘉堂文库藏有一册江户时代著名史家松下见林的手抄本《唐令（集文）》，这是迄今所知最早的集录唐令的著作。①一些日本学者早已注意到这本书，并将其作为唐令复原研究的开端。如泷川政次郎等人在《律令研究史》中说："早在日本元禄年间，松下见林便已着手从《唐律疏议》中抽出唐令条文，进行唐令复原。"② 仁井田陞在《唐令拾遗》的自序中说："到德川时代，学者就看不到唐令了，据静嘉堂文库藏《松下见林手泽唐令》可知，当时有自《唐律疏议》收集令遗文的学者。"③ 可见，松下见林的《唐令（集文）》主要有两个特点，一个是出现的时间早，另一个是通过《唐律疏议》来搜集唐令遗文。④ 它比后来出现的唐令

---

　　① 学术界一般认为，最早进行唐令复原工作的是日本学者中田薰，如宋家钰在《明钞本北宋天圣令（附唐开元令）的重要学术价值》一文中说："最早利用养老令进行《唐令》复原研究的，是日本著名学者中田薰先生。1904 年他发表了著名论文《唐令和日本令的比较研究》，主要研究了唐、日令中的三篇重要令文《户令》《田令》《赋役令》，开启了唐、日法制比较和唐令复原研究的先河。"（载《天圣令校证》上册，第 7 页）
　　② 泷川政次郎、小林宏、利光三津夫「律令研究史」『法制史研究』第 15 号、1965 年、152 页，转引自赵晶《近代以来日本中国法制史研究的源流——以东京大学与京都大学为视点》，《比较法研究》2012 年第 2 期，第 61 页。
　　③ 〔日〕仁井田陞：《唐令拾遗》，"自序"，第 885 页。
　　④ 本文中，除松下见林《唐令（集文）》所引外，凡涉及《唐律疏议》之处，均是指（唐）长孙无忌等撰《唐律疏议》，刘俊文点校。以下简称《唐律》或刘版《唐律》，不另作说明。

研究的集大成之作——《唐令拾遗》《唐令拾遗补》要早两百多年。但是，对于这本书的内容及学术价值，学术界尚未有进一步的关注和研究。

松下见林（1637—1703）是江户时代的史学家，以研究日本史著称。他幼年熟研经籍，又学习医术，以儒医的身份，辨别经籍百家本末，收授门徒。他感慨当时的学者热衷研习中国司马迁、班固的《史记》《汉书》，却对日本本国历史知之甚少，遂决心专修本国史，力图纠正日本崇拜尊慕汉土的学风。他历经三十年呕心沥血编撰《异称日本传》，最终在元禄元年（1688）完稿。大庭修等指出："进入江户时代后，大部头的书（通史）是松下见林所著的《异称日本传》。1688年（元禄一年）完成，计三卷十五册，是从中国和朝鲜的127部书籍中考证、抄录有关日本的记事而成的。这是第一次利用外国资料，研究日中关系史的尝试。"[1]《异称日本传》具有比较强烈的民族意识，"在修正分析的论述中，也能够看出著者力图证明当时日本的文明程度已经很高，蕴含着强烈的民族优越感"。[2]虽然如此，松下见林还是十分重视中国典籍和历史，并没有完全否定或抛开中国历史文化。他集录唐令，就是从制度史的角度探究唐代历史，因此这本书值得关注。

笔者在日访学期间，见到了静嘉堂所藏的松下见林《唐令（集文）》手抄原本。这个抄本的封面上题有"松下见林翁手泽"，标题有两个，一为《唐令》（下有小字注"集文"），一为《士冠礼》（下有小字注"仪礼"）。可见松下见林除了搜集唐令以外，还搜集与古代礼制有关的文献。《唐令（集文）》（以下简称"《集文》"）部分一共有26页，每页分10行，每行满行18字。首页第一行是标题，写作"唐令"，在标题行的下端，钤有"静嘉堂藏

---

① 〔日〕大庭修、松浦章：《在日本研究日中关系史的现状——以明治前为中心》，叶昌纲译，《山西大学学报》（哲学社会科学版）1982年第2期，第65页。

② 瞿亮：《日本近世的修史与史学》，博士学位论文，南开大学，2012年，第186页。

书"印，以及"山田本"私印。该书搜集的令文都是顶格书写，作为正文；在令文的末端，又用双行加注的形式，注明本条令文出自唐令的哪一篇，以及其在《唐律疏议》中的卷数和页码。其中，标注的篇名用朱笔书写，其余皆是墨笔。该抄本用楷体书写，字体工整，一丝不苟，体现了作者严谨的学风。

值得一提的是，该抄本中除了由《唐律疏议》集录而来的唐令以外，还有从《通典》中集录的唐令和唐格。这是之前的研究者没有提及过的。笔者不揣浅陋，试对《集文》在搜集唐令方面的得失以及《唐律疏议》的一些相关问题进行述评，所得结论聊胜于无，仅供通识方家参考。

一 《集文》中的令文出处及相关问题

《集文》共从《唐律疏议》中搜集了 115 条唐令（见本文附录），这些令文是按照《唐律疏议》引用唐令的顺序排列的。在抄录的过程中，如果《唐律疏议》明确标明所引令文出自的篇名的话，作者就在所摘令文之下用朱笔注明其篇名；相反，如果《唐律疏议》没有标明篇名，只有"依令""令云"等字样，那么在抄录时，除极个别作者自己能够辨识篇名的令文以外，也不标出篇名。如在第 1 条"昊天上帝、五方上帝、皇地祇、神州、宗庙等为大祀"之后，明确注明为《祠令》。而在第 2 条"职事官五品以上，带勋官三品以上，得亲事、帐内，于所事之主，名为府主"之后，仅标注了与《唐律疏议》卷数、页码相关的"一、卅"，无令名（参见图 1）。

笔者结合刘俊文点校版《唐律疏议》原文，查证了《集文》每一条令文的出处，同时查证了这些令文被仁井田陞《唐令拾遗》收入时安排的位置，将其列入表 1 之中。另外，表中还有三栏：一是各条令文在《唐律疏议》中所标识的篇名；二是《集文》所标记的令文篇名；还有"备注"一栏，是笔者比较《集文》、《唐律疏议》和《唐令拾遗》文字异同的结果，以作为后文相关论述的依据。

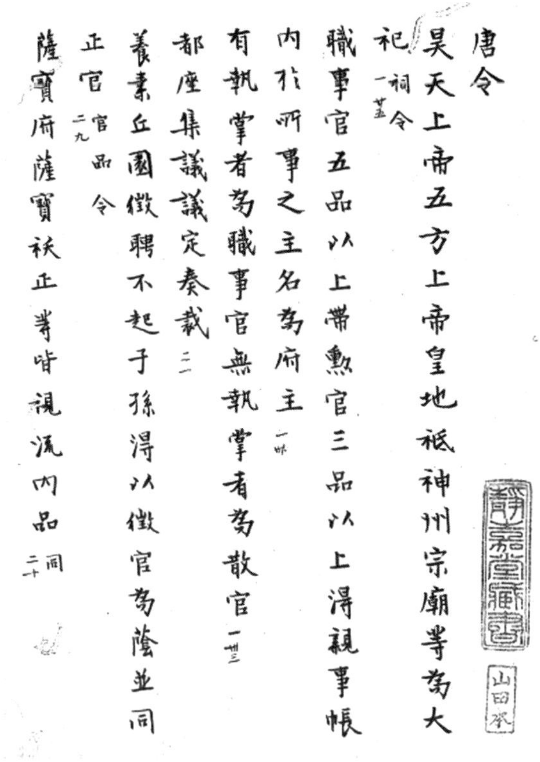

唐令
昊天上帝五方上帝皇地祇神州宗廟等為大
祀 祠令 一
職事官五品以上帶勲官三品以上得親事帳
内於所事之主名為府主 一
有執掌者為職事官無執掌者為散官 一
都座集議議定奏裁 二
養素丘園徵聘不起子孫得以徵官為蔭並同
正官 官品令 二九
薩寶府薩寶祆正等皆視流内品 同 二十

图 1　松下见林《唐令（集文）》首页书影

表 1　《唐令（集文）》出处

序号	令文出处	《唐律疏议》所标令名	《集文》所标令名	《唐令拾遗》中的位置	备注
1	卷一《名例律》“十恶”条“疏议”	《祠令》	《祠令》	《祠令》2	
2	卷一《名例律》“十恶”条“疏议”	无	无	《军防令》29	《唐令拾遗》中无“于所事之主，名为府主”
3	卷一《名例律》“八议”条“疏议”	无	无	《公式令》33	
4	卷二《名例律》“八议犯死罪”条“疏议”	无	无	《狱官令》29	“都座”在刘版《唐律》中作“都堂”
5	卷二《名例律》“诸以理去官”条“疏议”	无	《官品令》	《选举令》27	“起”在刘版《唐律》中作“赴”

续表

序号	令文出处	《唐律疏议》所标令名	《集文》所标令名	《唐令拾遗》中的位置	备注
6	卷二《名例律》"诸以理去官"条"疏议"	《官品令》	《官品令》	《官品令》1丙参考	
7	卷二《名例律》"诸无官犯罪"条"疏议"	无	无	《公式令》36	
8	卷二《名例律》"诸犯十恶"条"疏议"	无	无	《户令》45	
9	卷三《名例律》"诸府号官称"条"疏议"	无	无	《田令》25	"各于本司上下"在刘版《唐律》中不是令文
10	卷三《名例律》"诸除名者"条"疏议"	《选举令》	《选举令》	《选举令》25	"于从九品上叙"在刘版《唐律》中作"并于从九品上叙"
11	卷三《名例律》"诸府号官称"条"疏议"	《军防令》	《军防令》	《军防令》19	
12	卷三《名例律》"诸除名者"条"疏议"	无	无	《赋役令》23	"点防之限"在刘版《唐律疏议》中作"征防之限"
13	卷三《名例律》"诸除名者"条"疏议"	无	无	《狱官令》16参考	
14	卷三《名例律》"诸犯流应配者"条"疏议"	无	无	《狱官令》16	
15	卷三《名例律》"诸流配人在道会赦"条"疏议"	无	无	《公式令》44	
16	卷三《名例律》"诸犯死罪非十恶"条"疏议"	无	无	《户令》13	"亲老"在刘版《唐律》中作"亲终"
17	卷三《名例律》"诸犯死罪非十恶"条"疏议"	无	无	《狱官令》14	
18	卷三《名例律》"诸犯死罪非十恶"条"疏议"	无	无	《赋役令》22	
19	卷三《名例律》"诸工、乐、杂户及太常音声人"条"疏议"	无	无	《杂令》32	《唐令拾遗》云:"本条是否属于《杂令》不详,姑记于此,以备后考。"

续表

序号	令文出处	《唐律疏议》所标令名	《集文》所标令名	《唐令拾遗》中的位置	备注
20	卷四《名例律》"诸犯罪时虽未老疾"条"疏议"	《狱官令》	《狱官令》	《狱官令》22	本条与《唐律疏议》卷三〇《断狱律》"诸赦前断罪不当"条"疏议"所引令文同，《集文》未录
21	卷四《名例律》"诸以赃入罪"条"疏议"	无	无	《赋役令》13	
22	卷四《名例律》"诸平赃者"条"疏议"	无	无	《关市令》7	
23	卷四《名例律》"诸略、和诱人"条"疏议"	无	无	《公式令》38	
24	卷四《名例律》"诸会赦"条"疏议"	《封爵令》	《封爵令》	《封爵令》2乙	
25	卷四《名例律》"诸会赦"条"疏议"	无	《封爵令》	《户令》14	
26	卷五《名例律》"诸同职犯公坐者"条"疏议"	无	无	《公式令》2	刘版《唐律》多出"须缘门下者，以状牒门下省，准式依令"一句
27	卷五《名例律》"诸共犯罪而有逃亡"条"疏议"	无	无	《赋役令》4参考	
28	卷六《名例律》"诸称'乘舆'"条"疏议"	《公式令》	《公式令》	《公式令》3	《集文》抄出《公式令》三字
29	卷六《名例律》"诸称'日'者"条"疏议"	《户令》	《户令》	《户令》24	
30	卷七《卫禁律》"诸应入宫殿"条"疏议"	无	无	《宫卫令》2	
31	卷七《卫禁律》"诸应出宫殿"条"疏议"	无	无	《宫卫令》2	
32	卷八《卫禁律》"诸关津度人"条"疏议"	无	《关津令》	《关市令》2	
33	卷八《卫禁律》"诸赍禁物私度关者"条"疏议"	《关市令》	《关市令》	《关市令》4	

序号	令文出处	《唐律疏议》所标令名	《集文》所标令名	《唐令拾遗》中的位置	备注
34	卷九《职制律》"诸贡举非其人"条"疏议"	无	无	《选举令》19	刘版《唐律》认为"若别敕令举及国子诸馆年常送省者,为举人。皆取方正清循,名行相副"不是令文
35	卷九《职制律》"诸贡举非其人"条"疏议"	无	《考课令》	《考课令》38	《唐令拾遗》多出"校考之日,负殿皆悉附状"一句
36	卷九《职制律》"诸在官应直不直"条"疏议"	无	无	《公式令》37	
37	卷九《职制律》"诸之官限满不赴"条"疏议"	无	无	《假宁令》14参考	
38	卷九《职制律》"诸之官限满不赴"条"疏议"	无	无	《假宁令》14	
39	卷九《职制律》"诸大祀不预申期"条"疏议"	无	无	《祠令》38	刘版《唐律》多出"散斋之日,斋官昼理事如故,夜宿于家正寝"一句
40	卷九《职制律》"诸大祀不预申期"条"疏议"	《祠令》	《祠令》	《祠令》1	
41	卷九《职制律》"诸监当官司及主食之人"条"疏议"	无	无	《三师三公台省职员》6	
42	卷九《职制律》"诸漏泄大事应密者"条"疏议"	无	无	《杂令》8	
43	卷九《职制律》"诸稽缓制书者"条"疏议"	无	无	《公式令》38	
44	卷一〇《职制律》"诸公文有本案"条"疏议"	无	无	《公式令》11、12参考	《唐令拾遗》多出"代画者,即同增减制书。其有'制可'字,侍中所注,止当代判之罪"一句
45	卷一〇《职制律》"诸驿使稽程者"条"疏议"	无	无	《公式令》21	刘版《唐律》认为"量事缓急,注驿数于符契上"不是唐令
46	卷一〇《职制律》"诸文书应遣驿而不遣"条"疏议"	《公式令》	《公式令》	《公式令》30、32	

续表

序号	令文出处	《唐律疏议》所标令名	《集文》所标令名	《唐令拾遗》中的位置	备注
47	卷一〇《职制律》"诸文书应遣驿而不遣"条"疏议"	《仪制令》	《仪制令》	《仪制令》8	"改元日"在刘版《唐律》中作"赦元日"
48	卷一〇《职制律》"诸增乘驿马"条"疏议"	《公式令》	《公式令》	《公式令》21	刘版《唐律》多出"此外须将典吏者,临时量给"
49	卷一〇《职制律》"诸乘驿马辄枉道"条"疏议"	《厩牧令》	《厩牧令》	《厩牧令》21	
50	卷一〇《职制律》"诸用符节"条"疏议"	无	无	《公式令》24	
51	卷一二《户婚律》"诸养子"条"疏议"	《户令》	《户令》	《户令》14	
52	卷一二《户婚律》"诸立嫡违法"条"疏议"	无	《户令》	《封爵令》2乙	刘版《唐律》认为"无后者,为户绝"不是唐令
53	卷一二《户婚律》"诸养杂户男为子孙"条"疏议"	《户令》	《户令》	《户令》39	
54	卷一二《户婚律》"诸放部曲为良"条"疏议"	《户令》	《户令》	《户令》42	
55	卷一二《户婚律》"诸放部曲为良"条"疏议"	《户令》	《户令》	《户令》43	
56	卷一二《户婚律》"诸相冒合户"条"疏议"	《赋役令》	《赋役令》	《赋役令》20	
57	卷一二《户婚律》"诸同居卑幼"条"疏议"	《户令》	《户令》	《户令》27	
58	卷一三《户婚律》"诸占田过限"条"疏议"	无	《田令》	《田令》12	
59	卷一三《户婚律》"诸妄认公私田"条"疏议"	无	《田令》	《田令》17	"苗子并入地主"在刘版《唐律》中作"苗子及买地之财并入地主";《唐令拾遗》将"财没不追,苗子并入地主"改为"财没不追,地还本主"
60	卷一三《户婚律》"诸部内有旱涝霜雹虫蝗为害"条"疏议"	无	无	《赋役令》11	

序号	令文出处	《唐律疏议》所标令名	《集文》所标令名	《唐令拾遗》中的位置	备注
61	卷一三《户婚律》"诸里正"条"疏议"	《田令》	《田令》	《田令》6乙	刘版《唐律》多出"每亩"
62	卷一三《户婚律》"诸里正"条"疏议"	《田令》	《田令》	《田令》22	
63	卷一三《户婚律》"诸里正"条"疏议"	《田令》	《田令》	《田令》23	
64	卷一三《户婚律》"诸应受复除而不给"条"疏议"	无	无	《赋役令》15	
65	卷一三《户婚律》"诸差科赋役违法及不均平"条"疏议"	无	无	《赋役令》25	
66	卷一三《户婚律》"诸差科赋役违法及不均平"条"疏议"	《赋役令》	《赋役令》	《赋役令》1、4	
67	卷一四《户婚律》"诸妻无七出及义绝之状"条"疏议"	无	无	《户令》35	
68	卷一五《厩库律》"诸牧畜产准所除外"条"疏议"	《厩牧令》	《厩牧令》	《厩牧令》7	"百头论"在刘版《唐律》中作"一百头论"
69	卷一五《厩库律》"诸验畜产不以实"条"疏议"	《厩牧令》	《厩牧令》	《厩牧令》18	
70	卷一五《厩库律》"诸受官羸病畜产"条"疏议"	《厩牧令》	《厩牧令》	《厩牧令》23	
71	卷一五《厩库律》"诸官马乘用不调习"条"疏议"	无	无	《厩牧令》16	"东宫配习驭"在刘版《唐律》中作"东宫配翼驭"
72	卷一五《厩库律》"诸畜产及噬犬有抵踏吃人"条"疏议"	《杂令》	无	《杂令》21	
73	卷一五《厩库律》"诸出纳官物"条"疏议"	无	无	《禄令》2	
74	卷一六《擅兴律》"诸擅发兵"条"疏议"	无	无	《军防令》10	《唐令拾遗》未录"即须言上"一句

续表

序号	令文出处	《唐律疏议》所标令名	《集文》所标令名	《唐令拾遗》中的位置	备注
75	卷一六《擅兴律》"诸应给发兵符而不给"条"疏议"	《公式令》	《公式令》	《公式令》22	
76	卷一六《擅兴律》"诸应给发兵符而不给"条"疏议"	《公式令》	《公式令》	《公式令》25	
77	卷一六《擅兴律》"诸应给发兵符而不给"条"疏议"	《公式令》	《公式令》	《公式令》24	
78	卷一六《擅兴律》"诸应给发兵符而不给"条"疏议"	无	无	《公式令》29	
79	卷一六《擅兴律》"诸征人冒名相代"条"疏议"	《军防令》	《军防令》	《军防令》1	《唐令拾遗》将其出处写作"《唐律·擅兴》'不给发兵符'条"
80	卷一六《擅兴律》"诸镇、戍应遣番代"条"疏议"	《军防令》	《军防令》	《军防令》35	
81	卷一六《擅兴律》"诸镇、戍应遣番代"条"疏议"	《军防令》	《军防令》	《军防令》36	
82	卷一六《擅兴律》"诸私有禁兵器"条"疏议"	《军防令》	《军防令》	《军防令》26	
83	卷一九《贼盗律》"诸盗宫殿门符"条"疏议"	《公式令》	《公式令》	《公式令》23 乙	
84	卷二四《斗讼律》"诸越诉及受者"条"疏议"	《卤簿令》	《卤簿令》	《卤簿令》1 乙	
85	卷二四《诈伪律》"诸伪造皇帝八宝"条"疏议"	《公式令》	《公式令》	《公式令》18 丙	
86	卷二五《诈伪律》"诸伪写宫殿门符"条"疏议"	《公式令》	《公式令》	《公式令》22	刘版《唐律》认为只有"下左符进内，右符付州、府"是《公式令》令文
87	卷二六《杂律》"诸营造舍宅"条"疏议"	《营缮令》	《营缮令》	《营缮令》4	

续表

序号	令文出处	《唐律疏议》所标令名	《集文》所标令名	《唐令拾遗》中的位置	备注
88	卷二六《杂律》"诸营造舍宅"条"疏议"	《仪制令》	《仪制令》	《仪制令》4	
89	卷二六《杂律》"诸营造舍宅"条"疏议"	《衣服令》	《衣服令》	《衣服令》26乙	
90	卷二六《杂律》"诸犯夜"条"疏议"	《宫卫令》	《宫卫令》	《宫卫令》7	
91	卷二六《杂律》"诸从征及从行"条"疏议"	《军防令》	《军防令》	《军防令》22	
92	卷二六《杂律》"诸从征及从行"条"疏议"	《丧葬令》	《丧葬令》	《丧葬令》10乙	
93	卷二六《杂律》"诸应给传送"条"疏议"	《厩牧令》	《厩牧令》	《厩牧令》15	刘版《唐律》认为"三品以下,各有等差"不是《厩牧令》令文
94	卷二六《杂律》"诸不应入驿而入"条"疏议"	《杂令》	《杂令》	《杂令》23	刘版《唐律》及《唐令拾遗》多出"并不得辄受供给"一句
95	卷二六《杂律》"诸校斛斗秤度"条"疏议"	《关市令》	《关市令》	《关市令》9	"州县官校",刘版《唐律》据《唐会要》改为"州县平校"
96	卷二六《杂律》"诸校斛斗秤度"条"疏议"	《杂令》	《杂令》	《杂令》2	
97	卷二六《杂律》"诸私作斛斗秤度不平"条"疏议"	无	无	《关市令》9	
98	卷二七《杂律》"诸不修堤防及修而失时"条"疏议"	《营缮令》	《营缮令》	《营缮令》8	
99	卷二七《杂律》"诸毁人碑碣"条"疏议"	《丧葬令》	《丧葬令》	《丧葬令》20	

序号	令文出处	《唐律疏议》所标令名	《集文》所标令名	《唐令拾遗》中的位置	备注
100	卷二七《杂律》"诸亡失器物"条"疏议"	《公式令》	《公式令》	《公式令》38	刘版《唐律》及《唐令拾遗》未录"其制、敕皆当日行下，若行下处多，事须抄写"一句
101	卷二七《杂律》"诸亡失器物"条"疏议"	《公式令》	《公式令》	《公式令》39	"二百纸以上"在刘版《唐律》中作"二百纸以下"；刘版《唐律》多出"赦书，不得过三日"一句
102	卷二七《杂律》"诸违令"条"疏议"	《仪制令》	《仪制令》	《仪制令》29	"来避去"，刘版《唐律》、《唐令拾遗》作"去避来"
103	卷二八《捕亡律》"诸罪人逃亡"条"疏议"	《捕亡令》	《捕亡令》	《捕亡令》1	
104	卷二九《断狱律》"诸囚应禁而不禁"条"疏议"	《狱官令》	《狱官令》	《狱官令》28	
105	卷二九《断狱律》"诸囚应禁而不禁"条"疏议"	《狱官令》	《狱官令》	《狱官令》30	
106	卷二九《断狱律》"诸囚请给衣食医药而不请给"条"疏议"	《狱官令》	《狱官令》	《狱官令》38、39	
107	卷二九《断狱律》"诸应讯囚"条"疏议"	《狱官令》	《狱官令》	《狱官令》25	
108	卷二九《断狱律》"诸拷囚不得过三度"条"疏议"	《狱官令》	《狱官令》	《狱官令》25	"若拷未毕"在刘版《唐律》中作"若讯未毕"
109	卷二九《断狱律》"诸决罚不如法"条"疏议"	《狱官令》	《狱官令》	《狱官令》41	"股"在刘版《唐律》中均作"腿"
110	卷二九《断狱律》"诸决罚不如法"条"疏议"	无	《狱官令》	《狱官令》41	
111	卷三〇《断狱律》"诸断罪应言上而不言上"条"疏议"	《狱官令》	《狱官令》	《狱官令》2	

续表

序号	令文出处	《唐律疏议》所标令名	《集文》所标令名	《唐令拾遗》中的位置	备注
112	卷三〇《断狱律》"诸徒流应送配所"条"疏议"	《狱官令》	《狱官令》	《狱官令》17	
113	卷三〇《断狱律》"应输备赎没入之物"条"疏议"	《狱官令》	《狱官令》	《狱官令》36	刘版《唐律》多出"若应征官物者,准直:五十匹以上,一百日;三十匹以上,五十日;二十匹以上,三十日;不满二十匹以下,二十日"一句
114	卷三〇《断狱律》"诸立春以后秋分以前决死刑"条"疏议"	《狱官令》	《狱官令》	《狱官令》9乙	
115	卷三〇《断狱律》"诸断罪应绞而斩"条"疏议"	《狱官令》	《狱官令》	《狱官令》8	

以上 115 条令文中,有 66 条在《唐律疏议》中都明确标明了令的篇名,于是《集文》也标出了相应的令名,对于那些《唐律疏议》中没有提及篇名的令文,《集文》基本上也都不提。但《集文》也尝试过在没有提示的情况下,自己推定令文的篇名。如《集文》将第 35 条标为《考课令》,将第 58、59 条标注为《田令》,将第 110 条标注为《狱官令》。这些处理都与后来《唐令拾遗》的做法是一致的。不过有些条目的推定与后来研究者的处理并不相同。如第 5 条,《集文》标为《官品令》,但《唐令拾遗》将其放置在《选举令》中;第 32 条,《集文》标为《关津令》,但《唐令拾遗》将其放置在《关市令》中;第 52 条,《集文》标为《户令》,但《唐令拾遗》将其放置在《封爵令》中。另外有的时候,虽然《唐律疏议》标注了令文名称,但《集文》并未做任何处理,如第 72 条,《唐律疏议》明确注明引自《杂令》,但《集文》没有标注。

　　由以上论述可知，《集文》的作者虽然主要依赖《唐律疏议》中关于唐令的说法，但他还是明确知道唐令包括哪些篇目。① 于是他有意识地将来源不明的令文与唐令的篇目进行比对，将其归入不同的篇目中。这可以说是《集文》辑佚唐令的一种尝试。

　　同时，《集文》对于所录唐令的文字正误也有过研究。如第85条云："神宝，宝而不用；受命宝，封禅则用之；皇帝行宝，报王公以下书则用之；皇帝之宝，慰劳王公以下书则用之；皇帝信宝，征召王公以下书则用之；天子行宝，报番国书则用之；天子之宝，慰劳番国书则用之；天子信宝，征召番国兵马则用之。"首先，松下见林在本条的旁边用小字增加了《唐律疏议》的正文"皇帝有传国神宝、有受命宝、皇帝三宝、天子三宝，是名'八宝'"以及"皆以白玉为之。宝者，印也，印又信也。以其供御，故不与印同名"两句。其次，他还用小字于令文上方作了眉批："受命下恐当有'之'字，俟重考。"其意即指令文中的"受命宝"当作"受命之宝"，以与后面的"皇帝之宝""天子之宝"对应。

　　另，《集文》在摘录唐令时，存在疏漏之处，这表现在两个方面。

　　一是在行文过程中有漏抄文字现象，如第16条云："应侍，户内无期亲年二十一以上、五十九以下者，皆申刑部，具状上请，听敕处分。家有期亲进丁及亲老，更奏；如元奉进止者，不奏。"其中在"听敕处分"与"家有期亲进丁及亲老"之间，还应有"若

---

　　① 此即《唐六典》所说："凡《令》二十有七（分为三十卷）：一曰《官品》（分为上、下），二曰《三师三公台省职员》，三曰《寺监职员》，四曰《卫府职员》，五曰《东宫王府职员》，六曰《州县镇戍岳渎关津职员》，七曰《内外命妇职员》，八曰《祠》，九曰《户》，十曰《选举》，十一曰《考课》，十二曰《宫卫》，十三曰《军防》，十四曰《衣服》，十五曰《仪制》，十六曰《卤簿》（分为上、下），十七曰《公式》（分为上、下），十八曰《田》，十九曰《赋役》，二十曰《仓库》，二十一曰《厩牧》，二十二曰《关市》，二十三曰《医疾》，二十四曰《狱官》，二十五曰《营缮》，二十六曰《丧葬》，二十七曰《杂令》，而大凡一千五百四十有六条焉。"（唐）李林甫等：《唐六典》卷六《尚书刑部》，"刑部郎中员外郎"条，第183—184页。

敕许充侍家"一句。①

二是在大量摘引的同时，漏抄了一批《唐律疏议》所引的唐令，试举几例："依令：'诸司尚书，同长官之例。'"② "依令：'大祀，谓天地、宗庙、神州等为大祀。或车驾自行，或三公行事。斋官皆散斋之日，平明集省，受誓诫。二十日以前，所司预申祠部，祠部颁告诸司。'"③ "依《公式令》：'下制、敕宣行，文字脱误，于事理无改动者，勘检本案，分明可知，即改从正，不须覆奏。其官文书脱误者，咨长官改正。'"④ "准令：'驿马驴一给以后，死即驿长陪填。'"⑤ "依令：'文案不须常留者，每三年一拣除。'"⑥ "令文但云正月、五月、九月断屠。"⑦ 等等。

以上种种，均代表了松下见林辑佚唐令的水平。

二 《集文》与通行本《唐律疏议》的异同

刘俊文指出，《唐律疏议》的版本有三个系统：一是滂熹斋系统，最早可能刻于南宋后期；二是至正本系统；三是文化本系统。第二、三两个系统的共同祖本可能是元泰定本。⑧ 其中，文化本系统主要指在日本流传的文化二年（1805）官版本。那么，《集文》所据的《唐律疏议》是否就是此版本？笔者就《集文》与现通行的刘俊文点校《唐律疏议》进行对比，以明其版本问题，同时对二者之间的文字异同进行考释。

《集文》第 4 条云："都座集议，议定奏裁。"其中"都座"在

---

① 《唐律疏议》卷三《名例律》，"诸犯死罪非十恶"条"疏议"，第 69 页。

② 《唐律疏议》卷一《名例律》，"十恶"条"疏议"，第 15 页。

③ 《唐律疏议》卷九《职制律》，"诸大祀不预申期"条"疏议"，第 187 页。

④ 《唐律疏议》卷一〇《职制律》，"制书官文书误辄改定"条"疏议"，第 200 页。

⑤ 《唐律疏议》卷一五《厩库律》，"诸监临主守"条"疏议"，第 287 页。

⑥ 《唐律疏议》卷一九《贼盗律》，"盗制书官文书"条"疏议"，第 351 页。

⑦ 《唐律疏议》卷三〇《断狱律》，"诸立春以后、秋分以前决死刑"条"疏议"，第 572 页。

⑧ 《唐律疏议》，"点校说明"，第 5—6 页。

刘版《唐律疏议》中作"都堂"。① 校勘记说："文化本'都堂'作'都座'。《唐六典》'刑部郎中员外郎'条亦作'都座'。"② 由此可知，《集文》所据的《唐律疏议》版本应该是文化本。按，自魏晋以来，都座、都堂均为尚书省官署的代称，至隋文帝以后，则一律称为都堂，不再有都座之名。③ 文化本和《唐六典》中的"都座"可能是采用古称的做法。

还有两个例证。《集文》第 12 条云："除名未叙人，免役输庸，并不在杂徭及点防之限。"其中"点防之限"在刘版《唐律疏议》中作"征防之限"，校勘记云："'征防'，至正本、文化本、岱本、《宋刑统》作'点防'。"④ 可见，《集文》依据的应该就是文化本《唐律疏议》。《集文》第 5 条云："养素丘园，征聘不起，子孙得以征官为荫，并同正官。"其中"征聘不起"在刘版《唐律疏议》中作"征聘不赴"，但未出校勘记。⑤ 今查清孙星衍重刊《唐律疏议》亦作"征聘不赴"，与刘版同。其实，"征聘不起"并不是文字讹误，《太平广记》中就有"征聘不起"的说法："晋郭翻，字长翔，武昌人，敬言之弟子也，征聘不起。"⑥ 所以，《集文》此说法并不是空穴来风，很可能是来自文化本。

---

① 《唐律疏议》卷二《名例律》，"诸八议者"条，第 32 页。

② 《唐律疏议》卷二《名例律》，"校勘记"，第 51 页。

③ 如《魏书》卷六二《李彪传》："臣辄集尚书以下、令史以上，并治书侍御史臣郦道元等于尚书都座。"（第 1391 页）《晋书》卷二四《职官志》"左右丞"："八座郎初拜，皆沿汉旧制，并集都座交礼，迁职又解交焉。"（第 731 页）（梁）萧子显《南齐书》卷七《东昏侯》云："召王侯朝贵分置尚书都座及殿省。"（中华书局 1972年版，第 105 页）（唐）姚思廉《陈书》卷二六《徐陵弟孝克传》云："开皇十年，长安疾疫，隋文帝闻其名行，召令于尚书都堂讲《金刚般若经》。"（中华书局 1972 年版，第 338 页）《旧唐书》卷九《玄宗纪下》："［天宝］十二载春正月壬子，杨国忠于尚书省注官，注讫，于都堂对左相与诸司长官唱名。"（第 226 页）

④ 《唐律疏议》卷三《名例律》，"校勘记"，第 77 页。

⑤ 《唐律疏议》卷二《名例律》，"诸以理去官"条"疏议"，第 40 页。

⑥ （宋）李昉等：《太平广记》卷三二一《鬼六·郭翻》，中华书局 1961 年版，第 2542 页。

　　但是，《集文》中也有与以上结论不符的地方。首先，第10条云："三品以上，奏闻听敕。正四品，于从七品叙；从四品，于正八品上叙；正五品，于正八品下叙；从五品，于从八品上叙；六品、七品，于从九品上叙；八品、九品，并于从九品下叙。若有出身品高于此法者，听从高。"其中，"于从七品叙"在刘版《唐律疏议》中作"于从七品下叙"，① 后者文字是正确的。《唐六典》即云："官人犯除名限满应叙者，文、武三品已上奏闻；正四品于从七品下叙，已下递降一等，从五品于从八品上叙；六品、七品，从九品上叙；八品、九品，从九品下叙。若出身品高于此法者，仍从高。"② 可见《集文》漏掉了"下"字，惜笔者未见文化本《唐律疏议》，故不知是《集文》抄录之误还是版本之误。又，"六品、七品，于从九品上叙"在刘版《唐律疏议》中作"六品、七品，并于从九品上叙"，校勘记说："'并'原脱，据文化本补。按：下云'八品、九品，并于从九品下叙'，以此例彼，故据补。"③ 又，仁井田陞《唐令拾遗》云："'并'，《唐六典》《宋刑统》并无。今据官板《唐律疏议》。"④《唐令拾遗》所谓"官板"即文化本，由此可知，《集文》此处所据不是文化本《唐律疏议》。

　　其次，《集文》第96条云："量，以北方秬黍中者，容一千二百为钥，十钥为合。""钥"在刘版《唐律疏议》中作"龠"，校勘记说："'龠'原讹'钥'，据文化本改。"⑤ 可见《集文》此处所据唐律版本并非文化本。

　　综上所述，《集文》所录文字，总体上是严格按照《唐律疏议》抄写的，并没有明显的笔误。至于其所依据的《唐律疏议》版本，则有不同的可能。第4、12条表明其所据为文化本《唐律疏

---

① 《唐律疏议》卷三《名例律》，"诸除名者"条"疏议"，第59页。

② （唐）李林甫等：《唐六典》卷二《尚书吏部》，"吏部郎中员外郎"条，第32页。

③ 《唐律疏议》卷三《名例律》，"校勘记"，第77页。

④ 〔日〕仁井田陞：《唐令拾遗·选举令第十一》，第214页。

⑤ 《唐律疏议》卷二六《杂律》，"校勘记"，第503页。

议》，而第 10、96 条表明其所据为其他版本。故笔者认为，松下见林在集录唐令时，曾参阅了不同版本的《唐律疏议》。

另外，《集文》所录文字中，有几处都与现今通行的刘版《唐律疏议》有出入。这些不同的地方，虽然在意思上与后者并无根本区别，但其表述的方式很可能别有渊源，同时也给我们考察唐令的流变提供了依据。如《集文》第 102 条云："行路，贱避贵，来避去。"其中"来避去"在刘版《唐律疏议》中作"去避来"，校勘记说："'去避来'原误倒作'来避去'，据《宋刑统》乙正。今按《唐六典》'礼部郎中员外郎'条、《大唐开元礼》三均作'去避来'。"① 可见其所据底本即"《四部丛刊》三编所收上海涵芬楼影印滂熹斋藏宋刊本"作"来避去"，与《集文》同。按，校勘记此处所用的方法是"他书校"，换言之，《唐律疏议》各版本均作"来避去"。② 又如前引第 12 条云："除名未叙人，免役输庸，并不在杂徭及点防之限。"其中的"点防"在刘版《唐律疏议》中作"征防"，此为"点防"与"征防"之别。第 16 条云："应侍，户内无期亲年二十一以上、五十九以下者，皆申刑部，具状上请，听敕处分。家有期亲进丁及亲老，更奏；如元奉进止者，不奏。"其中的"亲老"在刘版《唐律疏议》中作"亲终"，此为"亲老"与"亲终"之别。第 109 条云："决笞者，股、臀分受。决杖者，背、股、臀分受。须数等。拷讯者亦同。笞以下，愿背、股分受者，听。"其中的"股"字在刘版《唐律疏议》中均作"腿"，此为笞"股"与笞"腿"之别。更可论者，第 47 条云："皇帝践祚及加元服，皇太后加号，皇后、皇太子立及改元日，刺史若京官五

---

① 《唐律疏议》卷二七《杂律》，"校勘记"，第 524 页。

② （清）储大文等编纂《山西通志》卷五八《古迹二·潞安府·襄垣县》云："义令石，县郝村之北道隘，有义令立石，大书'轻避重，少避老，贱避贵，来避去'四言，今存。"（《景印文渊阁四库全书》第 544 册，第 42 页）可见"来避去"的说法流传甚广。按，来避去之义，类似于今天上下车时"先下后上"的规定，古今应是一理，《唐律疏议》不误。

品以上在外者，并奉表疏贺，州遣使，余附表。"其中的"改元日"，《唐律疏议》各本均作"赦元日"，笔者认为前者应是，如此就能将这条令文解释得更通。可见，《集文》中的文字对考察唐代的相关制度有重要参考价值。

三　《集文》对《唐律疏议》中唐令的取舍

《集文》是依据《唐律疏议》来辑佚唐令的，《唐令拾遗》中的很多令文也来自《唐律疏议》。但有的时候，二者对于《唐律疏议》中令文文字的取舍并不一致。同时，刘俊文在点校《唐律疏议》时，对哪些文字是令文的文字，也有不同的取舍。① 笔者试对这些内容进行论述。

第一类，《集文》所录令文的文字多于他书。

《集文》第 2 条云："职事官五品以上，带勋官三品以上，得亲事、帐内，于所事之主，名为府主。"《唐令拾遗》将其收入《军防令第十六》第 29 条。② 但未采用"于所事之主，名为府主"一句。刘版《唐律疏议》也没采用③。

《集文》第 9 条云："老免、进丁、受田，依百姓例，各于本司上下。"《唐令拾遗》④ 与刘版《唐律疏议》均未取"各于本司上下"。⑤

《集文》第 26 条云："尚书省应奏之事，先门下录事勘，给事中读，黄门侍郎省，侍中审。有乖失者，依法驳正，却牒省司。"刘版《唐律疏议》未标明令文的起始位置，《唐令拾遗》中无"有乖失者，依法驳正，却牒省司"一句。⑥

---

① 主要看其在点校时对令文部分所加的引号在什么位置。
② 〔日〕仁井田陞：《唐令拾遗·军防令第十九》，第 297 页。
③ 《唐律疏议》卷一《名例律》，"十恶"条"疏议"，第 15 页。
④ 〔日〕仁井田陞：《唐令拾遗·田令第二十二》，第 569 页。
⑤ 《唐律疏议》卷三《名例律》，"诸府号官称"条"疏议"，第 57 页。
⑥ 〔日〕仁井田陞：《唐令拾遗·公式令第二十一》，第 480—481 页。

《集文》第 34 条云："诸州岁别贡人。若别敕令举及国子诸馆年常送省者，为举人。皆取方正清循，名行相副。"与《唐令拾遗》同，① 刘版《唐律疏议》未取"若别敕令举及国子诸馆送省者，为举人。皆取方正清循，名行相副"。②

《集文》第 45 条云："给驿者，给铜龙传符；无传符处，为纸券。量事缓急，注驿数于符契上。"《唐令拾遗》同，只是依据《日本养老公式令》第 32 条将"给驿者"改为"给驿马"。③ 刘版《唐律疏议》未取"量事缓急，注驿数于符契上"。④

《集文》第 52 条云："无嫡子及有罪疾，立嫡孙；无嫡孙，以次立嫡子同母弟；无母弟，立庶子；无庶子，立嫡孙同母弟；无母弟，立庶孙。曾、玄以下准此。无后者，为户绝。"《唐令拾遗》同，只是依据《唐六典》将"无后者，为户绝"改为"无后者国除"。⑤ 刘版《唐律疏议》未取"无后者，为户绝"一句。⑥

《集文》第 86 条："下左符进内，右符付州、府等，应有差科征发，皆并敕符与铜鱼同封行下，勘符合，然后承用。"《唐令拾遗》同，⑦ 刘版《唐律疏议》未取"等，应有差科征发，皆并敕符与铜鱼同封行下，勘符合，然后承用"之句。⑧

《集文》第 93 条云："官爵一品，给马八匹；嗣王、郡王及二品以上，给马六匹。三品以下，各有等差。"《唐令拾遗》同，⑨ 刘版《唐律疏议》未取"三品以下，各有等差"。⑩

---

① 〔日〕仁井田陞：《唐令拾遗·选举令第十一》，第 208 页。
② 《唐律疏议》卷九《职制律》，"诸贡举非其人"条"疏议"，第 183 页。
③ 〔日〕仁井田陞：《唐令拾遗·公式令第二十一》，第 509 页。
④ 《唐律疏议》卷一〇《职制律》，"诸驿使稽程者"条"疏议"，第 208 页。
⑤ 〔日〕仁井田陞：《唐令拾遗·封爵令第十二》，第 219—220 页。
⑥ 《唐律疏议》卷一二《户婚律》，"诸立嫡违法"条"疏议"，第 238 页。
⑦ 〔日〕仁井田陞：《唐令拾遗·公式令第二十一》，第 511 页。
⑧ 《唐律疏议》卷二五《诈伪律》，"诸伪写宫殿门符"条"疏议"，第 454 页。
⑨ 〔日〕仁井田陞：《唐令拾遗·厩牧令第二十五》，第 636 页。
⑩ 《唐律疏议》卷二六《杂律》，"诸应给传送"条"疏议"，第 491 页。

　　《集文》第 100 条云："小事五日程，中事十日程，大事二十日程。徒罪以上狱案，辨定后三十日程。其制、敕皆当日行下，若行下处多，事须抄写。"刘版《唐律疏议》①和《唐令拾遗》②均未取"其制、敕皆当日行下，若行下处多，事须抄写"一句。

　　第二类，《集文》所录令文的文字少于他书。

　　《集文》第 35 条云："私坐每一斤为一负，公罪二斤为一负，各十负为一殿。"刘版《唐律疏议》同，③《唐令拾遗》则认为"一殿"之后的"校考之日，负殿皆悉附状"也是唐令的内容。④

　　《集文》第 39 条云："大祀，散斋四日，致斋三日。中祀，散斋三日，致斋二日。小祀，散斋二日，致斋一日。"刘版《唐律疏议》⑤和《唐令拾遗》⑥均认为"致斋一日"之后的"散斋之日，斋官昼理事如故，夜宿于家正寝"亦属令文内容，《集文》未录。

　　《集文》第 44 条云："授五品以上画'可'，六品以下画'闻'。"刘版《唐律疏议》同，⑦《唐令拾遗》将其作为《公式令第二十一》第 11、12 条的参考，并多引出"六品以下画'闻'"之后的"代画者，即同增减制书。其有'制可'字，侍中所注，止当代判之罪"。⑧

　　《集文》第 48 条云："给驿：职事三品以上若王，四匹；四品及国公以上，三匹；五品及爵三品以上，二匹；散官、前官各递减职事官一匹；余官爵及无品人，各一匹。皆数外别给驿子。"刘版《唐律疏议》⑨和

---

① 《唐律疏议》卷二七《杂律》，"诸亡失器物"条"疏议"，第 520 页。
② 〔日〕仁井田陞：《唐令拾遗·公式令第二十一》，第 526—527 页。
③ 《唐律疏议》卷九《职制律》，"诸贡举非其人"条"疏议"，第 184 页。
④ 〔日〕仁井田陞：《唐令拾遗·考课令第十四》，第 255 页。
⑤ 《唐律疏议》卷九《职制律》，"诸大祀不预申期"条"疏议"，第 188 页。
⑥ 〔日〕仁井田陞：《唐令拾遗·祠令第八》，第 114 页。
⑦ 《唐律疏议》卷一〇《职制律》，"诸公文有本案"条"疏议"，第 203 页。
⑧ 〔日〕仁井田陞：《唐令拾遗·公式令第二十一》，第 492—498 页。
⑨ 《唐律疏议》卷一〇《职制律》，"诸增乘驿马"条"疏议"，第 210 页。

《唐令拾遗》① 均在"别给驿子"之后另有"此外须将典吏者，临时量给"一句，《集文》未录。

《集文》第 74 条云："差兵十人以上，并须铜鱼、敕书勘同，始合差发。若急须兵处，准程不得奏闻者，听便差发。"《唐令拾遗》同，② 刘版《唐律疏议》在"听便差发"之后，还有"即须言上"一句，③《集文》未录。

《集文》第 94 条云："私行人，职事五品以上、散官二品以上、爵国公以上，欲投驿止宿者，听之。边远及无村店之处，九品以上、勋官五品以上及爵，遇屯驿止宿，亦听。"刘版《唐律疏议》④ 和《唐令拾遗》⑤ 均在"亦听"之后，多出"并不得辄受供给"一句，《集文》未录。

《集文》第 101 条云："满二百纸以下，限二日程；每二百纸以上，加一日程。所加多者，不得过五日。"刘版《唐律疏议》在"不得过五日"之后，还有"敕书，不得过三日"一句。⑥《唐令拾遗》在"不得过五日"之后，还有"其敕书，计纸虽多，不得过三日"一句，其依据是《唐律疏议》卷九《职制律》"稽缓制书官文书"条。⑦

《集文》第 113 条云："赎死刑，八十日；流，六十日；徒，五十日；杖，四十日；笞，三十日。"刘版《唐律疏议》⑧ 和《唐令拾遗》⑨ 在此之后，还有"若应征官物者，准直：五十匹以上，一百日；三十匹以上，五十日；二十匹以上，三十日；不满二十匹

---

① 〔日〕仁井田陞：《唐令拾遗·公式令第二十一》，第 509 页。
② 〔日〕仁井田陞：《唐令拾遗·军防令第十六》，第 284 页。
③ 《唐律疏议》卷一六《擅兴律》，"诸擅发兵"条"疏议"，第 298 页。
④ 《唐律疏议》卷二六《杂律》，"诸不应入驿而入"条"疏议"，第 492 页。
⑤ 〔日〕仁井田陞：《唐令拾遗·杂令第三十三》，第 636 页。
⑥ 《唐律疏议》卷二七《杂律》，"诸亡失器物"条"疏议"，第 520 页。
⑦ 〔日〕仁井田陞：《唐令拾遗·公式令第二十一》，第 530 页。
⑧ 《唐律疏议》卷三〇《断狱律》，"应输备赎没入之物"条"疏议"，第 570 页。
⑨ 〔日〕仁井田陞：《唐令拾遗·狱官令第三十》，第 721 页。

以下，二十日"一句。

另外，《集文》第 10 条（见本文第二部分）与刘版《唐律疏议》同，但《唐令拾遗》云："据日本《选叙令》'除名应叙'条（第三十七条），《唐律疏议》《宋刑统》中的'出身，谓籍荫及秀才明经之类'，当是令的本注。"① 可见《唐令拾遗》认为本令还有注文。

刘俊文指出，他在点校《唐律疏议》时，利用了很多前人的研究成果，其中就包括日本仁井田陞的《唐令拾遗》。② 那么，他在标点时，凡是在取舍唐令文字方面与《唐令拾遗》有别的地方，应该都有自己的思考在内，没有仅仅沿用成说。笔者眼界和能力有限，对于以上的文字出入之处，尚需要结合每一条令文所涉及的制度进行考订，俟另文再述。

四 《集文》与《通典》中的令、格

在《集文》的最后，作者还从《通典》中辑佚了两条唐令和一条唐格。这两条唐令分别是：

> 大唐令曰："赦日，武库令设金鸡及鼓于宫城门外之右，勒集囚徒于阙前，挝鼓千声讫，宣制放。其赦书颁诸州，用绢写行。"（杜典 百六十九 二十叶）③

天宝六年四月敕，改仪制令，庙社门、宫门每门各二十戟；东宫每门各十八戟；一品门十六戟；嗣王、郡王若上柱国带职事二品、散官光禄大夫以上、镇国大将军以上各同职事品及京兆、河南、太原府大都督、大都护，门十四戟；上柱国带职事三品、上护军带职事二品若中都督、上都护，门十二戟；

---

① 〔日〕仁井田陞：《唐令拾遗·选举令第十一》，第 214 页。
② 《唐律疏议》，"点校说明"，第 8 页。
③ （唐）杜佑：《通典》卷一六九《刑法七》，"赦宥"条，第 4386 页。《集文》最后一句应作"用绢写行下"。

国公及上护军带职事三品若下都督诸州，门各十戟：并官给。（同　二十五　十一叶）①

它们分别被《唐令拾遗》收入《狱官令》第 43 乙条②和《仪制令》第 18 条。③

又，《集文》所录唐格是：

开元格

周朝酷吏来子珣（京兆府万年县）、万国俊（荆州江陵县）、王弘义（冀州）、侯思止（京兆府）、郭霸（舒州同安县）、焦仁亶（蒲州河东县）、张知默（河南府缑氏县）、李敬仁（河南府河南县）、唐奉一（齐州金节县）、来俊臣、周兴、丘神勣、索元礼、曹仁悊、王景昭、裴籍、李秦授、刘光业、王德寿、屈贞筠、鲍思恭、刘景阳、王处贞（以上检州贯未获及）。

右二十三人，残害宗支，毒陷良善，情状尤重，身在者宜长流岭南远处。纵身没，子孙亦不许仕宦。

陈嘉言（河南府河南县）、鱼承晔（京兆府栎阳县）、皇甫文备（河南府缑氏县）、傅游艺。

右四人，残害宗支，毒陷良善，情状稍轻，身在者宜配岭南。纵身没，子孙亦不许近任。

敕依前件

开元十三年三月十二日（同　百七十卷末）④

关于《通典》中的令，不待烦言，《集文》又将《通典》中的一篇格文录出，可见其在搜集唐令时，并没有严格划一的设

---

① （唐）杜佑：《通典》卷二五《职官七》，"卫尉卿"条，第 701 页。
② 〔日〕仁井田陞：《唐令拾遗·狱官令第三十》，第 732 页。
③ 〔日〕仁井田陞：《唐令拾遗·仪制令第十八》，第 427 页。
④ （唐）杜佑：《通典》卷一七〇《刑法八》，"开元格"条，第 4431 页。

计，而是举凡与唐代法令有关的内容即多所注意。《集文》的搜索范围也就因此扩大到《唐律疏议》以外，或许作者还要继续搜求《通典》中的其他令文，但可惜的是，《集文》至此戛然而止。

余 论

以上，笔者对松下见林抄本《唐令（集文）》的相关内容进行了介绍和评述。从中可以看出，虽然《集文》是通过《唐律疏议》进行唐令的搜集的，范围有限，但作者还是尽量按照唐令的篇目进行严格的复原，即便《唐律疏议》没有给出明确的标识，《集文》也都努力搞清楚每一条令文的篇名是什么。这就证明《集文》的目的并不是仅仅抄撮《唐律疏议》，而是进行有目的的唐令辑佚工作。从这个意义上讲，《集文》完全可以说是唐令复原这一学术活动的滥觞。虽然里面存在一些粗陋、错误的地方，但并不影响其学术价值。

《集文》从一个特殊的角度为我们展示了有关唐令的种种问题，尤其是在令文文字取舍方面。它对唐令的理解与后来的《唐令拾遗》以及我们所常用的《唐律疏议》通行本多有不同之处，因而这就给复原唐令的文字提供了另一种依据。但要敲定孰是孰非，就要涉及有唐一代很多方面的制度史，这并不是从一两个角度就能得出定论的。

另外，众所周知，《天圣令》残卷包括从《田令》到《杂令》共十卷（十二篇）的内容，从唐令整个篇目来讲，这仅是三分之一的内容。还有大量的令文篇目需要从传世典籍以及其他出土文献中进行钩稽索隐，而这样的工作量是巨大的。前人已经有《唐令拾遗》《唐令拾遗补》这样的皇皇巨著，但对《天圣令》以外的令文进行不断的研究，应该是唐代法律史研究永远的话题。

附：松下见林《唐令（集文）》

唐令

1. 昊天上帝、五方上帝、皇地祇、神州、宗庙等为大祀。（《祠令》　一　廿五）

2. 职事官五品以上，带勋官三品以上，得亲事、帐内，于所事之主，名为府主。（一　卅）

3. 有执掌者为职事官，无执掌者为散官。（一　卅三）

4. 都座集议，议定奏裁。（二　一）

5. 养素丘园，征聘不起，子孙得以征官为荫，并同正官。（《官品令》　二　九）

6. 萨宝府萨宝、祆正等，皆视流内品。（同　二　十）

7. 内外官敕令摄他司事者，皆为检校。若比司，即为摄判。（二　十三）

8. 转易部曲事人，听量酬衣食之直。（二　廿）

9. 老免、进丁、受田，依百姓例，各于本司上下。（三　三）

10. 三品以上，奏闻听敕。正四品，于从七品叙；从四品，于正八品上叙；正五品，于正八品下叙；从五品，于从八品上叙；六品、七品，于从九品上叙；八品、九品，并于从九品下叙。若有出身品高于此法者，听从高。（《选举令》　三　五）

11. 勋官犯除名，限满应叙者，二品于骁骑尉叙，三品于飞骑尉叙，四品于云骑尉叙，五品以下于武骑尉叙。（《军防令》　三　五）

12. 除名未叙人，免役输庸，并不在杂徭及点防之限。（三　四）

13. 六载仕则役满叙之。虽役满，仍在免官限内者，依免官叙例。（三　十）

14. 流人至配所，六载以后听仕。反逆缘坐流及因反逆免死配流，不在此例。（三　十四）

15. 马，日七十里；驴及步人，五十里；车，三十里。（三　十六）

16. 应侍，户内无期亲年二十一以上、五十九以下者，皆申刑部，具状上请，听敕处分。家有期亲进丁及亲老，更奏；如元奉进止者，不奏。（三　十七）

17. 流人季别一遣。（三　十七）

18. 侍丁免役，唯输调及租。（三　十八）

19. 诸州有阉人，并送官，配内侍省及东宫内坊，名为给使。诸王以下，为散使。（三　廿三）

20. 犯罪逢格改者，若格轻，听从轻。（《狱官令》　四　八）

21. 任官应免课役，皆据蠲符到日为限。（四　十五）

22. 每月，旬别三等估。（四　十五）

23. 公案，小事五日程，中事十日程，大事二十日程。（四　十九）

24. 王、公、侯、伯、子、男，皆子孙承嫡者传袭。无嫡子，立嫡孙；无嫡孙，以次立嫡子同母弟；无母弟，立庶子；无庶子，立嫡孙同母弟；无母弟，立庶孙。曾、玄以下准此。（《封爵令》　四　廿一）

25. 自无子者，听养同宗于昭穆合者。（四　廿一）

26. 尚书省应奏之事，先门下录事勘，给事中读，黄门侍郎省，侍中审。有乖失者，依法驳正，却牒省司。

27. 丁役五十日，当年课、役俱免。（五　廿三）

28. 《公式令》：“三后及皇太子行令。”（《公式令》　六　十五）

29. 疑有奸欺，随状貌定。（《户令》　六　廿五）

30. 非应从正门入者，各从便门著籍。（七　九）

31. 门籍当日即除。（七　十二）

32. 各依先后而度。（八　十　《关津》）

33. 锦、绫、罗、縠、紬、绵、绢、丝、布、牦牛尾、真珠、金、银、铁，并不得度西边、北边诸关及至缘边诸州兴易。（《关市令》　八　十二）

34. 诸州岁别贡人。若别敕令举及国子诸馆年常送省者，为举人。皆取方正清循，名行相副。（九　二）

35. 私坐每一斤为一负，公罪二斤为一负，各十负为一殿。（《考课令》　九　三）

36. 内外官应分番宿直。（九　四）

37. 之官各有装束程限。（九　六）

38. 听待收田讫发遣。（同）

39. 大祀，散斋四日，致斋三日。中祀，散斋三日，致斋二日。小祀，散斋二日，致斋一日。（九　八）

40. 在天称祀，在地为祭，宗庙名享。（《祠令》　九　九）

41. 主食升阶进食。（九　十四）

42. 仰观见风云气色有异，密封奏闻。（九　十五）

43. "官文书"，谓在曹常行，非制、敕、奏抄者。小事五日程，中事十日程，大事二十日程，徒以上狱案辩定须断者三十日程。其通判及勾经三人以下者，给一日程；经四人以上，给二日程；大事各加一日程。若有机速，不在此例。（九　十八）

44. 授五品以上画"可"，六品以下画"闻"。（十　五）

45. 给驿者，给铜龙传符；无传符处，为纸券。量事缓急，注驿数于符契上。（十　十）

46. 在京诸司有事须乘驿，及诸州有急速大事，皆合遣驿。（《公式令》　十　十二）

47. 皇帝践祚及加元服，皇太后加号，皇后、皇太子立及改元日，刺史若京官五品以上在外者，并奉表疏贺，州遣使，余附表。（《仪制令》　十　十二）

48. 给驿：职事三品以上若王，四匹；四品及国公以上，三匹；五品及爵三品以上，二匹；散官、前官各递减职事官一匹；余

官爵及无品人，各一匹。皆数外别给驿子。（十　十三）

49. 乘官畜产，非理致死者，借①偿。（《厩牧令》　十　十四）

50. 用符节，并由门下省。其符，以铜为之，左符进内，右符在外。应执符人，有事行勘，皆奏出左符，以合右符。所在承用事讫，使人将左符还。其使若向他处，五日内无使次者，所在差专使送门下省输纳。其节，大使出即执之，使还，亦即送纳。（十　十六）

51. 无子者，听养同宗于昭穆相当者。（《户令》　十二　七）

52. 无嫡子及有罪疾，立嫡孙；无嫡孙，以次立嫡子同母弟；无母弟，立庶子；无庶子，立嫡孙同母弟；无母弟，立庶孙。曾、玄以下准此。无后者，为户绝。（《户令》　十二　八）

53. 杂户、官户皆当色为婚。（《户令》　十二　九）

54. 放奴婢为良及部曲、客女者，并听之。皆由家长给手书，长子以下连署，仍经本属由②牒除附。（《户令》　十二　十）

55. 自赎免贱，本主不留为部曲者，任其所乐。（《户令》　十二　十一）

56. 文武职事官三品以上若郡王期亲及同居大功亲，五品以上及国公同居期亲，并免课役。（《赋役令》　十二　十二）

57. 应分田宅及财物者，兄弟均分。妻家所得之财，不在分限。兄弟亡者，子承父分。（《户令》　十二　十三）

58. 受田悉足者为宽乡，不足者为狭乡。（《田令》　十三　一）

59. 田无文牒，辄卖买者，财没不追，苗子并入地主。（《田令》　十三　三）

60. 旱涝霜雹虫蝗为害，十分损四以上，免租；损六，免租、调；损七以上，课、役俱免。若桑、麻损尽者，各免调。（十三　四）

61. 户内永业田，课植桑五十根以上，榆、枣各十根以上。土地不宜者，任依乡法。（《田令》　十三　六）

---

① "借" 系 "备" 之误。

② "由" 系 "申" 之误。

62. 应收授之田，每年起十月一日，里正预校勘造簿，县令总集应退应受之人，对共给授。（《田令》　十三　六）

63. 授田：先课役，后不课役；先无，后少；先贫，后富。（《田令》　十三　七）

64. 人居狭乡，乐迁就宽乡，去本居千里外复三年，五百里外复二年，三百里外复一年。（十三　八）

65. 凡差科，先富强，后贫弱；先多丁，后少丁。

66. 每丁，租二石；调缥、绢二丈，绵三两，布输二丈五尺，麻三斤；丁役二十日。（《赋役令》　十三　九）

67. 七出，一无子，二淫泆，三不事舅姑，四口舌，五盗窃，六妒忌，七恶疾。（十四　七）

68. 诸牧杂畜死耗者，每年率百头论，驼除七头，骡除六头，马、牛、驴、羖羊除十，白羊除十五。从外蕃新来者，马、牛、驴、羖羊皆听除二十，第二年除十五；驼除十四，第二年除十；骡除十二，第二年除九；白羊除二十五，第二年除二十；第三年皆与旧同。准① （《厩牧令》　十五　一）

69. 府内官马及传送马驴，每年皆刺史、折冲、果毅等检拣。其有老病不堪乘用者，府内官马更对州官拣定，京兆府管内送尚书省拣，随便货卖。（《厩牧令》　十五　四）

70. 官畜在道，有赢病不堪前进者，留付随近州县养饲疗救，粟草及药官给。而所在官司受之，须养疗依法。（《厩牧令》　十五　五）

71. 殿中省尚乘，每配习驭调马，东宫配习②驭调马，其检行牧马之官，听乘官马，即令调习。（十五　九）

72. 诸杂畜产抵人者，截两角；踢人者，绊足；啮人者，截两耳。（十五　十三）

73. 应给禄者，春秋二时分给。（十五　廿四）

---

① "准"字衍。
② "习"系"翼"之误。

74. 差兵十人以上，并须铜鱼、敕书勘同，始合差发。若急须兵处，准程不得奏闻者，听便差发。（十六　一）

75. 下鱼符，畿内三左一右，畿外五左一右。左者在内，右者付外。行用之日，从第一为首。后更有事须用，以次发之，周而复始。（《公式令》　十六　四）

76. 应给鱼符及传符，皆长官执。长官无，次官执。（《公式令》　十六　四）

77. 封符付使人。若使人更往别处，未即还者，附余使传送。若州内有使次，诸符①总附。五日内无使次，差专使送之。（《公式令》　十六　五）

78. 车驾巡幸，皇太子监国，有兵马受处分者，为木契。若王公以下，在京留守，及诸州有兵马受处分，并行军所及领兵五百人以上、马五百匹以上征讨，亦给木契。（十六　五）

79. 每一旅帅管二队正，每一校尉管二旅帅。（《军防令》　十六　八）

80. 防人番代，皆十月一日交代。（《军防令》　十六　十六）

81. 防人在防，守固之外，唯得修程②军器、城隍、公廨、屋宇。各量防人多少，于当处侧近给空闲地，逐水陆所宜，斟酌营种，并杂蔬菜，以充粮贮及充防人等食。（《军防令》　十六　十七）

82. 阑得甲仗，皆即输官。（《军防令》　十六　廿一）

83. 下诸方传符，两京及北都留守为麟符，东方青龙，西方白虎，南方朱雀，北方玄武。两京留守二十，左十九，右一；余皆四，左三，右一。左者进内，右者付外州、府、监应执符人。其两京及北都留守符，并进内。须遣使向四方，皆给所诣处左符，书于骨帖上，内着符，裹用泥封，以门下省印印之。所至之处，以右符勘合，然后承用。（《公式令》　十九　五）

---

① "符"系"府"之误。

② "程"系"理"之误。

84. 驾行，导驾者：万年县令引，次京兆尹，总有六引。注云："驾从余州、县出者，所在刺史、县令导驾。"（《卤簿令》　廿四　十六）

85. 皇帝有传国神宝、有受命宝、皇帝三宝、天子三宝，是名"八宝"。

神宝，宝而不用；受命宝，封禅则用之；皇帝行宝，报王公以下书则用之；皇帝之宝，慰劳王公以下书则用之；皇帝信宝，征召王公以下书则用之；天子行宝，报番国书则用之；天子之宝，慰劳番国书则用之；天子信宝，征召番国兵马则用之。（《公式令》　廿五　一）（皆以白玉为之。宝者，印也，印又信也。以其供御，故不与印同名。）

86. 下左符进内，右符付州、府等，应有差科征发，皆并敕符与铜鱼同封行下，勘符合，然后承用。（《公式令》　廿五　三）

87. 王公已下，凡有舍屋，不得施重拱、藻井。（《营缮令》　廿六　十）

88. 一品青油缥，通幰，虚偃。（《仪制令》　廿六　十）

89. 一品衮冕，二品鷩冕。（《衣服令》　廿六　十）

90. 五更三筹，顺天门击鼓，听人行。昼漏尽，顺天门击鼓四百槌讫，闭门。后更击六百槌，坊门皆闭，禁人行。（《宫卫令》　廿六　十二）

91. 征行卫士以上，身死行军，具录随身资财及尸，付本府人将还。无本府人者，付随近州县递送。（《军防令》　廿六　十三）

92. 使人所在身丧，皆给殡殓调度，递送至家。（《丧葬令》　廿六　十三）

93. 官爵一品，给马八匹；嗣王、郡王及二品以上，给马六匹。三品以下，各有等差。（《厩牧令》　廿六　十四）

94. 私行人，职事五品以上、散官二品以上、爵国公以上，欲投驿止宿者，听之。边远及无村店之处，九品以上、勋官五品以上及爵，遇屯驿止宿，亦听。（《杂令》　廿六　十五）

95. 每年八月，诣太府寺平校，不在京者，诣所在州县官校，并印署，然后听用。(《关市令》　廿六　二十)

96. 量，以北方秬黍中者，容一千二百为钥，十钥为合，十合为升，十斤①为斗，三斗为大斗一斗，十斗为斛。秤权衡，以秬黍中者，百黍之重为铢，二十四铢为两，三两为大两一两，十六两为斤。度，以秬黍中者，一黍之广为分，十分为寸，十寸为尺，一尺二寸为大尺一尺，十尺为丈。(《杂令》　廿六　二十)

97. 斛斗秤度等，所司每年量校，印署充用。(廿六　廿二)

98. 近河及大水有堤防之处，刺史、县令以时检校。若须修理，每秋收讫，量功多少，差人夫修理。若暴水泛溢，损坏堤防，交为人患者，先即修营，不拘时限。(《营缮令》　廿七　一)

99. 五品以上听立碑，七品以上立碣。茔域之内，亦有石兽。(《丧葬令》　廿七　十六)

100. 小事五日程，中事十日程，大事二十日程。徒罪以上狱案，辨定后三十日程。其制、敕皆当日行下，若行下处多，事须抄写。(《公式令》　廿七　十九)

101. 满二百纸以下，限二日程；每二百纸以上，加一日程。所加多者，不得过五日。(《公式令》　廿七　十九)

102. 行路，贱避贵，来避去。(《仪制令》　廿七　廿一)

103. 囚及征人、防人、流人、移乡人逃亡，及欲入寇贼，若有贼盗及被伤杀，并须追捕。(《捕亡令》　廿八　一)

104. 禁囚：死罪枷、杻，妇人及流以下去杻，其杖罪散禁。(《狱官令》　廿九　一)

105. 应议、请、减者，犯流以上，若除、免、官当，并锁禁。(《狱官令》　廿九　一)

106. 囚去家悬远绝饷者，官给衣粮，家人至日，依数征纳。囚有疾病，主司陈牒，请给医药救疗。(《狱官令》　廿九　六)

---

① "斤"系"升"之误。

107. 察狱之官，先备五听，又验诸证信，事状疑以①，犹不首实者，然后拷掠。（《狱官令》　廿九　九）

108. 拷囚，每讯相去二十日。若拷未毕，更移他司，仍须拷鞫，即通计前讯以充三度。（《狱官令》　廿九　十）

109. 决笞者，股、臀分受。决杖者，背、股、臀分受。须数等。拷讯者亦同。笞以下，愿背、股分受者，听。（《狱官令》　廿九　十五）

110. 杖皆削去节目，长三尺五寸。讯囚杖，大头径三分二厘，小头二分二厘。常行杖，大头二分七厘，小头一分七厘。笞杖，大头二分，小头一分五厘。（同）

111. 杖罪以下，县决之。徒以上，县断定，送州覆审讫，徒罪及流应决杖、笞若应赎者，即决配征赎。其大理寺及京兆、河南府断徒及官人罪，并后有雪减，并申省，省司覆审无失，速即下知；如有不当者，随事驳正。若大理寺及诸州断流以上，若除、免、官当者，皆连写案状申省，大理寺及京兆、河南府即封案送。若驾行幸，即准诸州例，案覆理尽申奏。（《狱官令》　三十　三）

112. 犯徒应配居作，在京送将作监，在外州者共②当处官役。（《狱官令》　卅　十二）

113. 赎死刑，八十日；流，六十日；徒，五十日；杖，四十日；笞，三十日。（《狱官令》　同）

114. 从立春至秋分，不得奏决死刑。（《狱官令》　卅　十四）

115. 五品以上，犯非恶逆以上，听自尽于家。若应自③。

---

① "以"系"似"之误。

② "共"系"供"之误。

③ 此三字衍。

参考文献

一　古代典籍（中日）

（汉）司马迁：《史记》，中华书局 1959 年版。

（汉）班固：《汉书》，中华书局 1962 年版。

（晋）陈寿撰，（南朝宋）裴松之注：《三国志》，中华书局 1959 年版。

（南朝宋）范晔撰，（唐）李贤等注：《后汉书》，中华书局 1965 年版。

（梁）沈约：《宋书》，中华书局 1974 年版。

（北齐）魏收：《魏书》，中华书局 1974 年版。

（唐）房玄龄等：《晋书》，中华书局 1974 年版。

（唐）魏征、令狐德棻：《隋书》，中华书局 1973 年版。

（唐）长孙无忌等：《唐律疏议》，刘俊文点校，中华书局 1983 年版。

（唐）长孙无忌等：《唐律疏议笺解》，刘俊文笺解，中华书局 1996 年版。

（唐）李林甫等：《唐六典》，陈仲夫点校，中华书局 1992 年版。

（唐）李林甫等：《大唐六典》，〔日〕广池千九郎训点，东京：広池学園出版部 1989 年版。

（唐）杜佑：《通典》，中华书局 1988 年版。

（唐）张鷟：《朝野佥载》，中华书局 1979 年版。

（唐）刘肃：《大唐新语》，中华书局 1984 年版。

（唐）杜甫撰，（清）仇兆鳌注：《杜诗详注》，中华书局 1979 年版。

（唐）杜甫：《杜工部集》，辽宁教育出版社 1997 年版。

（唐）岑参：《岑参集校注》，陈铁民、侯忠义校注，上海古籍出版社 1981 年版。

（唐）陆贽：《陆贽集》，王素点校，中华书局 2006 年版。

（唐）韩愈：《韩昌黎文集校注》，马伯通校注，古典文学出版社 1957 年版。

（唐）柳宗元：《柳宗元集》，中华书局 1979 年版。

（唐）白居易：《白居易集》，顾学颉点校，中华书局 1979 年版。

（唐）元稹：《元稹集》，中华书局 1982 年版。

（唐）李商隐：《李商隐文编年校注》，刘学锴、余恕诚校注，中华书局 2002 年版。

（唐）李商隐：《李商隐诗歌集解》，刘学锴、余恕诚集解，中华书局 2004 年版。

（唐）杜牧：《樊川文集》，陈允吉点校，上海古籍出版社 1978 年版。

（唐）李肇：《唐国史补》，上海古籍出版社 1979 年版。

（唐）李石等：《司牧安骥集》，谢成侠校勘，中华书局 1957 年版。

（唐）释道世：《法苑珠林校注》，周叔迦、苏晋仁校注，中华书局 2003 年版。

（后晋）刘昫等：《旧唐书》，中华书局 1975 年版。

（宋）窦仪等：《宋刑统》，薛梅卿点校，法律出版社 1999

年版。

（宋）欧阳修、宋祁：《新唐书》，中华书局 1975 年版。

（宋）司马光编：《资治通鉴》，中华书局 1956 年版。

（宋）李昉等：《太平御览》，上海古籍出版社 2008 年版。

（宋）王钦若等编纂：《册府元龟》，周勋初等校订，凤凰出版社 2006 年版。

（宋）李昉等：《太平广记》，中华书局 1961 年版。

（宋）王溥：《唐会要》，上海古籍出版社 2006 年版。

（宋）曾巩：《曾巩集》，陈杏珍、晁继周点校，中华书局 1984 年版。

（宋）孙逢吉：《职官分纪》，《景印文渊阁四库全书》第 923 册，台北：台湾商务印书馆 1983 年版。

（宋）李焘：《续资治通鉴长编》，中华书局 1980 年版。

（宋）王应麟：《玉海》，江苏古籍出版社、上海书店 1987 年版。

（宋）费衮：《梁溪漫志》，三秦出版社 2012 年版。

（元）脱脱等：《宋史》，中华书局 1977 年版。

（元）马端临：《文献通考》，上海师范大学古籍研究所、华东师范大学古籍研究所点校，中华书局 2011 年版。

（明）徐春甫：《古今医统大全》，人民卫生出版社 1991 年版。

（清）董诰等编：《全唐文》，中华书局 1983 年版。

（清）彭定求等编：《全唐诗》，中华书局 1960 年版。

（清）徐松辑：《宋会要辑稿》，中华书局 1957 年版。

（清）徐松：《增订唐两京城坊考（修订版）》，李健超增订，三秦出版社 2006 年版。

新訂增補國史大系（普及版）『延喜式』吉川弘文館、1979 年。

新訂增補國史大系（普及版）『令集解』吉川弘文館、1981 年。

二 资料汇编

国家文物局古文献研究室、新疆维吾尔自治区博物馆、武汉大学历史系编：《吐鲁番出土文书》第一至十册，文物出版社1981—1991年版。

唐耕耦、陆宏基：《敦煌社会经济文献真迹释录》第一至五辑，全国图书馆文献缩微复制中心1986—1990年版。

睡虎地秦墓竹简整理小组编：《睡虎地秦墓竹简》，文物出版社1990年版。

周绍良、赵超主编：《唐代墓志汇编》，上海古籍出版社1992年版。

周绍良、赵超主编：《唐代墓志汇编续集》，上海古籍出版社2001年版。

张家山二四七号汉墓竹简整理小组：《张家山汉墓竹简（二四七号墓）》，文物出版社2001年版。

天一阁博物馆、中国社会科学院历史研究所天圣令课题组校证：《天一阁藏明钞本天圣令校证（附唐令复原研究）》，中华书局2006年版。

日本（财）武田科学振兴财团（大阪）·馆长吉川忠夫编『杏雨书屋藏敦煌秘笈影片册一』はまや印刷株式会社、2009年。

三 现当代论著（中文部分）

（一）专著

白寿彝：《中国交通史》，上海书店1984年版。

曹家齐：《宋代交通管理制度研究》，河南大学出版社2002年版。

曹家齐：《宋代的交通与政治》，中华书局2017年版。

〔日〕池田温：《中国古代籍帐研究》，龚泽铣译，中华书局2007年版。

陈国灿：《斯坦因所获吐鲁番文书研究》，武汉大学出版社1995年版。

陈寅恪：《隋唐制度渊源略论稿》，三联书店2001年版。

程树德：《九朝律考》，中华书局2006年版。

戴建国：《唐宋变革时期的法律与社会》，上海古籍出版社2010年版。

戴建国：《宋代法制研究丛稿》，中西书局2019年版。

邓小南：《朗润学史丛稿》，中华书局2010年版。

高明士：《律令法与天下法》，上海古籍出版社2013年版。

古怡青：《唐朝皇帝入蜀事件研究——兼论蜀道交通》，台北：五南图书出版有限公司2019年版。

郭绍林：《隋唐军事》，中国文史出版社2005年版。

郭绍林：《洛阳隋唐五代史》，社会科学文献出版社2019年版。

胡戟、张弓、李斌城、葛承雍主编：《二十世纪唐研究》，中国社会科学出版社2002年版。

黄正建：《唐代衣食住行研究》，首都师范大学出版社1998年版。

黄正建主编：《〈天圣令〉与唐宋制度研究》，中国社会科学出版社2011年版。

黄正建：《走进日常——唐代社会生活考论》，中西书局2016年版。

黄正建：《唐代法典、司法与〈天圣令〉诸问题研究》，中国社会科学出版社2018年版。

〔日〕堀毅：《秦汉法制史论考》，法律出版社1988年版。

况腊生：《唐代军事交通法律制度研究——以驿站为例》，解放军出版社2010年版。

李德辉：《唐宋馆驿与文学资料汇编》，凤凰出版社2014年版。

李德辉：《唐宋馆驿与文学》，中西书局 2019 年版。

李季平：《唐代奴婢制度》，上海人民出版社 1986 年版。

李锦绣：《唐代制度史略论稿》，中国政法大学出版社 1998 年版。

李锦绣：《敦煌吐鲁番文书与唐史研究》，福建人民出版社 2006 年版。

李锦绣：《唐代财政史稿》，社会科学文献出版社 2007 年版。

刘广生、赵梅庄主编：《中国古代邮驿史（修订版）》，人民邮电出版社 1999 年版。

刘进宝：《唐宋之际归义军经济史研究》，中国社会科学出版社 2007 年版。

楼劲：《魏晋南北朝隋唐立法与法律体系——敕例、法典与唐法系源流》，中国社会科学出版社 2014 年版。

楼祖诒：《中国邮驿发达史》，台北：天一出版社 1975 年版。

卢向前：《唐代政治经济史综论——甘露之变研究及其他》，商务印书馆 2012 年版。

吕思勉：《隋唐五代史》，上海古籍出版社 2005 年版。

马俊民、王世平：《唐代马政》，西北大学出版社 1995 年版。

孟彦弘：《出土文献与汉唐典制研究》，北京大学出版社 2015 年版。

宁志新：《隋唐使职制度研究（农牧工商编）》，中华书局 2005 年版。

乜小红：《唐五代畜牧经济研究》，中华书局 2006 年版。

〔日〕仁井田陞：《唐令拾遗》，栗劲等译，长春出版社 1989 年版。

沈家本：《历代刑法考》，中华书局 1985 年版。

唐长孺：《唐书兵志笺正（外二种）》，中华书局 2011 年版。

陶希圣主编：《唐代之交通》，台北：食货出版有限公司 1982 年版。

汪篯：《汪篯隋唐史论稿》，中国社会科学出版社 1981 年版。

王开主编：《陕西古代道路交通史》，人民交通出版社 1989 年版。

王仁兴：《中国旅馆史话》，中国旅游出版社 1984 年版。

王永兴编著：《隋唐五代经济史料汇编校注》第一编，中华书局 1987 年版。

王毓瑚编著：《中国畜牧史资料》，科学出版社 1958 年版。

王曾瑜：《宋朝阶级结构》，河北教育出版社 1996 年版。

吴淑玲：《唐代驿传与唐诗发展之关系》，人民出版社 2015 年版。

吴廷燮：《唐方镇年表》，中华书局 1980 年版。

夏锦文、李玉生主编：《唐典研究——钱大群教授唐律与〈唐六典〉研究观点与评论》，北京大学出版社 2015 年版。

谢元鲁：《唐代中央政权决策研究（增订本）》，北京师范大学出版社 2020 年版。

严耕望：《唐代交通图考》一至六卷，上海古籍出版社 2007 年版。

严耕望：《治史三书》，上海人民出版社 2011 年版。

杨一凡、朱腾主编：《历代令考》，社会科学文献出版社 2017 年版。

张达志：《唐代后期藩镇与州之关系研究》，中国社会科学出版社 2011 年版。

张国刚：《隋唐五代史研究概要》，天津教育出版社 1996 年版。

张鹏一：《晋令辑存》，三秦出版社 1989 年版。

张显运：《宋代畜牧业研究》，中国文史出版社 2009 年版。

张泽咸：《唐五代赋役史草》，中华书局 1986 年版。

张泽咸：《唐代阶级结构研究》，中州古籍出版社 1996 年版。

张仲葛、朱先煌主编：《中国畜牧史料集》，科学出版社 1986

年版。

章太炎：《章太炎全集》，上海人民出版社 1984 年版。

赵晶：《〈天圣令〉与唐宋法制考论》，上海古籍出版社 2014 年版。

赵晶：《三尺春秋——法史述绎集》，中国政法大学出版社 2019 年版。

赵效宣：《宋代驿站制度》，台北：联经出版事业公司 1983 年版。

（二）论文

曹尔琴：《中国古都与邮驿》，《中国历史地理论丛》1994 年第 2 期。

曹旅宁：《秦律〈厩苑律〉考》，《中国经济史研究》2003 年第 3 期。

陈国灿：《唐西州蒲昌府防区内的镇戍与馆驿》，载《魏晋南北朝隋唐史资料》第十七辑，武汉大学出版社 2000 年版。

陈国灿：《唐代行兵中的十驮马制度——对吐鲁番所出十驮马文书的探讨》，载《魏晋南北朝隋唐史资料》第二十辑，2003 年版。

陈国灿：《读〈杏雨书屋藏敦煌秘笈〉札记》，《史学史研究》2013 年第 1 期。

陈沅远：《唐代驿制考》，《史学年报》第 1 卷第 5 期，1933 年。

〔日〕大庭修：《吐鲁番出土的北馆文书——中国驿传制度史上的一份资料》，载中国敦煌吐鲁番学会主编《敦煌学译文集——敦煌吐鲁番出土社会经济文书研究》，姜镇庆、那向芹译，甘肃人民出版社 1985 年版。

〔日〕大庭修、松浦章：《在日本研究日中关系史的现状——以明治前为中心》，叶昌纲译，《山西大学学报》（哲学社会科学版）1982 年第 2 期。

戴建国：《天一阁藏明抄本〈官品令〉考》，《历史研究》1999 年第 3 期。

戴建国：《现存〈天圣令〉文本来源考》，载包伟民、刘后滨主编《唐宋历史评论》第六辑，社会科学文献出版社 2019 年版。

董军让：《唐代闲厩考》，《文博》2006 年第 2 期。

高明士等：《评〈天一阁藏明钞本天圣令校证附唐令复原研究〉》，载荣新江主编《唐研究》第十四卷，北京大学出版社 2008 年版。

〔日〕古濑奈津子：《从官员出身法看日唐官僚制的特质》，载高明士主编《唐代身分法制研究——以唐律名例律为中心》，台北：五南图书出版有限公司 2003 年版。

胡宝华：《试论唐代循资制度》，载史念海主编《唐史论丛》第四辑，三秦出版社 1988 年版。

黄正建：《天一阁藏〈天圣令〉的发现与整理研究》，载荣新江主编《唐研究》第十二卷，北京大学出版社 2006 年版。

黄正建：《唐代的"起家"与"释褐"》，《中国史研究》2015 年第 1 期。

〔日〕榎本淳一：《〈新唐书·百官志〉中的官贱民记载》，载戴建国主编《唐宋法律史论集》，上海辞书出版社 2007 年版。

况腊生：《论唐代驿站的军事化管理体制》，《军事历史研究》2010 年第 1 期。

赖亮郡：《栈法与宋〈天圣令·厩牧令〉"三栈羊"考释》，《中国法制史研究》第 15 期，2009 年。

雷绍锋：《论曹氏归义军时期官府之"牧子"》，《敦煌学辑刊》1996 年第 1 期。

李锦绣：《唐赋役令复原研究》，载天一阁博物馆、中国社会科学院历史研究所天圣令整理课题组校证《天一阁藏明钞本天圣令校证》下册，中华书局 2006 年版。

李锦绣：《"以数纪为名"与"以土地为名"——唐代前期诸牧监名号考》，载中国社会科学院历史所隋唐宋辽金元史研究室编《隋唐辽宋金元史论丛》第一辑，紫禁城出版社 2011 年版。

李然：《唐代官员使用馆驿的管理制度》，《边疆经济与文化》2004 年第 8 期。

李师孟：《唐代拜官申谢研究》，硕士学位论文，北京师范大学，2018 年。

李天石：《唐代的官奴婢制度及其变化》，《兰州学刊》1988 年第 3 期。

李永：《由 P. 3547 号敦煌文书看唐中后期的贺正使》，《史学月刊》2012 年第 4 期。

连雯：《唐代关中泾渭流域马政之研究》，《南通大学学报》（社会科学版）2007 年第 3 期。

廖靖靖：《唐代文献中的"出身法"》，《兰台世界》2016 年第 15 期。

〔日〕林美希：《唐前半期的厩马与马印——马匹的中央上纳系统》，齐会君译，载杜文玉主编《唐史论丛》第二十四辑，三秦出版社 2017 年版。

刘后滨、荣新江：《卷首语》，载荣新江主编《唐研究》第十四卷，北京大学出版社 2008 年版。

刘辉：《西汉传驿马匹之来源考述》，《乐山师范学院学报》2011 年第 2 期。

楼劲：《唐代的尚书省——寺监体制及其行政机制》，《兰州大学学报》（社会科学版）1988 年第 2 期。

卢超平：《日唐律令条文中的驿传马制度比较》，《首都师范大学学报》（社会科学版）2011 年第 S1 期。

卢向前、熊伟：《〈天圣令〉所附〈唐令〉为建中令辨》，载北京大学国学研究院中国传统文化研究中心主编《国学研究》第二十二卷，北京大学出版社 2008 年版。

鲁才全：《唐代前期西州宁戎驿及其有关问题——吐鲁番所出馆驿文书研究之一》，载唐长孺主编《敦煌吐鲁番文书初探》，武汉大学出版社 1983 年版。

鲁才全：《唐代的"驿家"和"馆家"试释》，载《魏晋南北朝隋唐史资料》第六辑，1984 年版。

鲁才全：《唐代前期西州的驿马驿田驿墙诸问题——吐鲁番所出馆驿文书研究之二》，载唐长孺主编《敦煌吐鲁番文书初探二编》，武汉大学出版社 1990 年版。

陆离：《吐蕃统治敦煌时期的官府牧人》，《西藏研究》2006 年第 4 期。

陆离：《吐蕃传驿制度新探》，《中国藏学》2009 年第 1 期。

罗丰：《规矩或率意而为？——唐帝国的马印》，载荣新江主编《唐研究》第十六卷，北京大学出版社 2010 年版。

马俊民：《论唐代马政与边防的关系》，《天津师大学报》1983 年第 4 期。

马俊民：《唐代民间养马盛衰考——〈资治通鉴〉辨误》，《天津师大学报》1985 年第 5 期。

孟宪实：《唐代府兵"番上"新解》，《历史研究》2007 年第 2 期。

孟宪实：《论现存〈天圣令〉非颁行文本》，《陕西师范大学学报》（哲学社会科学版）2017 年第 5 期。

宁欣：《唐代门荫制与选官》，《中国史研究》1993 年第 3 期。

乜小红：《唐代官营畜牧业中的监牧制度》，《中国经济史研究》2005 年第 4 期。

牛来颖：《大谷马政文书与〈厩牧令〉研究——以进马文书为切入点》，载中国社会科学院历史所魏晋南北朝隋唐史研究室、宋辽金元史研究室编《隋唐辽宋金元史论丛》第六辑，上海古籍出版社 2016 年版。

牛来颖、服部一隆：《中日学者〈天圣令〉研究论著目录》，载中国社会科学院历史所魏晋南北朝隋唐史研究室、宋辽金元史研究室编《隋唐辽宋金元史论丛》第八辑，上海古籍出版社 2018 年版。

瞿亮：《日本近世的修史与史学》，博士学位论文，南开大学，2012 年。

宋常廉：《唐代的马政》《宋代的马政》，载《大陆杂志史学丛书》第二辑第二册《唐宋（附五代史）研究论集》，台北：大陆杂志社 1967 年版。

宋家钰：《明抄本天圣〈田令〉及后附开元〈田令〉的校录与复原》，《中国史研究》2006 年第 3 期。

宋家钰：《唐开元厩牧令的复原研究》，载天一阁博物馆、中国社会科学院历史研究所天圣令整理课题组校证《天一阁藏明钞本天圣令校证》下册，中华书局 2006 年版。

宋家钰：《唐〈厩牧令〉驿传条文的复原及与日本〈令〉、〈式〉的比较》，载刘后滨、荣新江主编《唐研究》第十四卷，北京大学出版社 2008 年版。

宋娟：《唐代马政若干问题研究》，硕士学位论文，河北师范大学，2008 年。

孙晓林：《试探唐代前期西州长行坊制度》，载唐长孺主编《敦煌吐鲁番文书初探二编》，武汉大学出版社 1990 年版。

孙晓林：《关于唐前期西州设"馆"的考察》，《魏晋南北朝隋唐史资料》第十一辑，武汉大学出版社 1991 年版。

田振洪：《唐代法律有关侵害官畜的赔偿规定》，《农业考古》2010 年第 1 期。

王炳文：《唐代牧监使职形成考》，《中国史研究》2015 年第 2 期。

王炳文：《书写马史与建构神话——唐马政起源传说的史实考辨》，《史林》2015 年第 2 期。

王炳文：《盛世马政——〈大唐开元十三年陇右监牧颂德碑〉的政治史解读》，载中国中古史集刊编委会编《中国中古史集刊》第四辑，商务印书馆 2017 年版。

王洪军：《唐代水利管理及其前后期兴修重心的转移》，《齐鲁学刊》1999 年第 4 期。

王宏治：《关于唐初馆驿制度的几个问题》，载北京大学中国中古史研究中心编《敦煌吐鲁番文献研究论集》第三辑，北京大学出版社 1986 年版。

王冀青：《唐交通通讯用马的管理》，《敦煌学辑刊》1985 年第 2 期。

王冀青：《唐前期西北地区用于交通的驿马、传马和长行马——敦煌、吐鲁番发现的馆驿文书考察之二》，《敦煌学辑刊》1986 年第 2 期。

王世平：《跋郊昂〈歧邠泾宁四州八马坊碑颂〉》，载《魏晋南北朝隋唐史资料》第四辑，1982 年版。

吴丽娱、张小舟：《唐代车坊的研究》，载北京大学中国中古史研究中心编《敦煌吐鲁番文献研究论集》第三辑，北京大学出版社 1986 年版。

肖鸿燚：《唐宋时期旅馆业研究》，硕士学位论文，河南大学，2006 年。

徐畅：《唐代京畿乡村小农家庭经济生活考索》，《中华文史论丛》2016 年第 1 期。

薛瑞泽：《唐宋时期沙苑地区的畜牧业》，《渭南师范学院学报》2006 年第 6 期。

尹伟先：《隋唐时期西北地区畜牧业研究》，《西北民族大学学报》（哲学社会科学版）2009 年第 3 期。

于赓哲：《从朝集使到进奏院》，《上海师范大学学报》（哲学社会科学版）2002 年第 5 期。

郁晓刚：《唐代馆驿使考略》，《兰台世界》2012 年第 33 期。

张广达：《吐蕃飞鸟使与吐蕃驿传制度——兼论敦煌行人部落》，载北京大学中古史研究中心编《敦煌吐鲁番文献研究论集》，中华书局 1982 年版。

张剑光：《唐朝的官兽医》，《农业考古》1990 年第 2 期。

张苏、李三谋：《汉唐之间曲折行进的河套畜牧业》，《中国农史》2009 年第 3 期。

张显运：《试论北宋时期西北地区的畜牧业》，《中国社会经济史研究》2009 年第 1 期。

张荫麟：《评近人对于中国古史之讨论（古史决疑录之一）》，《学衡》第 40 期，1925 年。

赵晶：《近代以来日本中国法制史研究的源流——以东京大学与京都大学为视点》，《比较法研究》2012 年第 2 期。

赵晶：《从"违令罪"看唐代律令关系》，《政法论坛》2016 年第 4 期。

赵晶：《论唐〈厩牧令〉有关死畜的处理之法——以长行马文书为证》，《敦煌学辑刊》2018 年第 1 期。

郑炳林：《唐五代敦煌畜牧区域研究》，《敦煌学辑刊》1996 年第 2 期。

朱雷：《敦煌石室所出〈唐某市时价簿口马行时沽〉书后》，载《魏晋南北朝隋唐史资料》第二辑，1980 年版。

朱雷：《北凉的按赀"配生马"制度》，载《魏晋南北朝隋唐史资料》第三辑，1981 年版。

朱雷：《敦煌所出〈唐沙州某市时价簿口马行时沽〉考》，载唐长孺主编《敦煌吐鲁番文书初探》，武汉大学出版社 1983 年版。

朱利民、张宪民：《唐代马政》，《唐都学刊》，1994 年版。

邹莹：《中国古代邮驿制度与传播》，《咸宁师院学报》，2003 年版。

中国社会科学院历史研究所《天圣令》读书班：《〈天圣令·厩牧令〉译注稿》，载徐世虹主编《中国古代法律文献研究》第八辑，社会科学文献出版社 2014 年版。

四　现当代论著（日文部分）

（一）专著

坂本太郎『上代驛制の研究』至文堂、1928 年。

青山定雄『唐宋時代の交通と地誌地圖の研究』吉川弘文館
1963 年。

仁井田陞『唐令拾遺』東京大学出版会、1964 年复刻版。

岩橋小彌太『上代食貨制度の研究』第一集、吉川弘文館、
1968 年。

坂本太郎『日本古代史基礎的研究』東京大学出版会、
1968 年。

岩橋小彌太『上代食貨制度の研究』第二集、吉川弘文館、
1969 年。

永原慶二・山口啓二主編『講座・日本技術の社會史』第八
巻「交通・運輸」日本評論社、1985 年。

仁井田陞著・池田温編集代表『唐令拾遺補』東京大学出版
会、1997 年。

奈良文化財研究所編『駅家と在地社会』、2004 年。

辻正博『唐宋時代刑罰制度の研究』京都大学学術出版会、
2010 年。

大津透主編『律令制研究入門』名著刊行会、2011 年。

中村裕一『唐令の基礎的研究』汲古書院、2012 年。

中村裕一『大唐六典の唐令研究―"开元七年令"说の検討
―』汲古書院、2014 年。

佐藤健太郎『日本古代の牧と馬政官司』塙書房、2016 年。

市大樹『日本古代都鄙間交通の研究』塙書房、2017 年。

鷹取祐司編『古代中世東アジア関所と交通制度』汲古書院、
2017 年。

大津透編『日本古代律令制と中国文明』山川出版社、
2020 年。

林美希『唐代前期北衙禁軍研究』汲古書院、2020 年。

（二）论文

濱口重国「唐賤民制度雑考」『山梨大学学藝部研究報告』

（7）、1956 年。

　　愛宕元「唐代における官蔭入仕について」『東洋史研究』
35—2、1976 年。

　　榎本淳一「唐代前期官賤制」『東洋文化』（68）、1988 年。

　　荒川正晴「中央アジア地域における唐の交通運用について」
『東洋史研究』第 52 巻第 2 号、1993 年。

　　池田温「『唐令拾遺補』補訂」『創価大学人文論集』第 11
期、1999 年。

　　大津透「北宋天圣令・唐开元二十五年令賦役令」『東京大学
日本史学研究室紀要』第 5 号、2001 年。

　　渡辺信一郎「北宋天聖令による唐開元二十五年賦役令の復
原並びに訳注（未定稿）」『京都府立大学学術報告（人文・社
会）』第 57 号、2005 年。

　　市大樹「日本古代伝馬制度の法的特征と运用実態—日唐比
較を手がかりに」『日本史研究』第 544 号、2007 年。

　　山下将司「唐の監牧制と中國在住ソグド人の牧馬」『東洋史
研究』66－4、2008 年。

　　中田裕子「唐代西州における群牧と馬の賣買」『敦煌寫本研
究年報』第 4 号、2010 年 3 月。

　　速水大「天聖厩牧令より見た折衝府の馬の管理」『法史學研
究會會報』15、2011 年。

　　林美希「唐代前期における北衙禁軍の展开と宮廷政變」『史
学雑志』第 121 巻第 7 号、2012 年。

　　田丸祥幹「唐代の水驛規定について—天聖厩牧令・宋令第
11 条の検討」『法史学研究会会報』第 17 号、2013 年。

　　林美希「唐前半期の閑厩体制と北衙禁軍」『東洋学報』第
94 卷第 4 号、2013 年。

　　林美希「唐前半期の厩馬と馬印—馬の中央上納システム—」
『東方学』第 127 輯、2014 年。

　　速水大「唐代の身分と職務の關係—天聖厩牧令からみた監牧制における身分と職務と給付—」唐代史研究会『唐代史研究』第 17 号、2014 年。

　　佐藤ももこ「唐代の通行証に関する一考察—行牒と往還牒を中心に」『史泉』120、2014 年。

　　河野保博「唐代厩牧令の復原からみる唐代の交通体系」『東洋文化研究』第 19 号、2017 年。

后　记

　　这本小书，是在我博士学位论文的基础上完成的，也是近十年来学习和尝试历史研究的初步总结。据说，一个人如果在一个问题上钻研一万个小时，那么他就能成为研究这个问题（甚至领域）的专家。十年的时间肯定远远超过了这个数字，但由于自己天资愚钝，且又惯于懒散，实际上并未在这个定律的支配下收到良好的效果。我至今对于所讨论领域中的很多问题仍是一知半解，自我水平难以望前贤时彦的项背，因而常有赧颜之感。不过，我在此还是要对本书的一些相关因缘做个交代，以作为这次殃及枣梨之旅的总结。

　　我于2009年9月考入中国社会科学院研究生院历史系，跟随黄正建先生攻读博士学位。甫一入学，我对于将来如何读书和研究，还没有具体的计划。黄老师鼓励我，指导我认真阅读《唐六典》，让我打好基础，做好制度史的研究。除此之外，最使我感到庆幸的是，从博一开始，黄老师就联系历史研究所的吴丽娱、牛来颖等先生，共同开办了"《天圣令》读书班"。一时间，来自北京大学、北京师范大学、中国人民大学、中国政法大学、中央民族大学等多所在京高校的硕士、博士研究生都来参加这个公益性的读书班。在黄老师的带领下，读书班的成员完全以学术为目的，认真地阅读《天圣令》中的每一条令文，做出详细的解读和注释。我作为其中的一员，深深地被老师和同学们严谨求实的学风鼓舞和影响着，收获了很多知识，学会了很多方法。遗憾的是，我只参加了三年的读书班，毕业的时候，读书班刚刚读到《厩牧令》这一卷，而我就第一个"退伍"了。但黄老师主持的读书班一直举办了下来，后面又有很多新的同学加入。直到2019年底，先后有百余人参加的读书班，历经十载，最终读完了《杂令》，完结了《天圣令》的研读工作。可以说，包括我在内，有很多现在已经参加工作的读书班成员，都在这个班中受益匪浅。所以至今回忆起来，我仍觉得读书班的三年，是我人生中最幸福的时光。

读博期间，在黄老师的影响下，我逐渐对唐代的律令制度产生兴趣。在那个时候，《天圣令》是完整意义上的新资料，所以这是一个能够大展拳脚的新天地。但相比于其他所有的卷目来说，《厩牧令》的相关研究尚显薄弱，因而黄老师也鼓励我深入研究《天圣令》当中的《厩牧令》。从此以后，我就和唐代的驿传与厩牧打上了交道，并且以《天圣〈厩牧令〉与唐代厩牧制度研究》为题，完成了自己的博士学位论文。

参加工作以来，在完成教学任务之余，我一方面继续打磨博士学位论文，另一方面在读书的过程中，又产生了新的问题和新的想法，因而围绕《天圣令》展开的有关唐代驿传与厩牧制度的探讨越来越多。2013年，我在前期研究的基础上，以"唐代交通法令研究"为题，申请并获批了国家社会科学基金西部项目，该项目已于2019年5月结项。可以说，本书的大部分内容，就是该项目的结题成果。

所以，我首先要感谢业师黄正建先生，他在拙稿写作的过程中，从最初的博士学位论文到后来新增的单篇文章，都给予了详细的指导，给我指明了方向，使我越来越清晰地认识到这个领域当中的问题以及自己的缺陷。在工作以后，我还是经常会拿自己不成熟的稿子先让先生过目，黄先生都在最短时间之内给予回复，提出详细的修改意见。因而，我的每一步成长都离不开老师的帮助。本书稿写成后，我将它呈给先生批阅，不巧的是，先生此时身体有恙，但他还是抱病通览了全书，提出了很多修改的意见，并为之题写了序言。这样的恩情，我永生难忘。

我还要感谢中国社会科学院历史研究所的吴丽娱、牛来颖、孟彦弘、雷闻、陈丽萍等先生以及《天圣令》读书班上的其他同学，他们的著述或者不经意间的言谈话语，都在我学习的过程中，对我产生过影响。

转益多师，使我在学术的道路上越走越宽。回顾走过的路，从小到大，求学、工作近二十年，我觉得自己十分幸运，一直都身处比较宽松和包容的学习环境中。在学术上，从来都没有因为"命题作文"而头疼过。所读、所思、所写，都是出自自己的兴趣爱好和对问题的观察。这不得不感谢教导过我的各位导师。除了黄正建先生外，包括本科时期的导师——洛阳师范学院郭绍林教授和硕士研究生时期的导师——陕西师范大学拜根兴教授在内，我还受过多位老师的谆谆教诲，他们就像园丁一样，给予我无私的关照。而我就职的西南大学历史文化学院民族学院的领导和同人，无论是在教学工作还是科学研究方面，都给予了我莫大的关怀和帮助，使我依然有勇气不断前行，没有丧失对学术的初心。在此，我要向帮助和教导过我的老师们道一声衷心的感谢！

我是一个纯粹的"百无一用"的书呆子，身无长物，乏善可陈。我能通过求学而得到工作，全靠父母做坚强的后盾。他们是普通的河南农民，做过小本生意，但后来放弃了。他们唯一一次"创业"，是给当地畜牧局饲养白鸽子和生产绿壳鸡蛋（一种乌鸡下的蛋），说起来这也是我唯一一个离畜牧业最近的时期。我和妹妹的生活和求学全靠父母省吃俭用而来的微薄积蓄。可以说，没有他们，就没有我的今天。我的妻子是一个普通的医务工作者，她从我岳父岳母那里继承了四川人的勤劳朴实，不仅开朗耿直、踏实肯干，而且完全支持我的学习和工作，使我能够把大部分的时间都用在教学和科研上面。所以在这里，我要向我的父母和妻子诚恳地说一声，谢谢你们！

　　这本小书的正式出版，得益于中国社会科学院中国历史研究院提供的无私的学术出版资助，这才使它能够这么快就和读者见面。评审专家对拙稿提出了不少修改意见，使其更趋完善，非常荣幸，谨致谢忱。同时感谢社会科学文献出版社历史学分社的郑庆寰社长和赵晨先生、侯婧怡女史，他们在拙稿出版的过程中提供了热情的帮助，为我详细答疑，使我深受教益。

　　2009 年的时候，《厩牧令》的最初校录者和研究者宋家钰先生不幸因病去世。我与宋先生素未谋面，但本书的研究完全是在宋先生的研究基础上进行的。我希望本书能够作为一份不合格的答卷，以告慰先生的在天之灵。宋先生对于唐、日驿传制度比较研究的思考，将指导着我继续前行。

　　最后，诚恳地希望读者诸君对拙稿提出批评意见，匡谬正误，不吝赐教！

侯振兵谨识

2020 年 5 月 3 日初稿

2021 年 3 月 25 日定稿

重庆北碚

图书在版编目（CIP）数据

《厩牧令》与唐代驿传厩牧制度论稿/侯振兵著
. -- 北京：社会科学文献出版社，2021.12
中国历史研究院学术出版资助项目
ISBN 978 - 7 - 5201 - 9362 - 7

Ⅰ.①厩… Ⅱ.①侯… Ⅲ.①马 - 放牧管理 - 中国 -
唐代 Ⅳ.①S821.4 - 092

中国版本图书馆 CIP 数据核字（2021）第 224404 号

中国历史研究院学术出版资助项目

《厩牧令》与唐代驿传厩牧制度论稿

著　　者／侯振兵

出 版 人／王利民
责任编辑／赵　晨
文稿编辑／侯婧怡
责任印制／王京美

出　　版／社会科学文献出版社·历史学分社（010）59367256
　　　　　　地址：北京市北三环中路甲 29 号院华龙大厦　邮编：100029
　　　　　　网址：www. ssap. com. cn
发　　行／社会科学文献出版社（010）59367028
印　　装／北京盛通印刷股份有限公司

规　　格／开 本：787mm × 1092mm　1/16
　　　　　　印 张：23　字 数：314 千字
版　　次／2021 年 12 月第 1 版　2021 年 12 月第 1 次印刷
书　　号／ISBN 978 - 7 - 5201 - 9362 - 7
定　　价／128.00 元

读者服务电话：4008918866